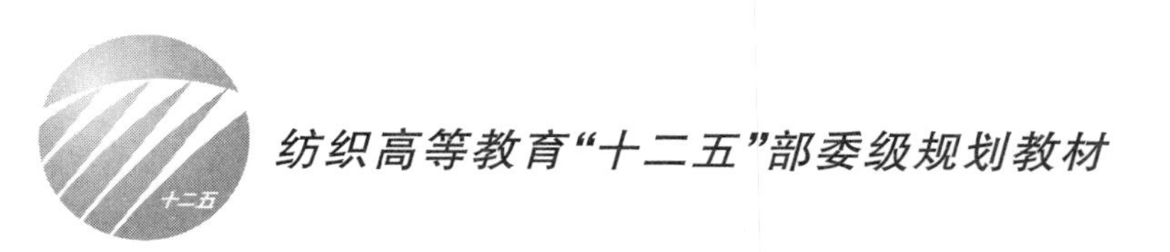

织造原理

郭兴峰　主　编

中国纺织出版社

内 容 提 要

本书系统地介绍了由纱线加工成机织物的生产过程中各工序的工艺原理、工艺技术及产品质量,内容贯彻以工艺为主的原则,紧密联系生产实际。本书内容主要包括经纱准备工程的络筒、整经、浆纱、穿结经和纬纱准备工程,在织机上形成织物的开口、引纬、打纬、卷取与送经等主要工艺运动和原理,织物检验与整理。

本书是高等院校纺织工程专业本科教材,也可供从事织造工作的科研和工程技术人员参考。

图书在版编目(CIP)数据

织造原理/郭兴峰主编. —北京:中国纺织出版社,2014.12 (2023.7重印)
纺织高等教育"十二五"部委级规划教材
ISBN 978-7-5180-1172-8

Ⅰ.①织… Ⅱ.①郭… Ⅲ.①织造—基础理论—高等学校—教材 Ⅳ.①TS1

中国版本图书馆 CIP 数据核字(2014)第 247039 号

责任编辑:王军锋　　责任校对:楼旭红
责任设计:何　建　　责任印制:何　建

中国纺织出版社出版发行
地址:北京市朝阳区百子湾东里 A407 号楼　邮政编码:100124
销售电话:010—67004422　传真:010—87155801
http://www.c-textilep.com
中国纺织出版社天猫旗舰店
官方微博 http://weibo.com/2119887771
三河市宏盛印务有限公司印刷　各地新华书店经销
2014 年 12 月第 1 版　　2023 年 7 月第 2 次印刷
开本:787×1092　1/16　印张:15.75
字数:280 千字　定价:42.00 元

出版者的话

全面推进素质教育，着力培养基础扎实、知识面宽、能力强、素质高的人才，已成为当今教育的主题。教材建设作为教学的重要组成部分，如何适应新形势下我国教学改革要求，与时俱进，编写出高质量的教材，在人才培养中发挥作用，成为院校和出版人共同努力的目标。2011年4月，教育部颁发了教高[2011]5号文件《教育部关于"十二五"普通高等教育本科教材建设的若干意见》(以下简称《意见》)，明确指出"十二五"普通高等教育本科教材建设，要以服务人才培养为目标，以提高教材质量为核心，以创新教材建设的体制机制为突破口，以实施教材精品战略、加强教材分类指导、完善教材评价选用制度为着力点，坚持育人为本，充分发挥教材在提高人才培养质量中的基础性作用。《意见》同时指明了"十二五"普通高等教育本科教材建设的四项基本原则，即要以国家、省(区、市)、高等学校三级教材建设为基础，全面推进，提升教材整体质量，同时重点建设主干基础课程教材、专业核心课程教材，加强实验实践类教材建设，推进数字化教材建设；要实行教材编写主编负责制，出版发行单位出版社负责制，主编和其他编者所在单位及出版社上级主管部门承担监督检查责任，确保教材质量；要鼓励编写及时反映人才培养模式和教学改革最新趋势的教材，注重教材内容在传授知识的同时，传授获取知识和创造知识的方法；要根据各类普通高等学校需要，注重满足多样化人才培养需求，教材特色鲜明、品种丰富。避免相同品种且特色不突出的教材重复建设。

随着《意见》出台，教育部于2012年11月21日正式下发了《教育部关于印发第一批"十二五"普通高等教育本科国家级规划教材书目的通知》，确定了1102种规划教材书目。我社共有16种教材被纳入首批"十二五"普通高等教育本科国家级教材规划，其中包括了纺织工程教材7种、轻化工程教材2种、服装设计与工程教材7种。为在"十二五"期间切实做好教材出版工作，我社主动进行了教材创新型模式的深入策划，力求使教材出版与教学改革和课程建设发展相适应，充分体现教材的适用性、科学性、系统性和新颖性，使教材内容具有以下几个特点：

(1)坚持一个目标——服务人才培养。"十二五"职业教育教材建设，要坚持育人为本，充分发挥教材在提高人才培养质量中的基础性作用，充分体现我国改革开放30多年来经济、政治、文化、社会、科技等方面取得的成就，适应不同类型高等学校需要和不同教学对象需要，编写推介一大批符合教育规律和人才成长规律的具有科学性、先进性、适用性的优秀教材，进一步完善具有中国特色的普通高等教育本科教材体系。

(2)围绕一个核心——提高教材质量。根据教育规律和课程设置特点，从提高学生分析问题、解决问题的能力入手，教材附有课程设置指导，并于章首介绍本章知识点、重点、难点及专业技能，增加相关学科的最新研究理论、研究热点或历史背景，章后附形式多样的习题等，提高教材的可读性，增加学生学习兴趣和自学能力，提升学生科技素养和人文素养。

(3)突出一个环节——内容实践环节。教材出版突出应用性学科的特点，注重理论与生产实践的结合，有针对性地设置教材内容，增加实践、实验内容。

(4)实现一个立体——多元化教材建设。鼓励编写、出版适应不同类型高等学校教学需要的不同风格和特色教材；积极推进高等学校与行业合作编写实践教材；鼓励编写、出版不同载体和不同形式的教材，包括纸质教材和数字化教材，授课型教材和辅助型教材；鼓励开发中外文双语教材、汉语与少数民族语言双语教材；探索与国外或境外合作编写或改编优秀教材。

教材出版是教育发展中的重要组成部分，为出版高质量的教材，出版社严格甄选作者，组织专家评审，并对出版全过程进行过程跟踪，及时了解教材编写进度、编写质量，力求做到作者权威，编辑专业，审读严格，精品出版。我们愿与院校一起，共同探讨、完善教材出版，不断推出精品教材，以适应我国高等教育的发展要求。

中国纺织出版社
教材出版中心

前言

在“大纺织”专业背景下，“织造原理”是高等院校纺织工程专业本科的专业基础平台课程，也是一门专业核心课程，本书为其配套教材。

在纺织工程专业本科教学改革初期，教材《棉织原理》一书重点介绍棉织生产的基本原理和工艺，该书在多所纺织院校的应用中获得了良好的教学效果。本书延续这一特点，同时为适应“大纺织”的教学要求，将内容扩展到针对各类纤维纱线的机织物加工，名称也变为《织造原理》。织造技术的发展日新月异，本书力求对这些新的织造工艺和技术进行详细介绍，同时删除一些不适应纺织科技发展的陈旧内容。在编写过程中，参考了一些国内外的优秀教材、专业书籍、专业期刊，对这些资料的作者深表谢意。

本书的编写分工是：绪论、第五章、第七章、第八章、第十一章由天津工业大学郭兴峰编写，第二章由王跃存编写，第三章由傅宏俊编写，第六章、第九章由李辉芹编写，第一章、第四章、第十章由河北科技大学刘君妹编写，全书由郭兴峰统稿。

限于编者水平，书中内容难免有错误或不当之处，诚恳欢迎读者批评指正。

☞ 课程设置指导

课程培养方向 “织造原理”课程适用于纺织工程专业本科的各专业方向，是一门专业基础的平台课程。

课程教学内容 各类纤维纱线加工机织物的工艺过程、基本原理。主要包括织前准备工程的络筒、整经、浆纱、穿结经和纬纱准备，织物形成过程的开口、引纬、打纬、卷取与送经等，织物的检验与整理。建议教学时数在60～90学时，以课堂教学为主，其中课程实验约占学时的10%。在教学之前或教学过程中，还应结合织造设备，额外安排现场教学和观摩。

课程教学目的 通过本课程的学习，使学生掌握由纱线到机织物的典型工艺流程，各工序的基本原理、工艺参数制订的一般原则，掌握织物生产的基本知识和必要技能，为应用所学的专业理论解决实际问题打下良好的基础。

目 录

绪论 …… 1

第一章 络筒 …… 3
第一节 络筒张力 …… 4
一、络筒张力的作用及要求 …… 4
二、络筒张力分析 …… 5
三、络筒张力的均匀控制 …… 9
第二节 纱线的清洁、打结与定长 …… 13
一、纱线的清洁 …… 13
二、纱线的接头方式 …… 16
三、筒子定长 …… 17
第三节 筒子卷绕成形分析 …… 18
一、筒子的卷绕与传动形式 …… 18
二、圆柱筒子卷绕原理 …… 19
三、圆锥筒子卷绕原理 …… 22
四、筒子的卷绕密度 …… 23
五、自由纱段对筒子成形的影响 …… 25
六、筒子卷绕稳定性 …… 25
七、卷装中纱线张力对筒子卷绕成形的影响 …… 26
八、纱圈的重叠与防止 …… 27
第四节 络筒综合讨论 …… 29
一、络筒工艺参数及选择 …… 29
二、络筒的质量 …… 31
三、络筒的产量 …… 32
四、自动络筒技术的最新发展 …… 33

第二章 整经 …… 34
第一节 整经方式与工艺流程 …… 34
一、分批整经 …… 35
二、分条整经 …… 36
三、分段整经 …… 37

四、球经整经……37
第二节　筒子架与整经张力……37
一、筒子架……38
二、整经张力……44
第三节　整经卷绕……49
一、分批整经卷绕……49
二、分条整经卷绕……51
第四节　整经工艺……54
一、分批整经工艺……54
二、分条整经工艺……55
第五节　整经综合讨论……57
一、整经疵点分析……57
二、整经机产量计算……58
三、整经机的发展趋势……59
四、整经中的静电问题……60

第三章　浆纱……62
第一节　浆料……64
一、黏着剂……64
二、助剂……75
三、溶剂……77
四、即用（组合）浆料……78
第二节　浆液调制与质量控制……78
一、浆液配方……78
二、浆液调制与质量控制……83
三、浆液的质量指标及检验……84
第三节　上浆……85
一、经轴退绕……85
二、浸浆与压浆……87
三、湿分绞……90
四、烘燥……91
五、后上蜡、干分绞与测长打印……95
六、织轴卷绕……96
第四节　浆纱质量检验与控制……97
一、上浆率的控制与检验……97
二、伸长率控制与检验……101

三、回潮率的控制与检验 …… 103
四、增磨率 …… 104
五、毛羽降低率 …… 104
六、其他浆纱质量指标与检验 …… 104
第五节　浆纱综合讨论 …… 106
一、上浆工艺 …… 106
二、浆纱机产量计算 …… 108
三、浆纱疵点形成原因及影响 …… 109
四、新型上浆技术 …… 110
五、浆纱技术发展趋势 …… 114

第四章　穿结经 …… 116
第一节　穿结经方法 …… 116
一、穿经 …… 116
二、结经 …… 117
第二节　穿经工艺 …… 117
一、停经片 …… 117
二、综框与综丝密度 …… 119
三、钢筘 …… 120

第五章　纬纱准备 …… 122
第一节　纬管纱的成形 …… 122
一、纬管纱的卷绕成形 …… 122
二、卷纬张力与卷纬密度 …… 123
第二节　纱线的热湿定捻 …… 124
一、自然定捻 …… 124
二、给湿定捻 …… 124
三、热湿定捻 …… 124
四、定捻效果的测定 …… 125

第六章　开口 …… 126
第一节　梭口 …… 127
一、梭口的形状和尺寸 …… 127
二、梭口的形成方式 …… 128
三、梭口的清晰度 …… 129
第二节　开口过程中经纱的拉伸变形 …… 130

一、经纱的拉伸变形 …… 130
二、影响拉伸变形的因素 …… 131
第三节　综框运动规律 …… 134
一、梭口形成的时期 …… 134
二、综框运动规律 …… 135
第四节　开口机构工作原理 …… 137
一、凸轮开口机构 …… 137
二、多臂开口机构 …… 140
三、提花开口机构 …… 145
四、连续开口机构 …… 147

第七章　引纬 …… 151
第一节　梭子引纬 …… 151
一、梭子引纬的过程 …… 151
二、投梭 …… 152
三、梭子飞行 …… 154
四、制梭 …… 155
五、多色纬纱织造 …… 155
第二节　喷气引纬 …… 156
一、喷气引纬的过程 …… 156
二、喷气引纬的原理 …… 157
三、喷气引纬的工艺调整 …… 161
四、多色纬纱织造 …… 161
五、故障纬纱自动处理 …… 162
第三节　剑杆引纬 …… 162
一、剑杆引纬的类型 …… 163
二、纬纱交接 …… 166
三、剑杆引纬的工艺调整 …… 167
四、多色纬纱织造 …… 168
第四节　片梭引纬 …… 169
一、片梭及其引纬过程 …… 169
二、扭轴投梭机构工作原理 …… 172
三、制梭 …… 173
四、混纬与多色纬纱织造 …… 174
第五节　喷水引纬 …… 175
一、喷水引纬的原理 …… 175

二、喷水引纬的装置及工艺参数 …… 176
第六节 储纬与纬纱张力控制 …… 178
一 储纬装置 …… 178
二、纬纱张力装置与控制 …… 181
第七节 无梭织机的布边 …… 184
一、绳状边 …… 184
二、纱罗边 …… 185
三、折入边 …… 185
四、热熔边 …… 186
五、针织边 …… 186

第八章 打纬 …… 188
第一节 打纬与织物的形成 …… 188
一、织物的形成过程 …… 189
二、打纬过程中经纬纱的运动 …… 190
三、打纬区 …… 190
四、影响打纬阻力、打纬区的因素 …… 191
第二节 织机工艺参数对织物形成的影响 …… 191
一、经纱上机张力对织物形成的影响 …… 191
二、后梁高度对织物形成的影响 …… 192
三、开口时间对织物形成的影响 …… 193
第三节 打纬机构及其工艺特性 …… 194
一、连杆打纬机构 …… 194
二、共轭凸轮打纬机构 …… 199

第九章 卷取与送经 …… 201
第一节 卷取机构工作原理 …… 201
一、间歇式卷取机构工作原理 …… 202
二、连续式卷取机构工作原理 …… 203
三、电动卷取机构的工作原理 …… 204
第二节 送经机构工作原理 …… 205
一、机械间歇式送经机构工作原理 …… 205
二、机械连续式送经机构工作原理 …… 210
三、电动送经机构工作原理 …… 211
四、并列双轴制送经机构工作原理 …… 214

第十章　织造综合讨论 …… 217
第一节　织机主要机构的运动时间配合 …… 217
一、有梭织机主要机构运动时间的配合 …… 217
二、剑杆织机主要机构运动时间的配合 …… 218
三、喷气织机主要机构运动时间的配合 …… 219
四、片梭织机主要机构运动时间的配合 …… 220
五、喷水织机主要机构运动时间的配合 …… 220
第二节　织机产量与织物质量 …… 221
一、织机产量 …… 221
二、常见主要织疵的原因分析 …… 222
三、开关车稀密路的成因与防止措施 …… 226
第三节　无梭织机的品种适应性与选择 …… 227
一、无梭织机的品种适应性 …… 227
二、无梭织机的选型 …… 229
第四节　无梭织机的发展趋势 …… 230
一、剑杆织机的发展趋势 …… 230
二、喷气织机的发展趋势 …… 231
三、喷水织机的发展趋势 …… 231

第十一章　织物检验与整理 …… 233
第一节　织物检验 …… 233
一、人工验布 …… 233
二、自动验布 …… 233
第二节　织物整理 …… 234
一、刷布、烘布和折布 …… 234
二、修补 …… 234
三、分等 …… 235

参考文献 …… 236

绪论

织物是生产量最大、应用最为广泛的一种纺织产品，根据其结构和加工原理的不同，它可分为机织物、针织物、编织物、非织造布等。机织物的历史最为悠久，品种繁多，在服装用、装饰用和产业用纺织品中都获得了广泛应用，若无特别说明，本书所说的织物都是机织物。

传统机织物是由经、纬两个系统的纱线，按照一定规律相互垂直交织而成的。沿织物长度方向排列、与布边平行的纱线称为经纱，沿织物宽度方向排列、与布边垂直的纱线称为纬纱。在由纱线加工成织物的过程中，首先要通过准备工序将纱线制成特定的经、纬纱卷装形式，然后在织机上将经纱和纬纱相互交织成织物，最后对制成的织物进行检验和整理。以本色棉型机织物的加工为例，其工艺流程为：

经纱：原纱→络筒→整经→浆纱→穿结经
纬纱：（有梭）原纱→直接纬或间接纬→热湿定捻
（无梭）原纱→络筒→热湿定捻
} 织造→检验与整理

通常，经纱准备包括络筒、整经、浆纱和穿结经，纬纱准备包括络筒、并捻、热湿定捻、卷纬等。不同的纤维材料、织物组织、织物规格和用途，经纱、纬纱的准备加工方法也不同。以股线作经纱的，在整经前需要并捻、络筒；采用有捻长丝作经纱的，需要捻丝、倒筒。毛织物的经纱一般为股线，可以不上浆，有时在分条整经过程中上蜡或上乳化液；加工薄型毛织物时，因经纱为单纱，需要上浆。天然长丝由于丝胶集束、保护，故不上浆。无梭织机采用筒子作纬纱的卷装，故纬纱准备不需卷纬。天然长丝的织前准备还包括浸渍、着色等工序；色织物的纱线须经染色或漂染。

经纱、纬纱是在织机上交织成织物的，织机的发展经历了从手工织机、有梭织机、到无梭织机的发展过程，每次技术进步都极大地提高了织机的生产效率和织物质量。喷气、剑杆、片梭和喷水等无梭织机，已成为目前织造行业的中坚力量。但有些需要纬纱连续的织物，如管状结构的织物，还必须使用有梭织机生产。

多相（多梭口）织机的出现，打破了传统织机的引纬模式，使开口、引纬、打纬连续进行，提高了织机的生产率。三向织机更是跳出了经纬纱垂直交织的范畴，所织织物由三个方向的纱线呈60°交织而成，具有各向同性的特点。织编机则将机织技术与针织技术相结合，织制出机织物占75%～85%、针织物占25%～15%的联合织物。立体织机制织的三维结构织物，在航空航天、化工等工业领域具有广阔的应用前景。成形织造将传统机织物由平面拓展到曲面形状，可以按照应用时需要的形状交织预成型织物，从而能避免或减少织物的裁剪，提高了其力学性能。

随着材料、计算机、自动控制、信息等其他学科在纺织工业的广泛应用，现代织造工业越来越发展成为一个集多学科应用为一体的行业。全自动络筒机、高速整经机、浆纱机、自动穿经机和验布机,使织造行业逐渐走向自动化、高速化和高产化。织机故障纬纱自动处理已被普遍应用,织机自动上轴、自动落布、自动供纬等技术已经商品化,使织造车间的自动化、智能化水平大大提高。随着经纱断头自动处理技术的成熟,将实现织造车间的无人化操作目标。在数字化纺织技术中,采用计算机辅助设计(CAD)、计算机辅助制造(CAM)以及计算机集成制造系统(CIMS),使织物生产具有了小批量、多品种、供货周期短的特点,大大提高了织物加工的快速反应能力。

随着各种新型纺织纤维的应用和织物功能化、智能化的发展,各种高性能、高技术纺织品的应用越来越广泛,织造技术也将更为丰富多彩。

第一章 络筒

本章知识点

1. 络筒的目的和要求，络筒工艺流程。
2. 络筒张力及其构成，管纱退绕过程中张力变化、均匀措施，张力装置产生的张力。
3. 电子清纱器与捻接器的工作原理，络筒定长原理。
4. 筒子形式和卷绕原理、筒子卷绕密度、自由纱段对筒子成形的影响、纱圈的重叠与防叠等。
5. 络筒工艺参数及其制订，络筒产量。

络筒工序是根据工艺要求，将原纱加工成符合后道工序生产或销售的卷装（筒子）。

原纱的卷装主要由管纱、绞纱等形式。绞纱用于染色纱、天然丝等，管纱则广泛用于棉、毛、麻及各种化纤短纤纱。

1. 络筒的目的

（1）将管纱或绞纱加工成密度适宜、成形良好、容量较大、有利于后道工序加工的半制品卷装——无边或有边筒子。

①管纱络筒。细纱机上纺制的管纱，绕纱长度仅为 2～3km（中特纱），如果直接用来整经或无梭织机供纬，会因频繁换管严重影响后道工序的生产效率。因此，应在络筒工序将管纱加工成容量较大、适合后道工序高速退绕的筒子。

②绞纱络筒。为满足某些特殊要求，原纱以绞纱的形式提供给织造厂，如染色纱和天然丝。这些绞纱必须在络筒工序先加工成筒子，才能供后道工序使用。

（2）尽可能清除原纱上的有害杂质疵点，以降低整经、浆纱、织造过程中的纱线断头，提高织物的外观质量。

2. 络筒的要求

（1）络筒过程中要保持纱线的物理力学性能，尽量降低对纱线强度和弹性的损伤。

（2）络筒过程中纱线卷绕张力大小要适当，张力波动要小，以保证筒子质量。

（3）筒子成形要正确、良好，保证在下道工序能高速退绕。

（4）筒子的卷绕密度应适当，在不妨碍运输和下道工序的前提下，筒子的容纱量应尽量大，以提高络筒本身和下道工序的效率。

(5)纱线接头要小而牢,保证在后道工序中不产生因接头不良而引起的脱结和断头。

(6)尽量减少因络筒加工造成的纱线毛羽。

(7)对于要进行染色等后处理的筒子,必须保证结构均匀。

3. 络筒工艺流程 常见的自动络筒机工艺流程如图1-1所示。纱线从插在管纱插座上的管纱1上退绕下来,经过气圈破裂器(或气圈控制器)2、预清纱器4,使纱线上的杂质和较大纱疵得到清除。然后,纱线经过张力装置5、电子清纱器7。根据需要,可由上蜡装置9对纱线进行上蜡。最后,纱线通过槽筒10的沟槽引导,卷绕到筒子11上。槽筒不仅使紧压在它上面的筒子做回转运动,而且其上的沟槽带动纱线做往复导纱运动,使纱线均匀地卷绕在筒子表面。电子清纱器对纱线的疵点(粗节、细节、双纱等)进行检测,检出纱疵之后立即剪断纱线,筒子从槽筒上抬起,并被刹车装置制停,上下吸嘴分别吸取断头两侧的纱线,并将它们引入捻接器6,形成无结接头,然后自动开车。为控制络筒张力恒定,新型自动络筒机还安装有纱线张力传感器8,持续感应纱线张力,经反馈控制,由张力装置对纱线张力进行自动调节。

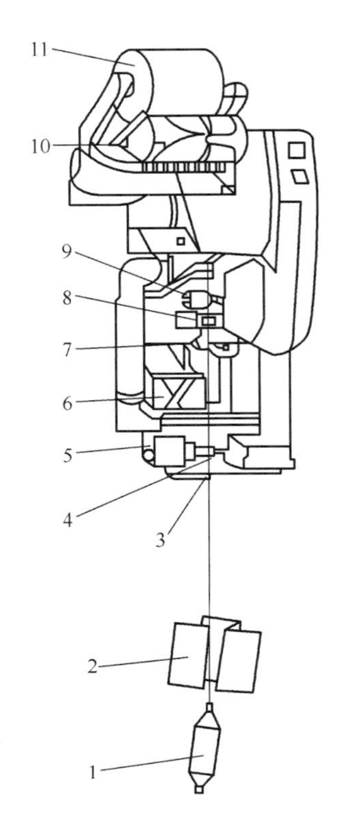

图1-1 自动络筒机的工艺流程

1—管纱 2—气圈破裂器 3—余纱剪切器 4—预清纱器 5—张力装置 6—捻接器 7—电子清纱器 8—张力传感器 9—上蜡装置 10—槽筒 11—筒子

络筒使纱线的毛羽增加,毛羽会影响后续织造工序的生产效率和产品质量。为了减少毛羽,部分络筒机还采用毛羽减少装置,其原理是由喷嘴喷出高速旋转气流,把纱线表面的毛羽包缠到纱体上。

第一节 络筒张力

一、络筒张力的作用及要求

络筒张力是络筒过程中纱线卷绕到筒子之前的张力。络筒张力的大小不仅影响筒子的卷绕成形和卷绕密度,还影响纱线的物理力学性能。张力过大,则使纱线受到过分的拉伸,其强度及弹性会受到损失,织造断头增加;张力过小,则筒子卷绕太松、成形不良,退绕时会产生脱圈或断头。另外,在一定的络筒张力作用下,纱线的弱节发生断裂,可为后道工序消除隐患,提高后道工序的生产效率。

络筒时纱线张力的大小,应根据纤维种类、纱线特数、卷绕密度等要求加以确定,一般可在下列范围确定。

棉纱：络筒张力不超过其断裂强度的15%～20%。

毛纱：络筒张力不超过其断裂强度的20%。

麻纱：络筒张力不超过其断裂强度的10%～15%。

桑蚕丝：2.64～4.4cN/tex。

涤纶长丝：0.88～1.0cN/tex。

络筒张力要求均匀，波动要小，从而使筒子卷绕密度内外均匀一致，筒子成形良好。一般认为，在满足筒子卷绕密度、良好成形的要求下，尽量采用较小的张力，以期最大限度地保持纱线的强度和弹性。

二、络筒张力分析

纱线从管纱上退绕时，一方面沿管纱轴线方向上升作前进运动，同时又绕轴线作回转运动，纱线的这种运动使其运动轨迹形成一个螺旋曲面，称为气圈。气圈各部位名称如图1－2所示，d为导纱距离，h为气圈高度。

构成络筒张力的因素有以下各项：纱线退绕产生的张力；张力装置对纱线产生的张力；纱线在通道中受各种导纱部件摩擦的沿程阻力以及高速运动的纱线受到的空气阻力。

（一）退绕张力

1. 退绕点张力与分离点张力 在管纱卷装表面上受到退绕过程影响的一段纱线的终点称为退绕点，如图1－2中的8点。在退绕点以后的纱线在管纱上处于静平衡状态，其张力称为静平衡张力或退绕张力。由于纱线的松弛作用，退绕张力的绝对值一般很小，用T_0表示。纱线开始脱离卷装表面或纱管的裸露部分而进入气圈的点称为分离点，如图中的9点，分离点张力用T_1表示。处于退绕点和分离点之间的这段纱线称为摩擦纱段。

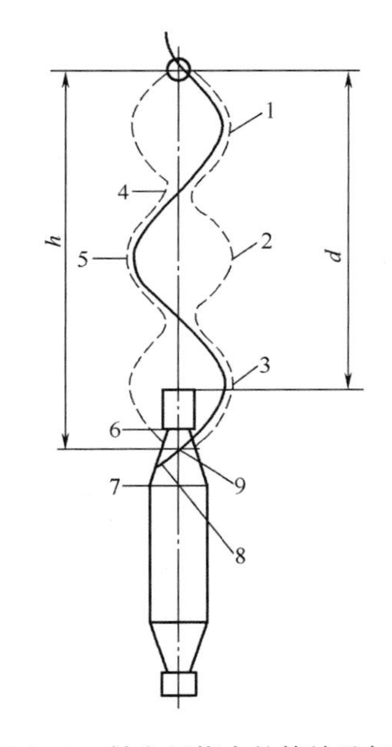

图1－2 轴向退绕中的管纱及气圈
1、2、3—第1、2、3节气圈 4—气圈颈部 5—气圈腹部 6—层级顶部 7—层级底部 8—退绕点 9—分离点

分离点张力的大小由下列因素决定：退绕点张力T_0；纱线对卷装表面的黏附力；纱线从静态过渡到动态需要克服的惯性力；由于摩擦纱段在管纱表面的蠕动需要克服的摩擦力等。以上诸力中，黏附力和惯性力两项数值很小，它们对分离点张力的影响可以忽略不计，而摩擦纱段与管纱表面的摩擦，使分离点张力远远大于退绕点张力，可以用欧拉公式计算：

$$T_1 = T_0 \cdot e^{f\alpha} \tag{1-1}$$

式中：f——纱线与纱层或管纱间的摩擦系数；

α——摩擦纱段对管纱的包围角(rad)。

例:令 $T_0 = 19.6\text{mN}$,$f = 0.5$,当 α 分别为0、π 和 2π 时,可计算 T_1 分别为19.6mN、94.08mN和454.72mN。

由此可见,分离点张力 T_1 在很大程度上取决于摩擦纱段对管纱包围角 α 的数值。摩擦纱段长度增加,α 增大,T_1 以指数函数急剧增加。

2. 气圈引起的张力 在气圈上截取微元纱段 ds 进行受力分析,假定纱线的退绕速度 v 及回转角 ω 均为常数,则前进运动及回转运动的切向惯性力均为零。作用在微元纱段 ds 上的力有以下几种。

(1)微元纱段的重力。

(2)空气阻力。纱线退绕时,同时作前进运动和回转运动,会受到空气的阻力。由于纱线直径较细,前进运动时所受的阻力可以忽略不计,可近似认为气圈只受回转时的空气阻力,其大小与气圈回转角速度的平方成正比。

(3)回转运动的法向惯性力。

(4)前进运动的法向惯性力。

(5)哥氏惯性力。纱线的运动由前进与回转两运动合成,而回转运动又为牵连运动,这样会产生哥氏加速度,微元纱段受到哥氏惯性力的作用。

(6)微元纱段两端的张力。

上述诸力构成了一个动态平衡力系,由分析可知,除了纱段两端的张力以外,只有回转运动的法向惯性力和哥氏惯性力略大,是构成气圈动态张力的主要因素,其他力都很小,可以忽略不计。管纱退绕速度增加,这两项惯性力也增加,使气圈引起的动态张力增大。但总的来讲,由于纱段质量很小,气圈运动所引起的动态张力对管纱退绕张力的影响非常小。而气圈的形状会影响摩擦纱段对管纱的摩擦包围角,从而影响分离点的张力。

管纱轴向退绕张力是指作用于气圈上端(导纱部件)的纱线张力,用 T_2 表示,它取决于分离点张力 T_1 和气圈运动所引起的纱线动态张力。由于气圈引起的纱线动态张力很小,因此,在络纱过程中,T_1 是影响管纱轴向退绕张力 T_2 的主要因素,即如何均匀分离点张力 T_1,成为均匀管纱轴向退绕张力 T_2 的关键。

3. 管纱轴向退绕时张力的变化规律

(1)退绕一个层级时纱线张力的变化规律。图1-3为退绕短片段时纱线张力的变化规律,1为退绕层级顶部时的张力,2为退绕层级底部时的张力,层级顶部的退绕张力稍大于层级底部,这是由于层级顶部的卷绕直径小于层级底部,在相同的络筒速度下,层级顶部气圈的回转角速度大于底部。回转角速度的差异影响到气圈微元纱段上回转运动的法向惯性力和哥氏惯性力的变化,从而引起一个层级内退绕张力的波动。但层级顶部与层级底部直径差异不大,回转运动法向惯性力和哥氏惯性力数值很小,且退绕一个层级的纱线长度很短,所以纱线张力波动的幅度小且周期短,不会对后道工序产生不良影响。

(2)整只管纱退绕时纱线张力的变化规律。如图1-4所示,满管时(A 点)管纱的退绕张力较小,此时出现不稳定的三节气圈。随着退绕的进行,管纱的裸出部分逐渐增加,气圈形状被

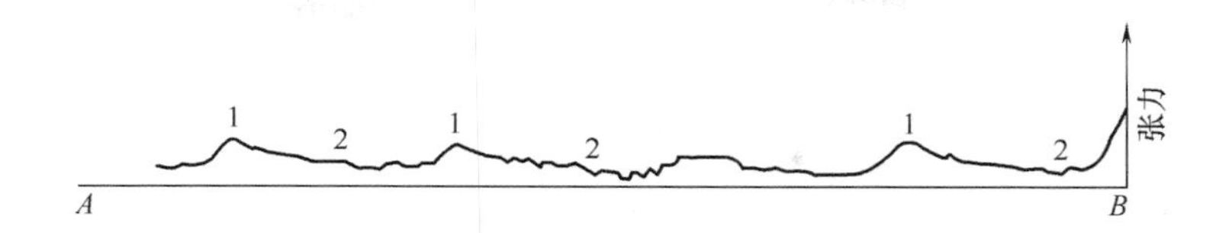

图 1－3　连续几个层级退绕时张力变化规律

拉长，纱线对卷装表面和空管的摩擦纱段逐渐增加使纱线张力逐渐增大。到达 B 点时，气圈颈部与管顶相碰，气圈形状瞬间突变，气圈个数减少，出现稳定的两节气圈，这时气圈高度突然增加 50%，摩擦纱段瞬时增长，管纱退绕张力突然增大。在退绕到相当于 C 点时，气圈形状又一次突变，形成稳定的单节气圈，气圈高度增加 100%，张力又有较大幅度的增加。气圈节数的减少是在最末一节气圈的颈部与管顶出现干涉时发生的。从 C 点起，气圈一直保持单节，直至退绕结束。当退绕到管底时，退绕纱层逐渐接近纱管的表面，气圈形状瘦长，纱线对纱管的摩擦纱段急剧增加，使管纱退绕张力剧增。为了减少纱管对纱线的摩擦力，纱管表面尽量光滑。同时，为了防止纱圈滑脱，纱管表面刻有浅槽。

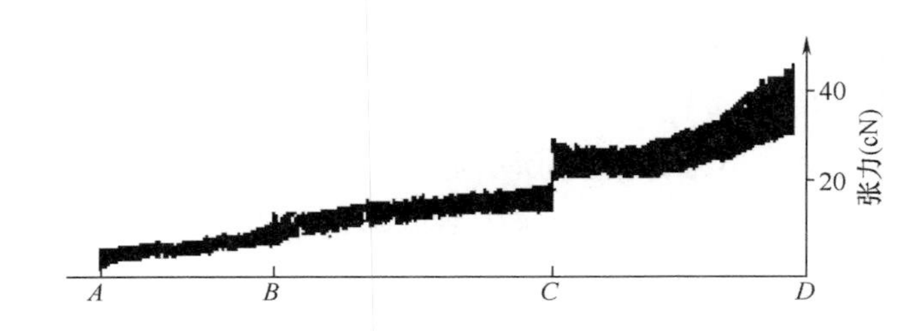

图 1－4　整只管纱退绕时纱线张力变化

（二）张力装置产生的张力

管纱的退绕张力数值很小，例如 27.7tex 的棉纱，在络筒速度为 450m/min 时，退绕张力仅有 98mN。若以这样的张力络筒，筒子将极其松软且成形不良，因此必须配备张力装置使纱线张力增大。张力装置是利用其对纱线的摩擦来增加纱线的张力。张力装置的工作原理主要有三种。

1. 累加法　目前，络筒机广泛使用的张力装置都采用累加法工作原理，如图 1－5（a）所示，使纱线 1 通过两对紧压的张力盘 2、3 之间，若纱线的初始张力为 T_0，则通过张力盘 2、3 后的张力 T_1、T_2 分别为：

$$T_1 = T_0 + 2f_1N_1 \tag{1-2}$$

$$T_2 = T_1 + 2f_2N_2 = T_0 + 2f_1N_1 + 2f_2N_2 \tag{1-3}$$

式中：f_1、f_2——纱线与张力盘 2、3 的摩擦系数；

N_1、N_2——张力盘 2、3 给纱线的正压力。

由此可以导出纱线通过 n 个张力盘后，纱线的张力 T_n 为：

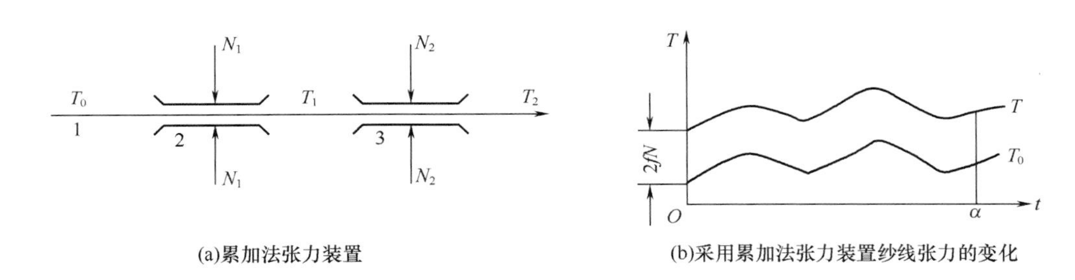

(a)累加法张力装置　(b)采用累加法张力装置纱线张力的变化

图 1－5　累加法张力装置的工作原理

$$T_n = T_0 + 2f_1N_1 + 2f_2N_2 + \cdots\cdots + 2f_nN_n \qquad (1-4)$$

由式(1－4)可知，纱线通过各个张力装置后，其张力是依次累加的，所以称为累加法。如果不计动态张力波动的影响，累加法张力装置在适当增加张力值的同时，不扩大张力波动的幅度，从而降低了纱线张力差异的相对值。其张力变化如图 1－5(b)所示。

张力装置对纱线产生正压力的方法有垫圈加压、弹簧加压、气动加压、电磁式加压等。对于垫圈加压，当纱线高速通过上下张力盘之间时，会由于纱线直径不匀而引起上张力盘和垫圈的剧烈跳动，使络筒动态张力发生明显波动，且络纱速度越高，张力波动越大。因此，使用这种张力装置时，必须采取良好的缓冲装置。

弹簧加压的张力盘质量较小，由其跳动所引起的正压力变化小。同时，由于纱线直径不匀引起弹簧的压缩距离的变化甚微，弹簧压力变化造成的正压力变化很小，从而络筒动态张力波动不明显。因此，自动络筒机广泛采用弹簧加压。

气动加压对纱线的作用均匀、稳定，纱线直径不匀所产生的动态附加张力较小，且全机各锭张力装置加压大小可以统一调节，锭与锭之间的张力差异很小。当变换品种时，调节非常方便。有的全自动络筒机采用电磁式加压方式，压力大小由电信号进行调解，压力稳定且可实现自动控制。

2. 倍积法　纱线绕过曲面时，两者摩擦，结果使纱线张力增加。如图 1－6(a)所示，纱线绕过曲面前后的张力分别为 T_0 和 T，则：

$$T = T_0 \cdot e^{f\alpha} \qquad (1-5)$$

式中：f——纱线与曲面的摩擦系数；

α——纱线对曲面的包围角。

同理，若纱线绕过 n 个曲面，则张力 T_n 为：

$$T_n = T_0 \cdot e^{(f_1\alpha_1 + f_2\alpha_2 + \cdots\cdots + f_n\alpha_n)} \qquad (1-6)$$

由(1－6)可知，纱线通过 n 个曲面之后，纱线张力是按一定的倍数增加的，所以称为倍积法。倍积法张力装置不会因纱线的粗细节或杂质而导致张力波动，但却会使纱线原有的张力波动幅度扩大，其张力变化如图 1－6(b)所示。

3. 间接法　张力装置除应用上述两种基本原理外，还使用了间接法原理，主要用在整经设

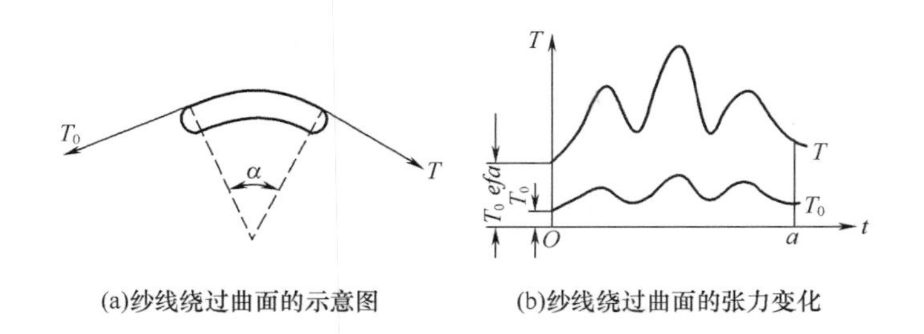

(a)纱线绕过曲面的示意图　(b)纱线绕过曲面的张力变化

图 1-6　纱线绕过曲面获得张力的工作原理

备中。间接法张力装置是使纱线绕过一个可转动的圆柱体的工作表面，如图 1-7 所示，圆柱体在纱线带动下回转的同时，受到一个外力 F 产生的恒定阻力矩作用。设进入张力装置时纱线的张力为 T_0，离开张力装置时纱线张力为 T，则 T 可用以下公式表示：

$$T = T_0 + \frac{F \cdot r}{R} \qquad (1-7)$$

式中：r——阻力 F 的作用力臂；

R——圆柱体工作表面曲率半径。

在这种张力装置中，纱线对圆柱体工作面的包围角 α 要足够大，以免两者产生摩擦滑移。这种张力装置的优点是：纱线所受磨损小，毛羽增加少；不扩大张力波动幅度，张力不匀率下降；张力增加值与纱线的摩擦系数、纱线的纤维材料性质、纱线表面形态结构、纱线颜色等因素无关。但装置结构比较复杂是它的缺点。

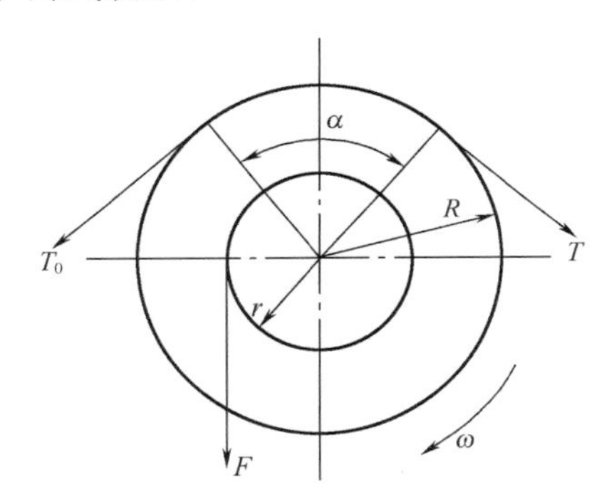

图 1-7　纱线绕过可转动圆柱体获得张力的工作原理

(三)沿程阻力和空气阻力产生的张力

沿程阻力是指纱线从管纱上退绕下来到最后卷绕到筒子上，纱线绕过各种导纱部件的工作表面而产生的摩擦阻力。沿程阻力对纱线产生附加张力，这相当于倍积法张力装置，会扩大纱线张力的波动幅度，因此，在高速自动络筒机上，纱路尽量设计成直线，以减少纱线对各导纱部件的摩擦包围角。

在络纱过程中，高速运动的纱线还受到空气阻力的影响，空气阻力的大小与纱线长度及络筒速度的平方成正比。当络筒速度达到很高(2000m/min)时，纱线运动所受的空气阻力会上升为影响络筒张力的一个重要因素，这时要相应减小张力装置产生的张力。

三、络筒张力的均匀控制

(一)影响退绕张力的因素

1. 导纱距离对退绕张力的影响　导纱距离即纱管顶端到导纱部件的距离，不同导纱距离 d 对退绕张力的影响如图 1-8 所示。

当导纱距离 d 为 50mm 时，从满管到空管一直保持单节气圈，由于摩擦纱段的逐渐增加，使张力由小逐渐变大，但波动幅度不大，如图 1 - 8(a)所示。当导纱距离 d 为 200mm 时，退绕张力存在阶段性增加现象，张力变化幅度达到 4 倍以上，如图 1 - 8(b)所示，这是因为满管退绕时出现五节气圈，退绕到管底时气圈减少到一节的缘故。

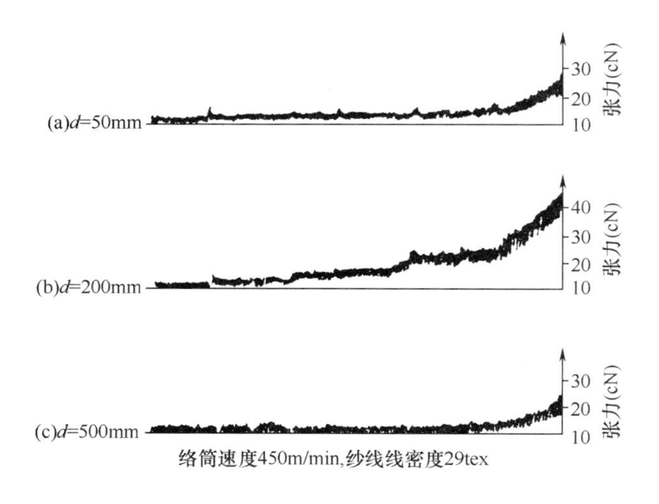

图 1 - 8　导纱距离对退绕张力的影响

当导纱距离大于 250mm 时，满管退绕时出现六节以上气圈，而退绕到管底时，气圈节数仍保持在两节以上，始终不出现单节气圈。图 1 - 8(c)为导纱距离为 500mm 时退绕张力的变化曲线，在满管退绕时出现十一节气圈，而退绕到管底时依然保留着三节气圈，退绕张力平均值和波动值都较小。

由此可见，在导纱距离等于 50mm 或大于 250mm 时，络筒张力的波动都较小。

2. 络筒速度对退绕张力的影响　实际测试结果表明，提高络筒速度，退绕张力也随之增加。这是由于气圈回转的角速度增加，受空气阻力的影响，气圈形状变化，使摩擦纱段增长，分离点处的纱线张力增加。

3. 纱线线密度对退绕张力的影响　由气圈微元纱段的受力分析可知，纱段的重力及惯性力与单位长度纱线的质量即线密度呈正比。因此，在同样的络纱条件下，纱线的线密度越大，纱线退绕张力越大。

(二)均匀络筒张力的措施

均匀的络筒张力，可以提高络筒速度，确保纱线的顺利退绕。均匀络筒张力的措施有以下几种。

1. 选用合理的导纱距离　从上面介绍的导纱距离对纱线退绕张力影响可知，为了减少络筒时纱线张力的波动，可以选用 50mm 左右的短导纱距离或 500mm 左右的长导纱距离。自动络筒机普遍采用较长的导纱距离，但普通络筒机为了方便换管操作，一般选用 70 ~ 100mm 的导纱距离，纱线张力波动较大。

2. 采用气圈破裂器、气圈控制器　气圈破裂器安装在纱管顶部与导纱器之间所形成的气圈部位，运动中的纱线与它摩擦碰撞，可以改变气圈的形状，抑制摩擦纱段长度变化，从而改善纱线张力的均匀程度。特别是当管纱退绕到管底时，原来将出现的单节气圈破裂为双节气圈，通过抑制摩擦纱段的增长，减少摩擦纱段对管底纱层的包围角（高速闪光摄影发现，在原先的摩擦纱段处出现小气圈而与卷装表面脱离接触），避免管底退绕时纱线张力陡增的现象发生。

几种常用的气圈破裂器如图 1－9 所示。其中圆环状及球状气圈破裂器体积小，多用于普通络筒机上。自动络筒机由于导纱距离很长，故多采用管状气圈破裂器。气圈破裂器的安装应以环、管的中心对准纱管轴心线，离管纱顶部 30～40mm 为宜。如使用球形气圈破裂器，则安装在离管纱顶部 35～40mm 处，略偏离纱管轴心线。管状气圈破裂器在使用时要注意入纱口的方向，图中所示的安装位置适于络 Z 捻纱，在络 S 捻纱时应倒置安装。生产实践表明，在三种管状气圈破裂器中，以截面为三角形的效果最好，尤其对减少崩断有明显效果，产生飞花等杂质也较少。在纱线特数较大，且管纱长度超过 305mm 时，推荐采用方形截面气圈破裂器，固定位置适当提高，可以均匀纱线张力，减少纱线绒毛的生成。纱线特数较小时，气圈破裂器的位置应适当降低。在确定气圈破裂器的安装高度时，主要应考虑纱线张力的均匀效果和崩脱的减少。

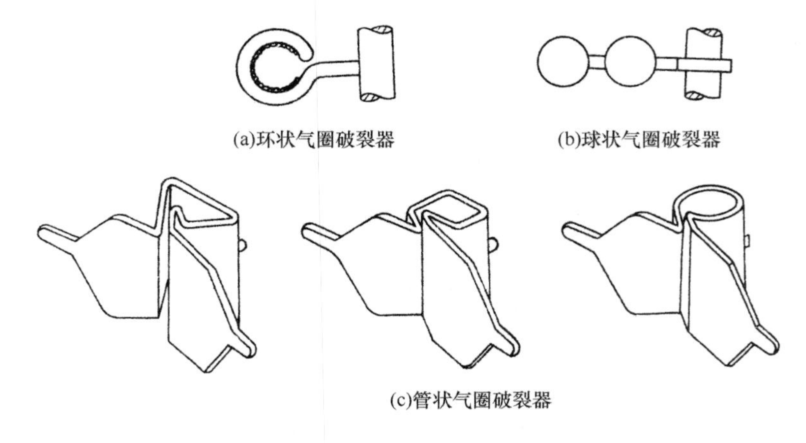

图 1－9　气圈破裂器

上述传统的气圈破裂器仍存在一些不足，表现在气圈破裂器与退绕点之间的单节气圈，会随着退绕的进行高度逐渐增大。在高速络筒条件下，当管纱上剩余的纱量约小于满管纱量的 1/3 时，摩擦纱段长度明显增加，络筒张力急剧上升，这将影响纱线的物理力学性能和筒子的卷装成形。新型气圈破裂器（气圈控制器），它不仅能破裂气圈，而且可以随管纱的退绕而同步自动下降，保持该装置与管纱分离点之间的距离不变，从而有效地控制整个管纱退绕过程中的气圈，起到控制气圈形状和摩擦纱段长度的作用，从而均匀了络筒退绕张力，减少了纱线摩擦所产生的毛羽及管纱退绕过程中的脱圈现象。气圈控制器的工作过程如图 1－10 所示。

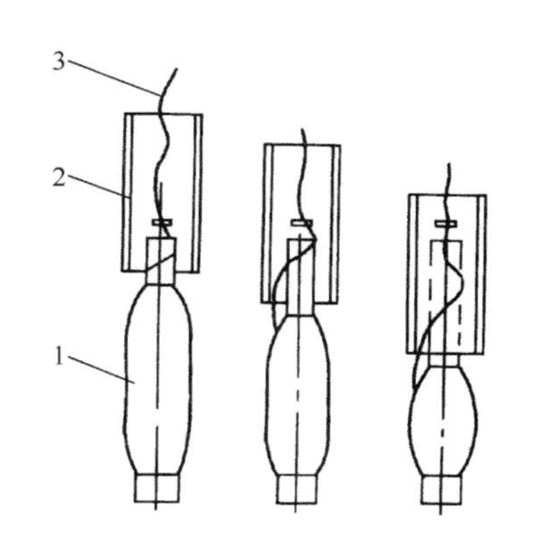

图 1－10　新型气圈破裂器的工作情况
1—管纱　2—气圈破裂器　3—纱线

试验证明，使用新型气圈破裂器后，纱线退绕张力的不匀程度比使用气圈破裂器时得到明显改善，图 1－11 为使用不同气圈破裂器时纱线张力的变化情况。试验采用 13.5tex 纯棉纱，络筒速度为 1500m/min。

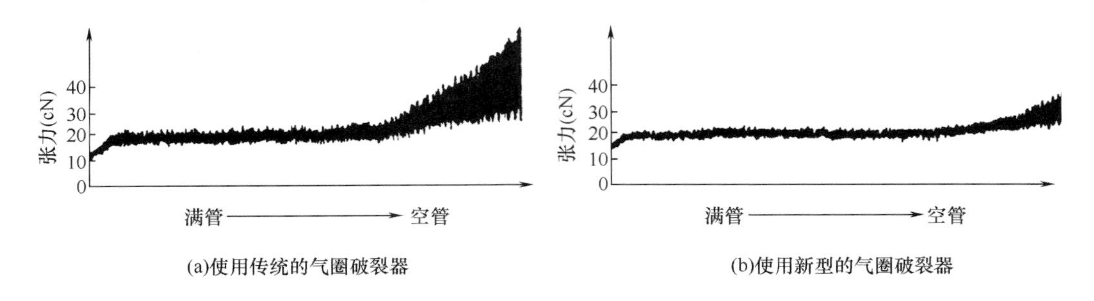

图 1－11　使用不同气圈破裂器时络筒张力变化情况

3. 络筒张力的自动控制　传统的张力装置仅对纱线施加一个预先设定的阻力，阻力的大小不因纱线退绕张力的变化而变化，对络筒中存在的张力波动无法消除甚至是扩大。

新型络筒机采用的张力自动控制系统，如图 1－12 所示，由张力传感器 3 检测纱线的动态张力。当纱线张力发生变化时，传感器中的弹性元件发生变形，改变输出电流或电压的信号。此信号经计算机 4 处理后再传输给张力装置 5，通过相应增减电磁加压装置对纱线施加的压力，使络筒张力保持大小适当、均匀。

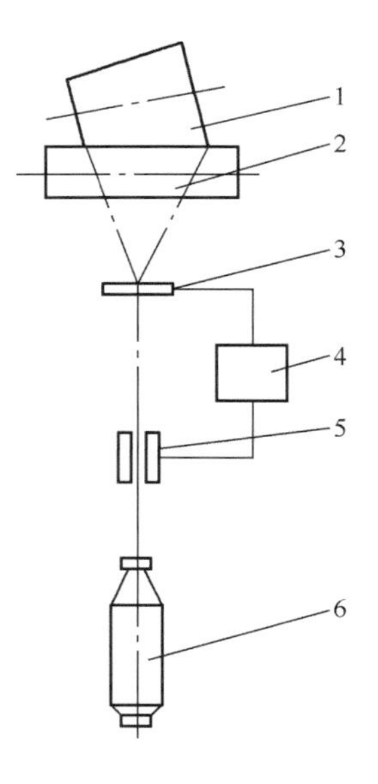

图 1－12　络筒张力自动控制系统简图

1—筒子　2—槽筒　3—张力传感器

4—计算机　5—张力盘　6—管纱

第二节　纱线的清洁、打结与定长

清除纱线上的粗节、棉结、尘屑、杂质等有害纱疵是络筒的任务之一，以提高纺织品的质量和后道工序的生产效率。无梭织机的广泛应用，对络筒清除杂疵方面提出了较高的要求。纱疵清除后，取而代之的是一个接头，接头质量对后部工序的影响很大。

一、纱线的清洁

纱线上的疵点由清纱装置鉴别，根据其工作原理，清纱装置可分为机械式和电子式两类。

(一)机械式清纱装置

机械式清纱装置有板式和梳针式两种。板式清纱器具有一条可调的缝隙(称为隔距)，如图1－13(a)，纱线在固定清纱板2和活动清纱板3之间的缝隙通过时，其直径得到检查，纱线上的粗节、棉结因不能通过缝隙而被刮断；附着在纱线上的杂质、绒毛和尘屑等被清纱板刮落。纱线在高速退解时可能产生的脱圈，也不能通过缝隙，因而提高了络筒的质量。梳针式清纱器的结构与板式类似，如图1－13(b)，所不同的是它采用一排后倾45°的梳针板代替上清纱板，梳针号数根据纱线粗细和工艺要求而定。

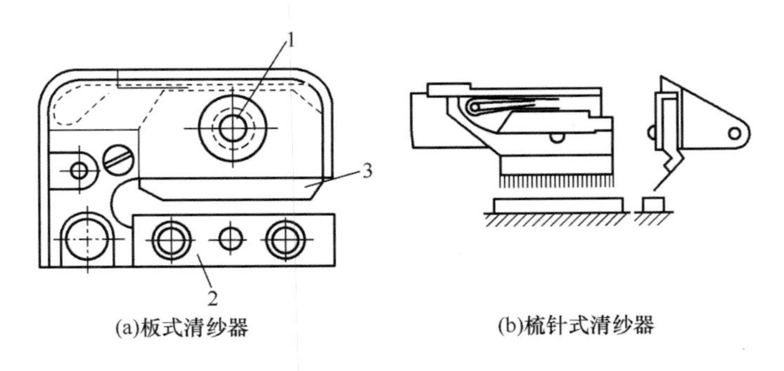

(a)板式清纱器　　(b)梳针式清纱器

图1－13　机械式清纱器

1—调节螺钉　2—固定清纱板　3—活动清纱板

清纱装置隔距的确定要考虑纱线的纤维种类、特数、络筒速度和织物品种的外观要求等因素。隔距过大，易漏过杂疵；隔距过小，会造成断头过多和刮毛纱线。板式清纱装置的隔距通常为1.5～3.0d(d为纱线直径)，梳针式为4～6d。

机械式清纱装置虽然结构简单，成本低廉，但清除效率低。板式清纱装置的清除粗节效率约为40%，梳针式清纱装置可达60%左右，对纱疵长度不能鉴别。检测过程中，它们与纱线的摩擦接触会对纱线及纤维产生一定的损伤，且易产生静电，在化纤产品、混纺产品和高档天然产品的生产中已无法满足日益提高的产品质量要求，正逐渐被淘汰。

(二)电子式清纱装置

电子清纱器采用无接触检测，因而不损伤纱线，它通过对纱线的粗细和长度两个指标进行检查而获得纱疵信息，再与设定值进行比较，超出标准则切断纱线。因此，电子清纱器的检测较准确，切断正确性和清除效率均大大提高，有利于提高织造效率和织物质量。

根据检测方式的不同，电子清纱器可分为光电式和电容式两种。

1. 光电式电子清纱器 光电式电子清纱器检测纱疵的侧面投影，比较接近视觉。其工作原理是将纱疵的直径和长度作为几何量，通过光电系统转换成相应的电脉冲信号而进行检测。其装置由光敏检测头(包括光源和光敏接收器)、信号处理电路和执行机构三部分组成。典型的光电式电子清纱器的工作原理如图1－14所示。

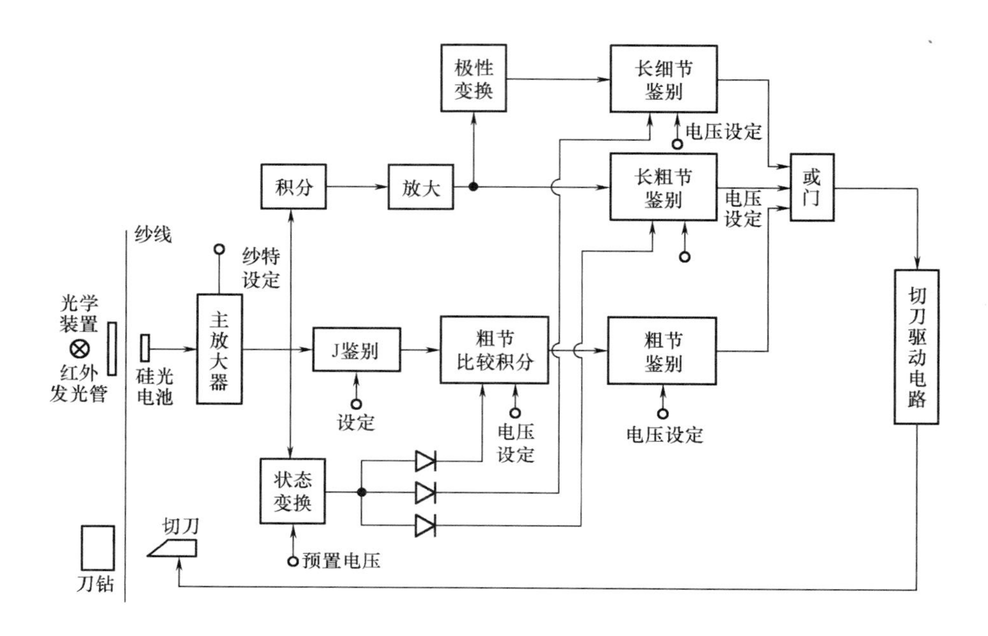

图1－14 光电式电子清纱器的工作原理

检测头的左侧是光源，右侧为光敏接收器，采用了硅光电池。当带有纱疵的纱线通过检测区时，其直径的变化使硅光电池的受光面积发生变化，会引起硅光电池受光量及输出光电流的变化，光电流的变化幅值与纱疵的直径变化成正比，光电流变化持续的时间与纱疵的长度成正比。光敏接收器输出的电流脉冲的幅值和宽度的变化信号经放大器放大后，由短粗节、长粗节、长细节三个鉴别电路判断纱疵的粗细与长短。当纱疵直径、长度等电压信号超过设定电压值时，则触发切刀驱动电路工作，驱动切刀切断纱线，将纱疵除去。

2. 电容式电子清纱器 电容式电子清纱器是以电容传感器测定单位长度内纱线质量的变化，来间接反映纱线截面积的变化，从而检测纱疵。其装置由检测部分、信号处理电路和执行机构组成。典型的电容式电子清纱器工作原理如图1－15所示。

检测部分由高频振荡器、电容传感器和检测电路组成。当电容传感器的两块金属极板之间无纱线通过时，电容量最小。当纱线以恒定速度在两极板之间通过时，因为纤维的介电常数比空气大，电容量增加，增加的数量与单位长度内纱线的质量成正比关系。因此，纱线截面积的变化，即单位长度纱线质量的变化被转换成电容量的变化。

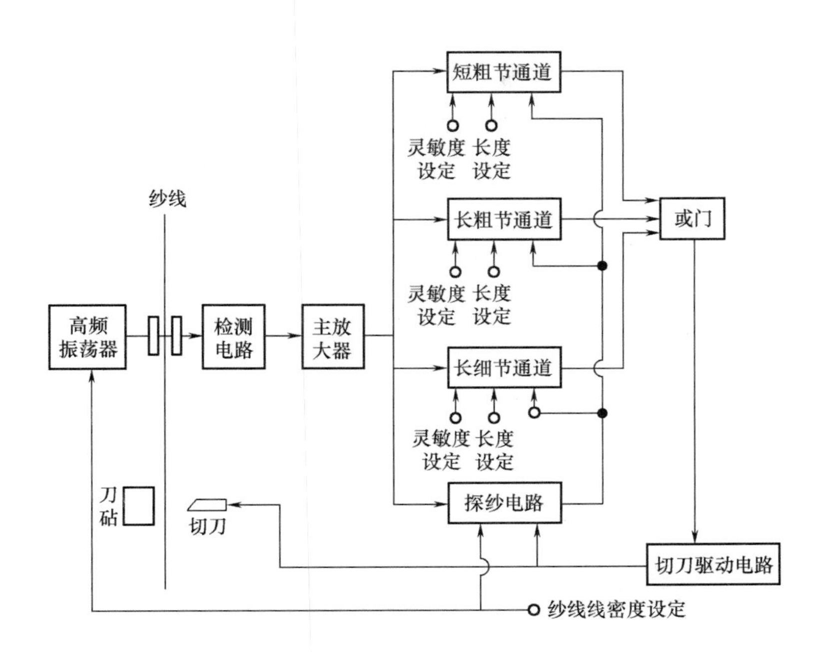

图1－15 电容式电子清纱器的工作原理

发生于高频振荡器的高频等幅波经电容传感器后,被调制成随纱线截面积做相应变化的调幅波,调幅波经检测电路转换成电脉冲信号。检测电路输出的电脉冲信号经放大器放大后,分别通过短粗节、长粗节、长细节三个鉴别电路判断纱疵的粗度和长度,当纱疵所对应的脉冲信号达到设定值,则触发切刀驱动电路工作,驱动切刀切断纱线,将纱疵去除。

由于光电式电子清纱器和电容式电子清纱器的检测原理不同,因此它们的工作性能有较大差异,表1－1对两者的工作性能进行了对比。

表1－1 光电式和电容式电子清纱器工作性能对比

项　　目	光　电　式	电　容　式
扁平纱疵	会漏切	不漏切
纱线捻度	影响大,可切除弱捻纱疵	无影响,但漏切弱捻纱疵
纱线颜色	较大影响	略有影响
纱线光泽	有影响	无影响
纱线回潮率	影响较小或无影响	影响较大,易引起检测失误
纤维种类与混纺比	略有影响	有影响
飞花、灰尘积聚	影响大,易引起检测失误	有影响
外部杂散光	有影响	无影响
金属粉末混入纱线	无影响	影响较大
纱线毛羽	有影响	无影响
系统稳定性	需定期校正	稳定性好

二、纱线的接头方式

络筒时,清除纱疵、纱线断头或纱管用完时都需要对纱线进行接头。据统计,卷绕一个重1.5kg的筒子,一般要产生19~44个结头,结头的质量对后部工序的生产效率及产品质量都有很大影响。接头方法有打结和捻接两种方式。捻接是实现无结接头的接头方式。

(一)打结接头方式

打结是传统的接头方式,络筒常用织布结和自紧结两种形式,过去由人工打结,现在已广泛采用机械打结器。

织布结如图1-16(a)所示,结尾分布于两侧,结头直径为原纱直径的2~3倍。织布结适用于多种纤维和粗细的纱线,但对于比较光滑的纱线,易产生脱结。

自紧结如图1-16(b)所示,它由两个不完整的结组成,结尾相反,结根相对。拉紧时,两结靠拢结合为一体,且愈拉愈紧不易脱开。结头直径为原纱直径的3~4倍。

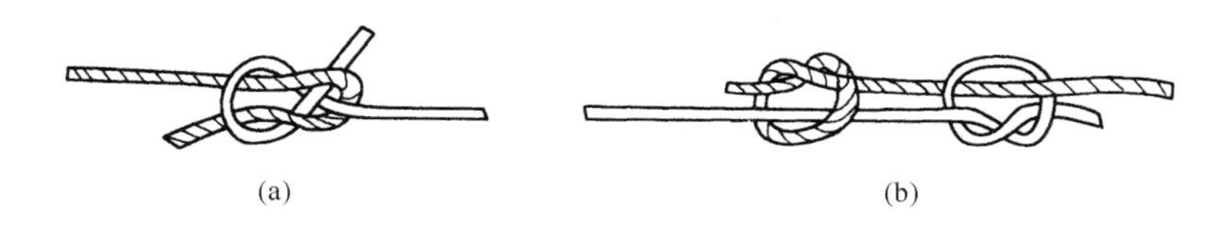

图1-16　织布结和自紧结

打结接头的本质是用一个小的"纱疵"(结头)代替一个大的纱疵,这种结头会影响织物的外观质量,布面上的纱线结头明显可见。

(二)捻接接头方式

捻接接头已在自动络筒机上普遍应用,普通络筒机也配置了捻接器,以取代打结接头。捻接接头的直径为原纱直径的1.1~1.3倍,纱线断裂强度为原纱强度的80%~100%。捻接接头的方法很多,有空气捻接法、机械捻接法、静电捻接法、包缠法、粘合法等,其中技术比较成熟、应用比较广泛的气动捻接和机械捻接两种。

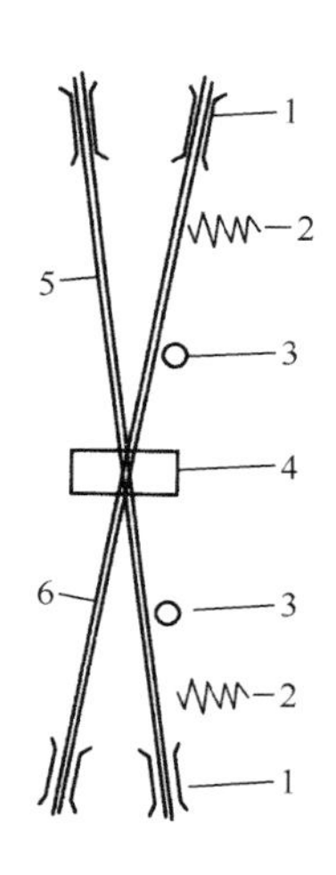

图1-17　空气捻接器工作原理图

1—夹持器　2—剪刀　3—退捻器　4—捻接腔　5—筒子纱　6—管纱

1. 空气捻接　图1-17为空气捻接器的工作原理图。引自筒子纱5和管纱6的纱线被分别引入捻接腔4后,由夹持器1夹住纱尾,剪刀2剪断纱线。然后,两纱尾被分别吸入退捻器3,对纱尾施加与纱线捻向相反的气流,使纱线尾端退捻、开松,形成平行的纤维束,呈毛笔尖状,在开松过程中多余的纤维被吹走。之后纱尾被引入捻接腔4,由捻接腔喷出的气流将两纱尾处的纤维缠绕或回旋加捻形成捻接接头。

捻接腔有多种形式,其中用于短纤纱的捻接腔结构如图1-18(a)、(b)所示,图1-18(c)用于长丝、长纤纱。

用于短纤纱的管状捻接腔壁上有两个出流孔,压缩空气自孔中射出时,形成向管腔两端扩散、反向旋转的两股高速

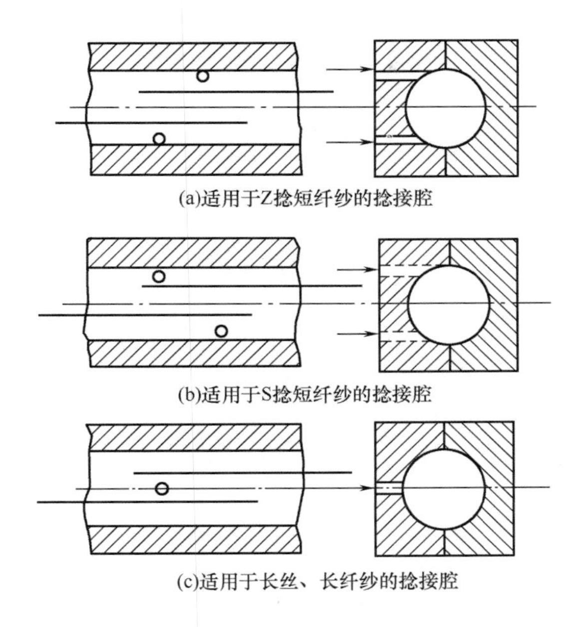

图 1－18　捻接腔结构示意图

旋流。纱尾在高速旋流的拍击下，纤维相互混合，并以 Z 捻向或 S 捻向捻缠成纱，捻缠外形较好。

用于长丝、长纤纱的捻接腔壁上只有一个出流孔。纱尾的纤维在高速气流的冲击振动下能更均匀的相互混合、纠缠、捻接成纱，但捻接段两端有少量纤维游离于纱身之外。

在捻接空气中加入少量的蒸馏水，可使纤维间的抱合力大大增加，从而提高了纱线的捻接强度。这种捻接器主要用于加工天然纤维纺成的股线、纯棉转杯纺纱、干纺或湿纺亚麻纱。

在羊毛等动物纤维的纱线络筒时，可使用加热捻接。该捻接器的捻接气流首先被加热，热空气的作用是使被捻接的纤维轻微塑化并增加柔软性，使捻接过程易于进行。加热捻接也适用于毛/涤等混纺纱及化纤纯纺纱。

2. 机械捻接　机械捻接是依靠两个转动方向相反的搓捻盘夹持纱条，搓捻盘首先让纱条解捻以获得松解的纱头，再反向转动将两纱头搓捻在一起，纱条在受控条件下完成捻接动作，捻接质量好，捻接处纱线条干均匀、光滑、强力高。但橡胶捻接盘易磨损，调节困难，受环境影响大，价格昂贵。机械捻接主要用于棉纱、氨纶纱或紧密纺纱。

三、筒子定长

随着整经技术的进步，各种高速整经机上均采用集体换筒的筒子架，为了减少筒脚纱的浪费及倒筒工作，对络筒工序提出了筒子定长的要求。早期的筒子定长采取挡车工目测筒子大小或尺量筒子直径等方法，目前普遍采用电子定长，定长误差可减小至 ±1%。

按测量原理电子定长可分为间接测长和直接测长两种。

间接测长是通过检测槽筒的转数，再计算出相应的纱线卷绕长度，进而实现定长控制。它是在槽筒轴上安装 N 极和 S 极间隔组成的磁环，槽筒每回转一圈，传感器便发出与磁环的极对数相等的电脉冲信号，m_0 为磁环的极对数，纱线的卷绕长度 L 与电脉冲个数 m 的关系为：

$$L = L_0 \cdot \frac{m}{m_0} \tag{1-8}$$

其中 L_0 为槽筒每回转一周的绕纱长度，可由槽筒的周长 L_1 和沟槽螺距 L_2 近似计算：

$$L_0 = \sqrt{L_1^2 + L_2^2} \tag{1-9}$$

可见，间接测量法完全根据槽筒的几何尺寸以及回转数计算筒子的绕纱长度，与实际绕纱长度存在误差。影响误差的因素有：传动点上槽筒和筒子的相对滑移、张力作用下纱线伸长量、纱线的质量、络筒机械状况等。

直接测长法是通过直接测量络筒过程中纱线的运行速度，当达到预定长度后络筒机即停止卷绕，实现筒子定长的目的。

第三节　筒子卷绕成形分析

一、筒子的卷绕与传动形式

（一）筒子卷绕的形式

根据纤维种类及使用要求，筒子可以做成多种卷绕形式。根据筒子上纱线相互之间的交叉角大小不同，分为平行卷绕筒子和交叉卷绕筒子。根据筒子的卷状形状不同，分为圆柱形筒子、圆锥形筒子和其他形状（如三圆锥形筒子等）。根据筒管形状不同，分为有边筒子和无边筒子。

纱圈间距极小且纱圈倾斜度很小的卷绕方式称为平行卷绕。采用平行卷绕时，筒子两端的纱圈极易脱落，一般卷绕在有边筒子上，如图 1－19（a）所示。有边筒子在退绕时，纱线沿切线方向引出，筒子随退绕而回转，故不适用于高速退绕，目前仅用于丝织、麻织及制线工业中。当纱线倾斜地卷绕在筒子上，相邻两纱圈之间有较大距离，上下层纱圈构成较大的交叉角时，称为交叉卷绕。交叉卷绕的圆柱形和圆锥形筒子具有很多优点，很大程度上能满足后道加工工序的要求，因此应用十分广泛，如图 1－19（b）、（c）、（d）所示。

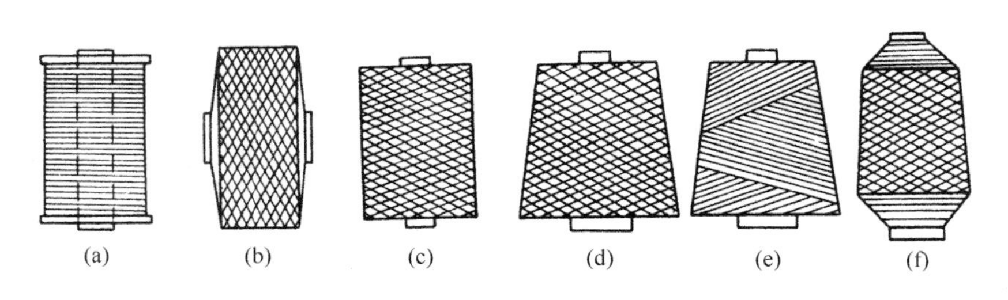

图 1－19　筒子的卷绕形式

圆柱形网眼筒子纱适用于密度较小的松软卷绕，由于其直径处处相等，便于染液的均匀渗透，故适于筒子纱的染色及定型。三圆锥筒子多用于合纤长丝的卷绕，每只筒子可绕纱5～10kg，如图1－19(f)所示。这种筒子结构比较稳定，筒子两端逐渐向中部靠拢，边部纱圈不易脱落，边部纱圈折回点的分布比较分散，因此筒子两端的密度与中部接近。图1－19(e)为紧密卷绕的圆锥形筒子，筒子容量较大。

(二)筒子传动的形式

络筒时，筒子的传动形式有槽筒摩擦传动和锭轴直接传动两种方式。其原理如图1－20所示。

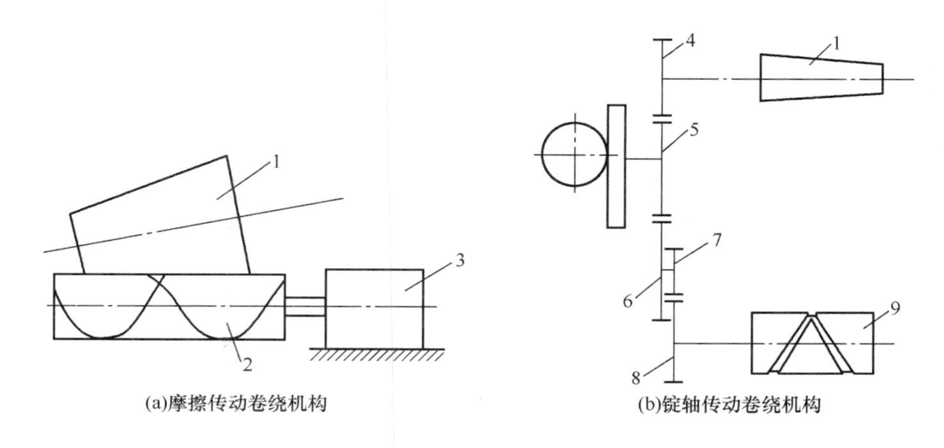

(a)摩擦传动卷绕机构　(b)锭轴传动卷绕机构

图1－20　筒子卷绕机构

1—筒子　2—槽筒　3—变频电动机　4、5、6、7、8—齿轮　9—导纱器

1. 槽筒摩擦传动　短纤维纱线络筒一般采用槽筒摩擦传动卷绕方式，如图1－20(a)所示。槽筒以胶木、合金制成，表面铸有几圈螺线形沟槽。金属槽筒有利于消除静电，且硬度高不易磨损，使用寿命长。该机构中，变频电动机以单锭方式传动槽筒回转，安装在筒子架支臂上的筒子紧压在槽筒上，依靠槽筒的摩擦作用绕其自身的轴线回转来卷绕纱线。同时，槽筒表面的沟槽作为导纱器引导纱线做往复运动，使纱线均匀地络卷到筒子表面。沟槽中心线的形状决定了导纱运动的规律，直接影响筒子卷装形式和成形质量。当纱线断头时，筒子和槽筒分别刹车，筒锭握臂自动抬起，使筒子快速脱离槽筒表面，避免纱线过度磨伤。

2. 锭轴直接传动　锭轴直接传动卷绕机构如图1－20(b)所示。筒子的回转由锭轴直接传动，由独立导纱器引导纱线左右往复运动。导纱器的往复导纱运动可以与锭轴联动，也可以单独传动，前者称为关联式导纱，后者称为独立导纱。锭轴转动和导纱器往复运动之间的传动比决定了筒子每层卷绕的纱圈圈数。当导纱器的往复运动与锭轴回转联动时，传动比是一个固定值；导纱器单独传动时，传动比可变。

二、圆柱筒子卷绕原理

络筒时，纱线的卷绕运动是筒子的回转运动与导纱器往复运动的合成运动。如图1－21所示，来回两根纱线之间的夹角称为交叉角（β），绕纱方向与筒子端面的夹角称为卷绕角或螺旋升角（α）。

（一）络纱速度计算

1. 利用导纱器导纱 络纱速度 v 为筒子表面的圆周速度 v_1 与导纱器运动速度 v_2 的合成速度，即：

$$v = \sqrt{v_1^2 + v_2^2} \quad (1-10)$$

图 1－22 所示为一个螺距间的纱圈展开图，图中 h 为纱圈的轴向螺距，h_f 为纱圈的法向螺距，d_t 为筒子的卷绕直径，则：

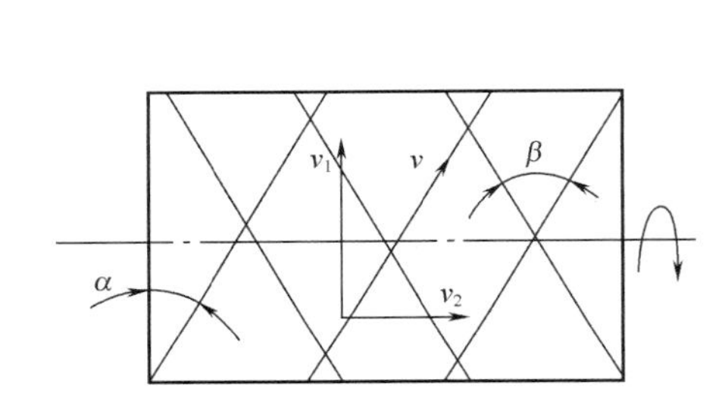

图 1－21 圆柱形筒子成形

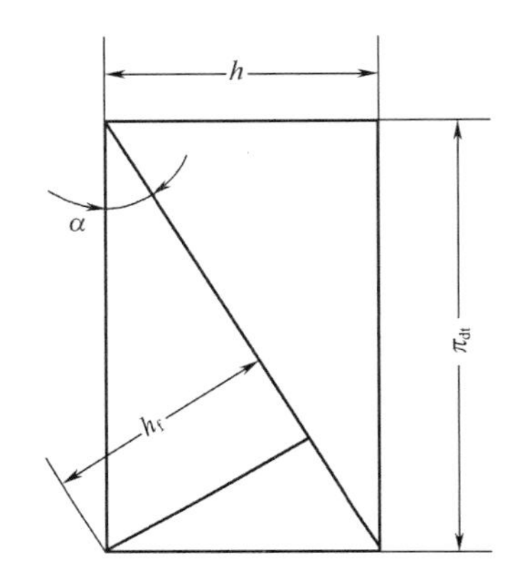

图 1－22 纱圈展开图

$$\tan\alpha = \frac{v_2}{v_1} = \frac{h}{\pi d_t} \quad (1-11)$$

$$v_1 = \pi d_t \cdot n_t \quad (1-12)$$

$$v_2 = h \cdot n_t \quad (1-13)$$

式中：n_t——筒子的转速。

则络纱速度为：

$$v = \sqrt{(\pi d_t n_t)^2 + (h n_t)^2} \quad (1-14)$$

2. 利用槽筒导纱 在络筒过程中，槽筒的平均转速是不变的，而筒子的转速则随卷绕直径的增大而逐渐降低。因此，用槽筒的转速来表示络纱速度比较准确。

筒子表面线速度：

$$v_1 = \pi d_c \cdot n_c \cdot A \quad (1-15)$$

式中：d_c——槽筒直径；

n_c——槽筒转速；

A——筒子与槽筒的滑溜率。

滑溜率表达了筒子表面与槽筒表面的打滑情况，可以近似地用实际绕纱长度与理论绕纱长度的比值代替，通过测量求得。一般滑溜率为0.94～0.96。

导纱速度：

$$v_2 = h_{cp} \cdot n_c \qquad (1-16)$$

式中：h_{cp}——槽筒每转的平均导纱动程。

则络纱速度为：

$$v = \sqrt{(\pi d_c n_c A)^2 + (h_{cp} \cdot n_c)^2} \qquad (1-17)$$

（二）卷绕角与纱圈螺距的变化规律

1. 利用槽筒导纱 在槽筒转速不变的情况下，导纱速度 v_2 保持不变；筒子由槽筒摩擦传动，随筒子卷绕直径的增加其转速会逐渐下降，但其表面线速度 v_1 可认为是不变的。因此，在筒子卷绕过程中，可以保持卷绕角 α 不变，称为等螺旋角卷绕（或等升角卷绕），但纱圈螺距 h 会逐渐增大，每层卷绕的纱圈数也逐渐减少。

2. 利用导纱器导纱 采用等速导纱，即 v_2 不变，筒子转速 n_t 不变，由 $h=\frac{v_2}{n_t}$，故在整个卷绕过程中，纱圈的螺距保持不变，称为等螺距卷绕。由于 $\tan\alpha=\frac{h}{\pi d_t}$，随着卷绕的进行，$d_t$ 逐渐增大，而 h 保持不变，故卷绕角 α 会逐渐减小，但每层卷绕的纱圈数不变。在这种锭轴直接传动筒子的卷绕方式中，锭轴转动与导纱器往复运动之间的卷绕比（传动比）是精确设计的，即 $i=n_t/v_2$ 为一特别设计的常数，因此这种卷绕方式也称为精密卷绕。精密卷绕的筒子无重叠条带，纱圈定位准确，排列均匀。如果筒子卷绕直径过大，外层纱圈的卷绕角会过小，在筒子两端容易产生脱圈疵点。同时，卷绕角的变化将导致筒子内外层的卷绕密度不匀，一般规定筒子的直径不大于筒管直径的三倍。

为了满足筒子内外层卷绕密度均匀的要求，出现了有级精密卷绕（数字卷绕）方式。它是令卷绕比 $i(n_t/v_2)$ 随筒子卷绕直径的增加作有级变化，如图1－23所示。在卷绕的过程中，对于某一阶梯的卷绕比，卷绕角 α 随筒子卷绕直径的增大而逐渐减小，当筒子直径增大到一定值时，卷绕比自动下降到下一个阶梯，而卷绕角 α 立刻恢复为上一个阶梯开始时的数值。也就是说，卷绕角 α 是在一定范围内往复变化的。通过对卷绕比的精确设计，可使有级精密卷绕的筒子不会出现重叠现象，筒子卷装稳定，退绕性能优良，适合高速退绕，同时，筒子密度近似保持恒定。

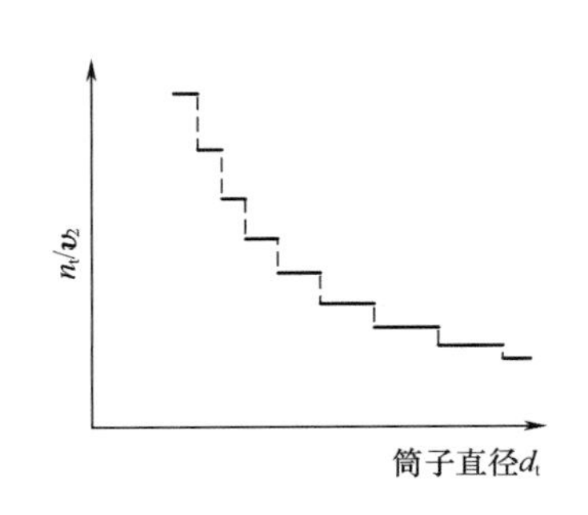

图1－23 有级精密卷绕

例如，在织造厂用作纬纱时，十万纬断纬率表明有级精密卷绕进一步提高了筒子的退绕性能，十万纬断纬率：一般络筒1.8次；精密络筒1.4次；有级精密络筒1.0次。

三、圆锥筒子卷绕原理

1. 传动点和传动半径 在摩擦传动络卷圆锥形筒子时，一般采用槽筒（或滚筒）通过摩擦传动使筒子回转，槽筒沟槽或专门的导纱器引导纱线往复运动。由于圆锥筒子的大小端直径不同，受槽筒摩擦传动时，筒子表面只有一个点的圆周速度与槽筒表面的线速度相等，此点称为传动点。图1－24所示的 C 点即为传动点。在 C 点左边的各点上，槽筒的线速度大于筒子表面对应点处的圆周速度；而在 C 点的右边，情况正好相反。在 C 点筒子与槽筒保持纯滚动关系，而在其他各点，筒子与槽筒会产生相对滑动。筒子轴心线至传动点之距为传动半径 ρ，槽筒的半径为 R，则两者传动比为：$i = R/\rho$。

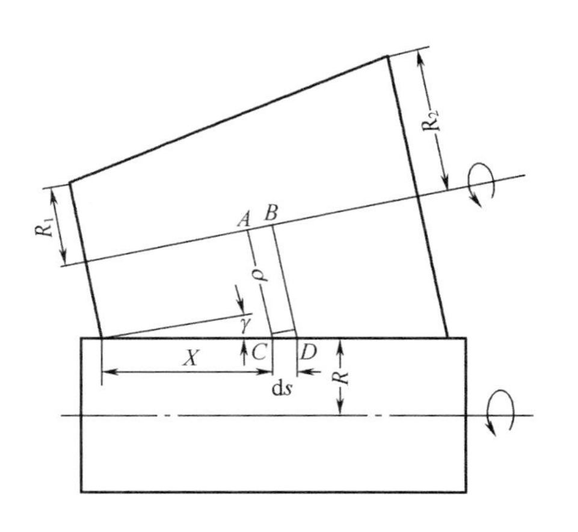

图1－24 圆锥形筒子传动半径图

忽略筒子绕轴心线转动的摩擦阻力矩及纱线张力产生的阻力矩，根据筒子所受外力矩平衡，即筒子上 C 点左右两边摩擦力矩方向相反、大小相等，可以推导出传动半径。设 $AC = \rho$，$BD = \rho + \mathrm{d}\rho$，$CD = \mathrm{d}s$，则：

$$\mathrm{d}s = \frac{\mathrm{d}\rho}{\sin\gamma}$$

式中：γ——圆锥筒子顶角之半。

假设筒子的重量均匀地压在槽筒上，在微元段 $\mathrm{d}s$ 上产生的摩擦力为：

$$\mathrm{d}F = q \cdot f \cdot \mathrm{d}s = q \cdot f \frac{\mathrm{d}\rho}{\sin\gamma}$$

式中：q——单位长度上的压力；

f——纱线与槽筒的摩擦系数。

摩擦力对筒子轴心线的力矩为：

$$\mathrm{d}M = \mathrm{d}F \cdot \rho = q \cdot f \frac{\rho \mathrm{d}\rho}{\sin\gamma}$$

C 点左、右侧的总摩擦力矩分别为：

$$左边：M_1 = q \cdot f \frac{1}{\sin\gamma}\int_{R_1}^{\rho} \rho \mathrm{d}\rho = qf \frac{1}{\sin\gamma} \cdot \frac{\rho^2 - R_1^2}{2}$$

$$右边：M_2 = q \cdot f \frac{1}{\sin\gamma}\int_{\rho}^{R_2} \rho \mathrm{d}\rho = qf \frac{1}{\sin\gamma} \cdot \frac{R_2^2 - \rho^2}{2}$$

筒子在力矩作用下保持平衡，则有 $M_1 = M_2$，于是传动半径为：

$$\rho = \sqrt{\frac{R_1^2 + R_2^2}{2}} \tag{1-18}$$

式中：R_1——筒子小端半径；

R_2——筒子大端半径。

在卷绕过程中，筒子大、小端的半径在随时变化着，因此筒子的传动半径也在变化，由此可知，传动点 C 的位置也是变化的。根据图 1-24 中所表示的几何关系，可确定 C 点的位置：

$$X = \frac{\rho - R_1}{\sin\gamma}$$

式中：X——筒子小端与传动点 C 的距离。

进一步分析可知，传动半径永远大于筒子的平均半径 $(R_1 + R_2)/2$，这说明传动点 C 始终处于平均半径的右侧，且大小端半径差异越大，传动点 C 偏离平均半径越多。随着筒子半径的增加，传动半径逐渐接近筒子的平均半径，即 C 点逐渐向平均半径处移动。

2. 筒子大小端圆周速度的变化 筒子大端的圆周速度总是大于小端的圆周速度，随着筒子卷绕直径的增加，大端的圆周速度不断减小，小端的圆周速度不断增大，且接近于筒子的平均圆周速度。由于传动点 C 靠近筒子大端，使筒子小端与槽筒之间的圆周速度差异大，结果是卷绕在筒子小端处的纱线与槽筒的摩擦比较严重，络卷细特纱时，易在筒子小端产生纱线起毛、断头。为减轻这一问题，可采取如下措施。

(1) 将槽筒设计成略具锥度的圆锥体。如 Schlafhorst GKW 自动络筒机使用 3°20′的圆锥形槽筒，以减少筒子大小端的摩擦滑移，小端纱线磨损情况有所改善。

(2) 减小圆锥形筒子的锥度，以减少筒子小端纱线所受的磨损。比如将锥顶角之半从9°15′改为 5°57′，能使筒子小端与槽筒之间的摩擦滑溜率从 57% 减小到 16%。

(3) 在新型络筒机上，为减少空筒卷绕时大小端纱线受到过度磨损，特别是对长丝的磨损，采用让筒子与槽筒表面脱离的措施，待筒子卷绕到一定纱层厚度之后，方始接触。

3. 卷绕角和纱圈螺距的变化 为简化分析，设导纱速度 v_2 为一常数，由 $\tan\alpha = v_2/v_1$，则 v_1 的变化直接导致 α 的变化。在同一纱层，筒子大端的卷绕角小，筒子小端的卷绕角大。随着卷绕的进行，由于传动点的变化，筒子大端圆周速度逐渐减小，使卷绕角逐渐增大；而筒子小端圆周速度的逐渐增大，使卷绕角逐渐减小。

在摩擦传动条件下，随着筒子卷绕直径增加，筒子转速 n_t 逐渐减小，于是每层绕纱圈数 m' 逐渐减小，而纱圈的平均螺距 h_p 逐渐增加，即：

$$h_p = \frac{h_0}{m'}$$

式中：h_0——筒子母线长度。

四、筒子的卷绕密度

筒子的卷绕密度是指筒子单位体积中纱线的质量，用 g/cm³ 表示，它反映了筒子卷绕的松紧、软硬程度。不同用途的筒子,其卷绕密度要求不同,染色用筒子要求结构松软、均匀;整经用筒子要求结构紧密、稳定、容纱量大。

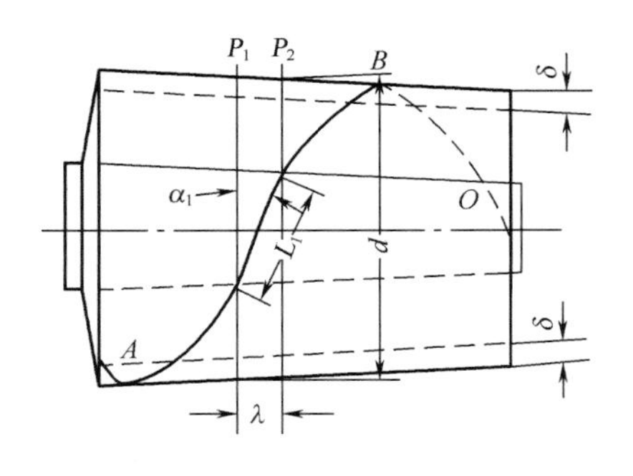

图 1-25 等厚度增加的圆锥形筒子

影响筒子卷绕密度的因素包括:络纱张力、纱圈卷绕角、纤维种类与特数、纱线表面光洁程度、纱线自身密度及筒子对槽筒的压力等。下面专门讨论筒子卷绕角与筒子卷绕密度的关系。

假设圆锥形筒子卷绕过程中大小端等厚度增加,如图 1-25 所示,导纱器做 n 次单程导纱后,形成一层厚度为 δ 的均匀纱层。以两个垂直于筒子轴心线的平面 P_1 及 P_2 将筒子截出一小段,截出的部分可近似看成一个中空的圆柱体,其高度为 λ,底面外径为 d_1,内径等于 $d_1-2\delta$。则中空圆柱体内单根纱线长度为:

$$L_1=\frac{\lambda}{\sin\alpha_1}$$

式中:α_1——纱段 L_1 的卷绕角。

此纱层的总重量为:

$$\Delta G_1=10^{-5}\mathrm{Tt}\cdot n\cdot L_1=\frac{10^{-5}n\lambda\mathrm{Tt}}{\sin\alpha_1}$$

式中:Tt——纱线的线密度。

中空圆柱体的体积近似为:

$$\Delta V_1=\delta\lambda\pi d_1$$

因此,纱线的卷绕密度为:

$$\gamma_1=\frac{\Delta G_1}{\Delta V_1}=\frac{10^{-5}n\mathrm{Tt}}{\delta\pi d_1\sin\alpha_1}$$

在同一纱层的另一区段上,同理可得纱线卷绕密度为:

$$\gamma_2=\frac{10^{-5}n\mathrm{Tt}}{\delta\pi d_2\sin\alpha_2}$$

因此,同一纱层不同区段上纱线卷绕密度之比为:

$$\frac{\gamma_1}{\gamma_2}=\frac{d_2\sin\alpha_2}{d_1\sin\alpha_1} \qquad (1-19)$$

对于圆柱形筒子,同一纱层的卷绕直径相同,于是:

$$\frac{\gamma_1}{\gamma_2}=\frac{\sin\alpha_2}{\sin\alpha_1} \qquad (1-20)$$

由式(1-19)、式(1-20)可知,等厚度卷绕的圆锥形筒子同一纱层上,不同区段的纱线卷绕密度反比于卷绕直径和卷绕角正弦值的乘积;圆柱形筒子则反比于卷绕角正弦值。这说明,为保证锥形筒子大小端卷绕密度均匀一致,同一纱层大端的纱线卷绕角应小于小端;圆柱形筒子同一纱层的纱线卷绕角则应恒定不变。在圆锥形筒子和圆柱形筒子两端纱线折回区域内,纱线卷绕角由正常值急剧减小到零,因而折回区域的卷绕密度及手感远较筒子中部大。

五、自由纱段对筒子成形的影响

导纱器的导纱点(或槽筒沟槽导纱点)与筒子上纱线卷绕点之间的一段纱线称为自由纱段。图1-26中N_1、N_2、…表示络筒过程中不同的导纱点位置,而M_1、M_2、…表示纱线开始绕上筒子的不同卷绕点位置,M_1N_1、M_2N_2、……为导纱过程中的自由纱段长度。导纱器往复一次期间,自由纱段的长度为变量。

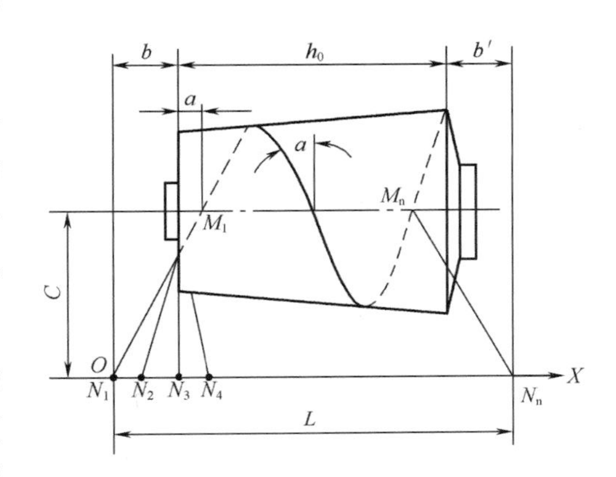

图1-26 自由纱段对筒子成形的分析

导纱器在N_1和N_n点之间做往复运动,其动程为L。当导纱器到达最左端的N_1点时,纱线正好卷绕到筒子表面上的M_1点,该点与筒子左侧边缘之距为a。当导纱器右移至N_2点时,纱线在卷绕角逐渐减小的状态下,继续向筒子左方表面上卷绕。当导纱器到达N_3点时,纱线刚好绕到筒子左方的边缘,在这一点纱圈卷绕角为零。在导纱器继续右移到达N_4点时,纱线开始向右卷绕到筒子表面上,卷绕角从零逐渐增大直至恢复到正常值。筒子右方边缘的卷绕情况与左边一样。

由于自由纱段的存在,使导纱动程L与筒子高度h_0之间产生差异,即$L=h_0+b+b'$。其结果是:筒子两端处的一定区域(折回区)中纱线的卷绕角小于正常的卷绕角,从而使筒子两端的卷绕密度增加,严重时可导致凸边和塌边等疵病,用筒子染色时,会使染液浸透不均匀。

自由纱段也会影响到筒子的形状,以圆锥形筒子大端为例,随着筒子卷绕厚度的增加,b'值逐渐增加,即卷绕高度渐减小,最终使端面形成一个圆锥体。这有利于后来绕上的纱圈的稳定,可获得成形良好的筒子,在搬运或退绕时纱圈不易滑脱。至于筒子小端,则在卷绕厚度增加时b值无明显变化。

据资料分析,自由纱段对筒子中部成形亦存在一定影响,可以起到防叠及稳定纱圈的作用。

六、筒子卷绕稳定性

纱线在一定张力下、按照设定的规律被络卷到筒子表面,形成预定的、合理的纱圈形态。纱圈卷绕到筒子表面后必须呈稳定状态,并保持这种形态,以便最后制成卷绕均匀、成形良好的筒子。既然纱线处在张力状态下,那么它就有使纱线向最短线(即短程线)滑移的趋势,如果纱圈在筒子表面发生滑移,结果是纱线张力降低、卷装松弛,引起乱纱和坏筒等疵点。

沿短程线分布的纱圈最稳定,例如绕在圆柱面上的螺旋线是曲面上的最短线,它不会因纱线张力而移动，即处于稳定的平衡状态。但是，绕在圆锥面上的螺旋线却不是短程线，因为把圆锥面展开后，锥面上的螺旋线并不是这展开面上的直线。再有，圆柱面上绕的螺旋线虽然是短程线，但是在两端动程折回时的纱线曲线仍然不是短程线。那么，当所绕纱线不是短程线时，绕在曲面上的纱线在张力作用下显然有拉成最短线、即滑移成短程线的趋势，也就是说可能发生纱圈不稳定的现象。

刚络卷到筒子表面的非短程线的纱圈，一方面有滑移的趋势，但另一方面，纱线张力也使纱圈对筒子表面造成法向压力，于是纱层面上纱与纱之间的摩擦阻力就阻止了纱线的滑移趋势。张力越大，固然是滑动的趋势越大，但同时法向压力也越大，摩擦阻力也越大。在两种趋势效果相当条件下，处于非短程线的纱圈，仍然可以取得外力平衡、位置稳定。

纱圈的位置稳定与纱线的摩擦系数、纱圈的曲率即纱圈的形状有关。影响纱圈形状的因素有筒子半径、络筒的圆周速度和导纱速度等，而导纱速度又与槽筒表面的沟槽圈数及沟槽中心线的形态有关。因此，为获得良好的络筒纱圈稳定性，特别是在圆锥形和圆柱形筒子两端折回区的稳定性，必须根据纤维和纱线的特性，对槽筒沟槽进行合理的设计。

七、卷装中纱线张力对筒子卷绕成形的影响

纱线在筒子卷装中具有一定的卷绕张力，筒子外层纱线的张力对其内层纱线产生向心压力。如图 1－27 所示，设微元纱层对筒子中心张角为 θ，卷绕半径为 R，微元纱层的厚度为 dR。纱层中每根纱段的卷绕张力为 $T_{(R)}$。当纱线卷绕角为 α 时，每根纱段所产生的向心压力值 N 为：

$$N = 2T_{(R)}\cos\alpha \cdot \sin\frac{\theta}{2} = T_{(R)}\cos\alpha \cdot \theta$$

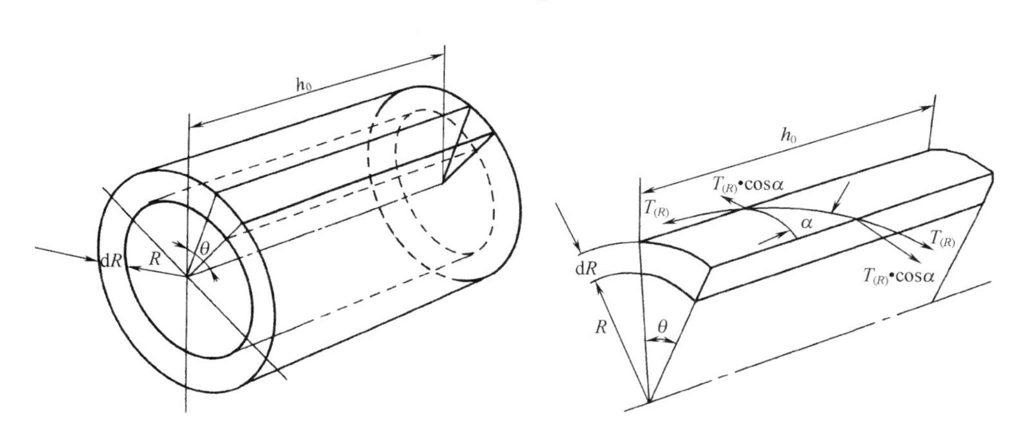

图 1－27　纱线对卷装压力的分析

筒子外层纱线的向心压力使内层纱线产生压缩变形，压缩的结果导致内层纱线卷绕密度增大，纱线张力减弱，甚至松弛，越往内层这种压缩现象越明显。在接近筒管的少量纱层里，尽管纱线受到最大的向心压力作用，但由于筒管的支撑，其长度方向不能收缩，仍维持较大的卷绕张力。所以，在筒子内部，介于筒子外层和最里层之间形成了一个弱张力区。当纱线

弹性不好或络筒张力过大时，弱张力区域内部分纱线有可能失去张力而松弛、起皱，影响筒子成形质量。

在一些高速自动络筒机上，采用了随卷绕半径增加，络筒张力或筒子加压压力渐减装置，起到均匀内外纱层卷绕密度的作用，并能防止内层纱线松弛、起皱、筒子胀边、菊花芯筒子等疵点，改善筒子的外观和成形。

八、纱圈的重叠与防止

（一）纱圈重叠卷绕的产生

在络筒过程中，如果筒子由槽筒摩擦传动，随着筒子直径的增加，其转速会逐渐降低。如果槽筒转速不变，则到某一时期在一个或几个导纱往复中筒子正好转过整数转时，筒子上先后卷绕的纱圈便会前后重叠起来。由于筒子的传动半径变化很慢，筒子与槽筒间的这种传动关系会持续相当长时间，结果在筒子表面会产生密集而凸起的菱形纱条。

如图 1－28 所示，纱线第一次在筒子大端的 1 处转折，经过一个导纱往复后，到点 2 处转折。点 1、2 对筒子轴心的夹角 ϕ 称为纱圈位移角，它是在导纱完成一个往复运动期间，筒子转过转数的零数部分使纱圈在筒子端面转折点产生的位移。

在图 1－28 中，纱线的直径为 d，卷绕角为 α，筒子大端的半径为 r，则纱圈位移角为：

$$\phi=\frac{d}{r\cdot\sin\alpha}$$

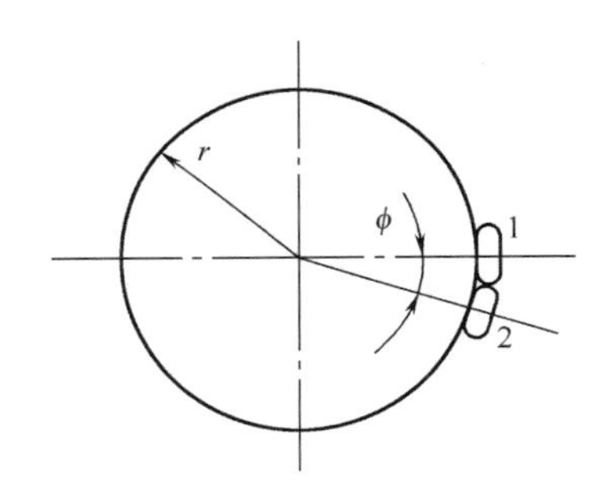

图 1－28　筒子上纱圈重叠分析

可以看出，导纱往复一次纱圈产生重叠的范围：

$$\frac{d}{r\cdot\sin\alpha}>\phi>\frac{-d}{r\cdot\sin\alpha}$$

如果在导纱完成两个、三个或多个往复运动期间，筒子转过整转数，则同样会产生纱圈的重叠。导纱四个往复以上时产生的纱圈重叠已不明显，一般不会给后道工序带来困难。

（二）防止重叠的措施

筒子上凹凸不平的重叠条带使筒子与滚筒接触不良，凸起部分的纱线受到过度摩擦损伤，造成后加工工序纱线断头，纱身起毛。重叠的条带会引起筒子卷绕密度不匀，筒子卷绕容量减小。由于重叠条带的纱线相互嵌入或紧密堆叠，以致退绕阻力增加，还会产生脱圈或乱纱。用于染色的筒子，重叠过于严重会造成染色不匀。对于需要进行化学处理或水洗加工的筒子，情况也是这样。因此，防叠是保障筒子质量的重要措施。

1. 槽筒摩擦传动筒子时的防叠措施

（1）周期性改变槽筒转速。筒子由槽筒摩擦传动，当槽筒的转速增加或降低时，筒子的转速也相应地发生变化，但由于惯性影响，筒子转速的变化总是滞后于槽筒转速的变化，因而相互之间产生滑移。当筒子的直径达到重叠条件时，由于筒子的滑移，重叠条件破坏，使后绕上的纱圈和原来的纱圈错开，从而避免了重叠的继续发生。

早期的络筒机采用有触点间歇开关、无触点可控硅间歇开关，周期性地对主电动机通电与断电来改变槽筒转速。目前的络筒机普遍采用变频电动机传动槽筒，通过控制频率变化的周期和幅度，来改变防叠的作用强度。

槽筒摩擦传动筒子，只在筒子直径的某些特定区域才会产生重叠卷绕，此时防叠机构应起作用。而在不产生重叠的区域，若槽筒转速还在周期性变化，则筒子与槽筒之间存在滑移，增加了对筒子表面纱线的摩擦。为了解决这一问题，某些自动络筒机增加了筒子直径、槽筒和筒子转速在线自动检测功能，只有在满足重叠卷绕条件时，才周期性地改变槽筒转速防叠。

（2）周期性的轴向移动或摆动筒子握臂架。当筒子握臂架做周期性的轴向移动或摆动时，筒子与槽筒会产生滑移，破坏重叠条件，避免重叠的产生。

（3）利用槽筒的结构防叠。

①使沟槽中心线左右扭曲。其作用是使纱圈的卷绕轨迹与左右扭曲的槽筒沟槽不相吻合，使轻度的重叠条带不能与槽筒沟槽相啮合，于是避免严重重叠条带的产生。

②改设直角槽口。将普通槽筒的V形对称槽口改为直角槽口，减小槽口宽度，防止重叠条带嵌入沟槽，可减少严重重叠。直角槽口必须对称安排，才能起到抗啮合的作用。

③在槽筒上设置虚槽和断槽。将纱线从槽筒中央引向两端的沟槽称为离槽，将纱线从槽筒两端引向中央的沟槽称为回槽。将一部分回槽设计成虚槽或断槽（一般断在与离槽的交叉口处），当纱圈开始轻微重叠时，由于虚槽和断槽的作用抬起筒子，立即引起传动半径的变化，从而改变筒子的转速，减少严重重叠条带的产生。

④多头槽筒。槽筒上有两种不同圈数的沟槽，当筒子处于产生重叠卷绕的直径时，立即转换导纱的槽筒沟槽，因而从根本上消除了重叠产生的条件，避免了重叠的发生。

2. 滚筒摩擦传动筒子、导纱器独立运动时的防叠措施 在滚筒摩擦传动筒子、导纱器独立运动的络筒机上，纱圈重叠的原理和槽筒式络筒机完全一致，但防叠的措施是采取变频导纱，即按一定规律变化导纱器往复运动的频率。由于导纱器往复运动频率不断变化，于是任意几个相邻纱层的每层纱圈数不可能相等。当某一纱层卷绕符合重叠条件，引起纱圈重叠时，相邻纱层的卷绕必不符合这一条件，于是刚发生的重叠现象被立即停止，起到防叠作用。

3. 锭轴直接传动筒子时的防叠措施 长丝卷绕多使用锭轴直接传动筒子的络筒方式，目的是减少纱线的摩擦损伤。锭轴传动络丝机的防叠措施有两种方法。

（1）防叠小数防叠。筒子转数 n_t 与导丝器往复频率 f_H 的比值 i 称为该机构的卷绕比：$i = n_t/f_H$。i 的小数部分（防叠小数）确定了纱圈位移角的大小，通过选用合理的防叠小数（无限不循环小数），可以获得理想的防叠效果。

（2）插微卷绕防叠。差微卷绕是在正常导丝运动的同时附加一个低频副运动，使导丝器的运动起点不断发生差微变化，丝圈在筒子两端的折回点不断改变轴向位置，从而达到防止重叠的目的。

第四节　络筒综合讨论

一、络筒工艺参数及选择

络筒工艺参数主要有：络筒速度、导纱距离、络筒张力、清纱器形式及工艺参数、捻接器的工艺参数、筒子卷绕密度、筒子绕纱长度等。合理的络筒工艺应达到：不损伤纱线的物理力学性能，减少络筒过程中毛羽的增加量，筒子卷绕密度与纱线张力尽可能均匀，筒子成形良好，尽可能清除纱线上影响织物外观和质量的有害纱疵，纱线捻接处的直径和强度要符合工艺要求。

（一）络筒速度

应根据机器型式、纤维原料、纱线线密度、纱线质量及退绕方式等因素综合考虑，总的原则是保证良好的纱线及卷装质量和最高的劳动生产率。自动络筒机适宜高速，络筒速度一般达1200m/min以上，用于管纱络筒的国产普通槽筒式络筒机速度就低一些，一般为500～800m/min，各种绞纱络筒机的速度则更低。不同原料的棉、毛、丝、麻、化纤等纱线，络筒速度也各不相同。当纤维材料容易产生静电，引起纱线毛羽增加时，络筒速度应适当降低一些，如化纤纯纺或混纺纱。如果纱线比较细、强力比较低或纱线质量较差、条干不匀，这时应选择较低的络筒速度，以避免断头增加和条干进一步恶化。当纱线比较粗或络股线时，络筒速度可适当高些。

（二）导纱距离

普通管纱络筒机为方便换管操作，一般采用70～100mm的短导纱距离。自动络筒机无需人工换管，一般采用500mm左右的长导纱距离，并附加气圈破裂器或气圈控制器。

（三）络筒张力

各种纱线的络筒张力，可根据第一节推荐的范围选择，原则上粗特纱线的络筒张力大于细特纱线。张力装置的工艺参数主要是指加压压力或梳齿张力弹簧力。依据张力装置的不同，加压压力由垫圈重量（垫圈式张力装置）、弹簧压缩力（弹簧式张力装置）、压缩空气压力（气动式张力装置）、电磁式张力装置的电磁力来调节。所加压力的大小应当轻重一致，在满足筒子成形良好或后加工特殊要求的前提下，采用较轻的加压压力，以最大限度地保持纱线原有质量。梳形张力装置的梳齿张力弹簧力影响纱线对梳齿的摩擦包围角，调节原理同上。相同条件下，络筒速度越大，张力越大，所以在设置张力参数时应考虑速度的大小。

（四）清纱器的形式及工艺参数

机械式清纱器的工艺参数是指清纱隔距，依纱线特数和原料来选定。机械式清纱器清除纱疵效率低，已较少使用。

电子式清纱器的工艺参数包括纱线特数、络筒速度、纱线类型及不同检测通道（如短粗短细通道、长粗通道、长细节通道、棉结通道等）的清纱设定值。棉结通道工艺参数为纱疵面积变化率，其他通道的清纱设定值包括纱疵面积变化率（%）和纱疵长度（cm）两项。短粗短细通道的清纱工艺参数（纱疵面积变化率和纱疵长度）对应着电子清纱器的清纱特性曲线，清纱特性曲线是乌斯特纱疵分级图上应该清除的纱疵和应当保留的纱疵之间的分界曲线（图1－29），在短粗区域曲线以上的纱疵和在短细区域曲线以下的疵点都应予以清除。生产中根据后工序生产的需要、布面外观质量的要求及布面上显现的不同纱疵对布面质量的影响程度，结合被加工纱线的乌斯特纱疵分布情况，制订最佳的清纱范围（即各通道的清纱设定值），选择清纱特性曲线，达到合理的清纱效果。多功能的电子清纱器还具有捻接的检测功能以及清除异纤的功能。

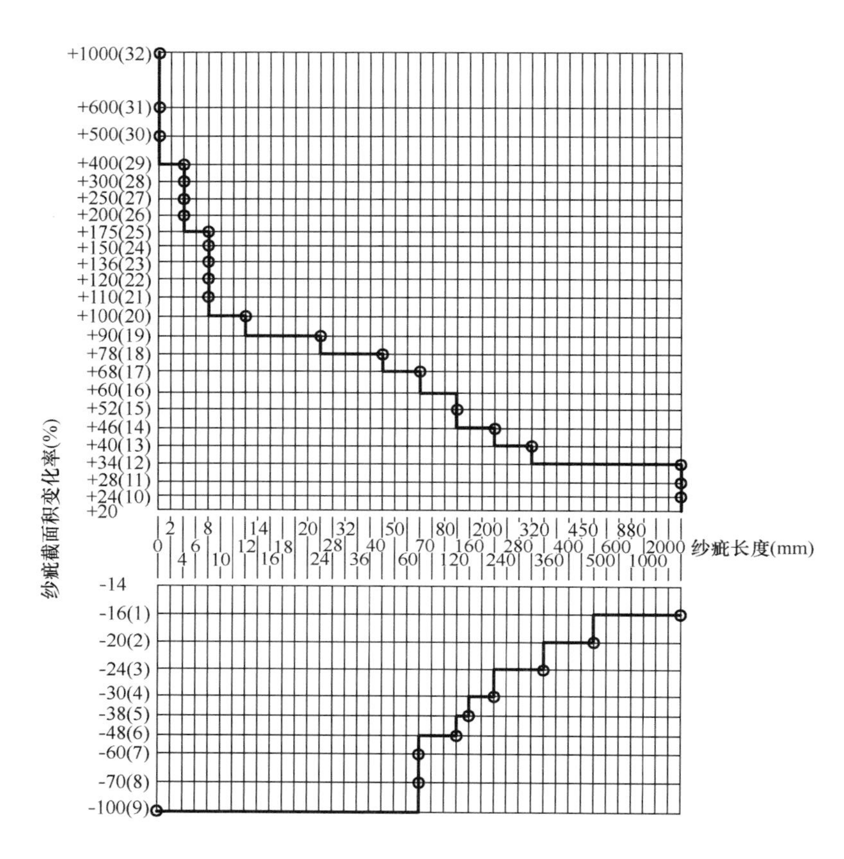

图1－29　电子清纱器的清纱特性曲线

（五）筒子卷绕密度

筒子卷绕密度的确定应以筒子成形良好、紧密，又不损伤纱线弹性为原则。不同纤维、不同线密度的纱线，其筒子卷绕密度也不同。表1－2为棉纱筒子推荐选用的卷绕密度。股线的卷绕密度可比单纱提高10%～20%，相同工艺条件下，涤棉纱的卷绕密度比同线密度的棉纱大。

表1－2　不同线密度棉纱筒子的卷绕密度

棉纱线密度（tex）	96～32	31～20	19～12	11.5～6
筒子的卷绕密度（g/cm^3）	0.34～0.39	0.34～0.42	0.35～0.45	0.36～0.47

（六）筒子绕纱长度

络筒工序根据整经或其他后道工序所提出的要求确定筒子的卷绕长度。一般自动络筒机上都配备电子定长装置。在普通络筒机上，常采用电子清纱器的附加定长功能进行测长。在不具备定长装置的络筒机上，常以筒子卷绕尺寸来控制长度，但精度不高。

（七）结头规格

部分络筒机仍采用打结接头。接头规格包括结头形式和纱尾长度两个方面。用于棉织、毛织和麻织的纱线多采用织布结、自紧结，用于丝织的长丝采用单搭结和双搭结等。

（八）空气捻接器的工作参数

空气捻接器的工作参数包括纱头的退捻时间（T_1）、捻接器内加捻时间（T_2）、纱尾交叠长度（L）和气压（P），可根据不同的纱线品种设定和调整上述参数的代码。部分空气捻接器的加捻时间（T_2）由一次加捻、暂停、二次加捻时间组成，合理调节三段时间（代码值），达到理想的捻接质量。表1－3为空气捻接器（590L型）加工棉纱的工艺参数。

表1－3 空气捻接器（590L型）加工棉纱的工艺参数

纱线线密度（tex）	T_1	T_2	L	P（10^5Pa）
J7.3	5	4	7	6.5
J14.6	3	3	4	6
J14.6（强捻）	6	4	4	6.5
竹纤维纱19.4	3	3	7	5.5
C36.4	2	4	5	5.5

注 T_1、T_2、L所列数值是空气捻接器的参数代码值。

此外，空气捻接器工艺参数还有允许重捻次数、热捻接温度等。

二、络筒的质量

络筒的质量主要由络筒后纱线质量、筒子外观疵点和筒子内在疵点等方面决定。

1. 络筒后纱线质量 络筒后的纱线质量，主要考核去疵除杂效果和毛羽增加程度。络筒去疵效果可用乌斯特纱疵分级仪来测定，经过络筒后，纱线上残留的纱疵级别应在织物外观和后道加工许可的范围内。除杂效率则以一定量的纱线在经过络筒除杂后，杂物减少的粒数来衡量。

纱线经过络筒后毛羽会明显增加，用毛羽增长率表示，是筒子与管纱相对比纱线毛羽增加的程度，纱线的毛羽量用毛羽测试仪测定。部分自动络筒机装有毛羽减少装置，对抑制络筒纱线毛羽的增长起到十分明显的效果。

2. 筒子的外观疵点 络筒常见的外观疵点有以下几种。

（1）蛛网或脱边筒子。由于筒管位置不正，筒管和锭管轴向横动过大，挡车工操作不良，槽筒两端沟槽损伤，筒子大端未装栏纱板等原因，引起筒子两端，特别是筒子大端处纱线间断或连续滑脱，严重者形成蛛网筒子。

（2）葫芦筒子。如图1－30（a）所示。当槽筒沟槽边缘出现毛刺、张力装置位置不正、导纱器上有飞花堵塞时，使导纱动程减小，造成葫芦筒子。

(3)包头筒子。如图1－30(b)所示。由于筒管没有插到底,筒锭座左右松动,锭子定位弹簧断裂或失去作用等原因形成包头筒子。

(4)凸环筒子。如图1－30(c)所示。由于纱未断而筒子抬起,使纱圈绕在一处,当筒子落下后,纱走到此处时,由于受阻而使绕纱量增加,逐渐形成一个凸环。

(5)铃形筒子。如图1－30(d)所示。络筒张力太大,或锭管位置不正形成铃形筒子。

(6)重叠筒子。防叠装置失灵,筒管位置不对,槽筒沟槽破损或锭子转动不灵活等原因,使筒子表面纱线重叠起梗,形成重叠筒子。

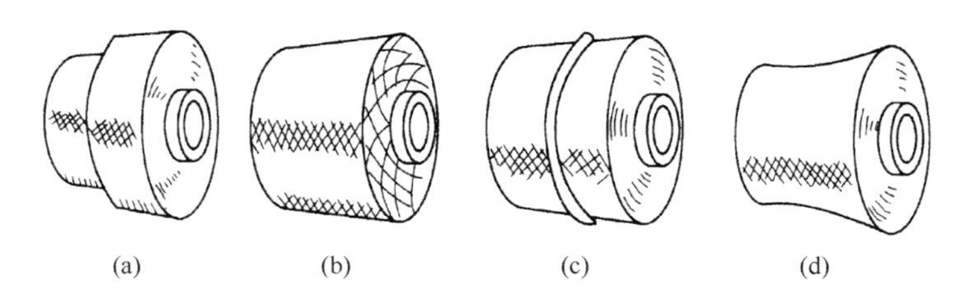

图1－30 几种疵点筒子

3. 筒子的内在疵点

(1)回丝或飞花附入。电子清纱器失灵,接头回丝带入,飞花卷入等原因,都会引起飞花回丝随纱线一起卷入筒子。

(2)接头不良。捻接器捻接不良,络筒断头时接头操作不规范等,引起捻接纱段有接头、松捻、纱尾过长等。接头不良在后道工序中会重新断头。

(3)纱线磨损。断头自停装置失灵,槽筒表面有毛刺等,引起纱线过度磨损,纱身起毛,单纱强力降低。

(4)绞头。断头后在筒子上寻找纱头时,造成纱层紊乱,断头从纱圈中引出接头。这种疵点会增加退绕时的张力,引起纱线断头。

(5)原料混杂、错特错批。由于生产管理不善,不同特数、不同批号,甚至不同原料、不同颜色的纱线混杂卷绕在同只或同批筒子上。后道工序很难发现这种疵筒,导致成品表面出现"错经纱"、"错纬档"疵点。

三、络筒的产量

产量是指单位时间内,络筒机卷绕纱线的重量。理论产量 G'[kg/(锭·h)]和实际产量 G[kg/(锭·h)]分别为:

$$G' = \frac{6v \cdot \mathrm{Tt}}{10^5}$$

$$G = K \cdot G'$$

式中:v——络筒速度,m/min;

Tt——纱线特数;

K——时间效率。

影响时间效率 K 的因素有原纱质量、机器运转状况、劳动组织的合理性、工人的技术熟练程度、卷装容量大小以及操作的自动化程度等。

四、自动络筒技术的最新发展

现代自动络筒机是集机、电、仪、气于一体，具有高效率、高速度、高质量、高稳定性、维修简便等特点，通用性强，络筒速度可达2000m/min。配用智能型多功能电子清纱器，具有多条检测通道，除了检测并清除一般纱疵外，还可对白色塑料丝、透明纤维等异纤进行检测和清除。减少了机械传动，以电气控制为主，减少了机械零部件。例如萨维奥ORION型络筒机，每个锭节配有六只电动机以替代以往的机械传动。电控检测系统智能化，电子防叠、纱线张力、电子清纱、接头巡回等都由计算机集中处理，单锭调整。

思考题

1. 名词解释：气圈、导纱距离、分离点、退绕点、纱圈位移角、摩擦纱段。
2. 试述管纱短片段退绕和整只退绕时退绕张力的变化规律。
3. 均匀络筒张力有哪些措施？
4. 简述电子清纱器的工作原理，对比两种电子清纱器的主要工作性能。
5. 筒子卷绕机构有几种形式？各有何特点？
6. 筒子的卷绕方式有哪几种？各种卷绕方式的特点是什么？
7. 试述圆柱形筒子卷绕的基本原理。
8. 试述圆锥形筒子卷绕的基本原理。
9. 何为传动点？传动半径？随筒子卷绕直径的增加，传动点和传动半径如何变化？
10. 槽筒摩擦传动筒子的卷绕机构，圆柱形筒子和圆锥形筒子的纱圈卷绕角、纱圈节距随筒子直径的增加如何变化？
11. 试述影响筒子卷绕密度的主要因素，锥形筒子卷绕密度的分布规律，为实现卷绕密度均匀应采取什么措施？
12. 筒子小端产生菊花芯的原因是什么？
13. 试述纱圈产生重叠的原因，重叠筒子对后道工序有何影响？槽筒摩擦传动的络筒机采取哪些措施防止筒子产生重叠？
14. 络筒工序的工艺参数有哪些？确定各工艺参数的依据是什么？

第二章　整经

本章知识点

1. 整经方式及特点、分批和分条整经工艺流程。
2. 筒子架类型和特点。
3. 整经张力的构成、影响因素和均匀措施。
4. 分条整经的条带卷绕与控制。
5. 分批整经和分条整经主要工艺参数的制定与计算。

整经的任务是根据工艺要求将一定数量的经纱按着规定的长度、幅宽和排列顺序，以适宜、均匀的张力平行卷绕在经轴（或织轴）上。整经的目的是将单根纱线卷装（筒子）变成平行排列的片纱卷装（经轴或织轴），以便浆纱或织造。

经轴质量对保证浆纱工序的顺利进行和良好的织物质量具有重要意义，为此对整经工艺提出以下要求。

（1）单纱张力适度，尽量不损伤纱线的物理机械性能。

（2）片纱张力均匀，特别是各根经纱之间的张力差要尽可能地小。

（3）经轴表面平整，卷绕密度均匀、适度。

（4）整经根数、长度、纱线排列顺序应符合工艺要求。

（5）纱线接头质量符合规定标准，回丝少。

在某些情况下，对整经会有一些特殊要求。如在色织行业有时采用经轴直接染色工艺，为利于色液均匀渗透，要求经轴卷装松软；在某些工业用织物的生产中，为了减少织物内纱线的残留伸长，整经时需要使纱线受到3%～4%的特别伸长。

第一节　整经方式与工艺流程

在织机上生产织物前，需要先将几千甚至上万根经纱平行卷绕在织轴上，织轴上卷绕的经纱根数称为总经根数。然而，整经机每次最多卷绕的经纱根数有限，只有几百根纱，称为整经根数。可见，织物所需的总经根数远大于整经根数，整经需要分若干次进行，待所有整经完成后再将他们合并才能达到织造所需的总经根数。织物品种和工艺要求不同，整经方式也不同，可分为分批整经、分条整经、分段整经和球经整经等。

一、分批整经

分批整经又称轴经整经，是将织造所需的全部经纱分成若干次，分别平行卷绕在 n 个经轴上（图 2－1），这 n 个经轴称为一批。在浆纱机（或并轴机）上再将这批经轴进行并合，经上浆、烘干后，再按规定长度卷绕成织轴。其中，每个经轴的宽度与织轴大致相同，但经轴上纱线的排列密度只有织轴的 $1/n$。

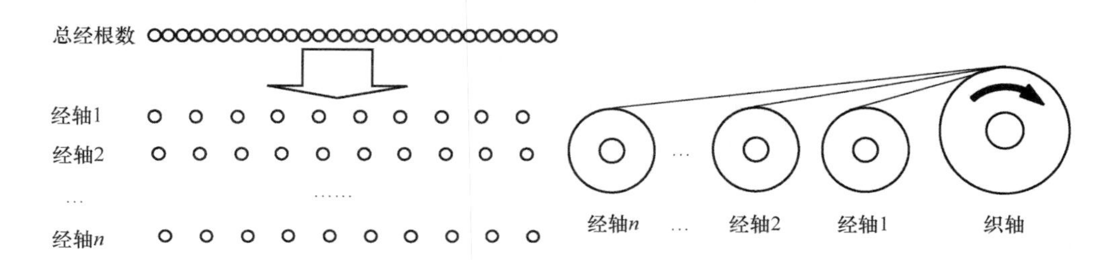

图 2－1　分批整经

每批经轴的轴数 n，应根据总经根数和整经机筒子架容量确定，为了提高整经工序的生产效率，n 应尽可能小些，一般在 6～16 个，宽幅、高密织物会更多。每批经轴可以卷绕成若干只织轴，经轴的绕纱长度应考虑浆纱伸长、织物匹数、每匹织物用纱长度、上机与了机回丝长度等因素，避免浆纱时出现小轴。

图 2－2 为分批整经的工艺流程。筒子 1 以矩阵形式安放在筒子架上，横向称为层，纵向称为排（或列）。纱线从筒子上退绕下来，经过张力装置 4（后排筒子还要经过若干个导纱瓷板 2 以防止经纱过度下垂）和断头自停检测装置 3 被引到整经机车头，然后穿过伸缩筘 5，绕过导纱辊 6，卷绕到由变频调速电动机 8 直接传动的经轴 9 上。加压辊 7 对经轴施加一定的压力，以使

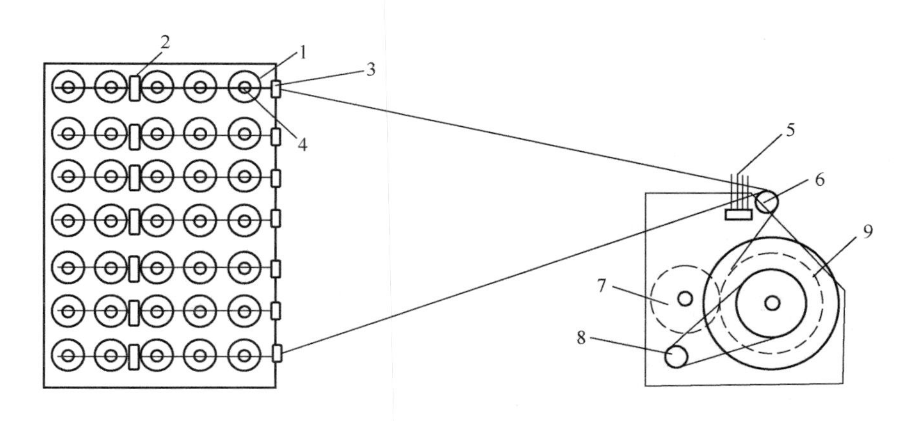

图 2－2　分批整经的工艺流程

1—筒子　2—导纱瓷板　3—断头检测装置　4—张力装置　5—伸缩筘
6—导纱辊　7—加压辊　8—变频调速电动机　9—经轴

经纱均匀、平整地卷绕到经轴上。通过采集导纱辊(或加压辊)的转数可以检测经纱的卷绕长度,当达到规定的整经长度时自动停车,并通知挡车工进行落轴操作。

分批整经的特点是速度快、效率高,但经纱之间的排列顺序不能精准确定,适用于大批量原色或单色织物的整经。

二、分条整经

分条整经又称带式整经,如图2-3所示。根据经纱配色循环及筒子架容量,将全幅织物所需的总经根数分为 n 个条带,每个条带纱线的排列密度与织轴大致相同,而条带的宽度只有织轴宽度的 $1/n$。一般整经根数是色纱排列循环的整倍数,并且尽可能的接近筒子架容量。分条整经分两步进行,先将各个条带按顺序依次卷绕在整经大滚筒上,称为卷绕过程。当所有条带都卷到大滚筒上后,再将全部条带从大滚筒上退绕下来一起卷到织轴上,称为倒轴过程。

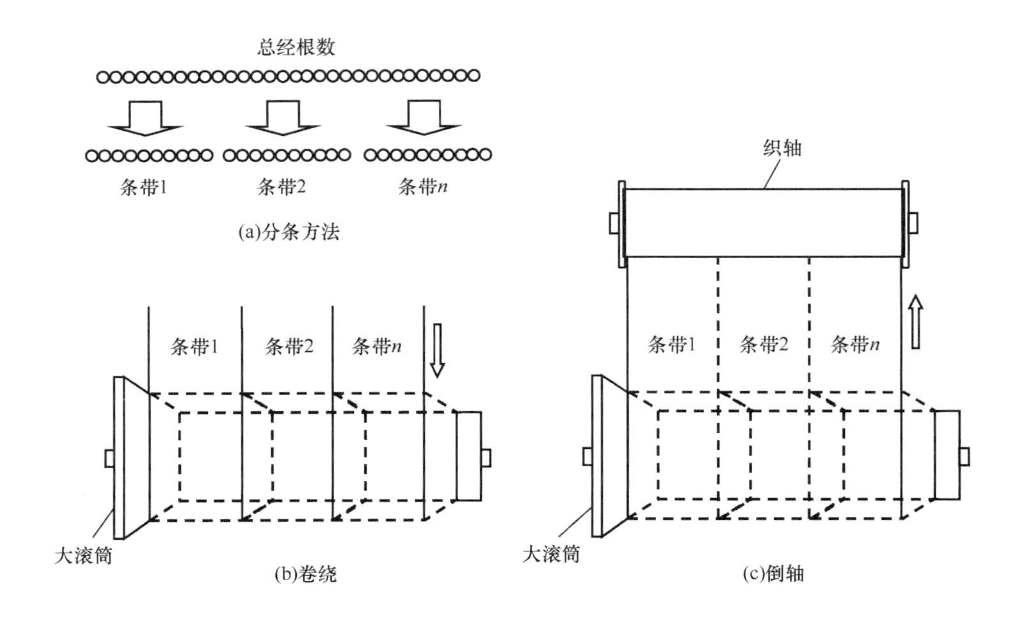

图2-3　分条整经

分条整经的工艺流程如图2-4所示。纱线从筒子架的筒子1上引出后,经过后筘5、分绞筘6、定幅筘7,绕过测长辊8,卷绕到大滚筒9上。每卷绕一个条带,大滚筒都要横移一个条带的宽度,继续卷绕下一个条带,直至把所有条带都卷绕在大滚筒上。倒轴时,随着织轴的转动,将大滚筒上的全部纱线一同倒卷到织轴10上。

分条整经可以使用分绞线固定色纱或不同种类经纱的排列顺序,花纹排列十分方便,故特别适用于小批量、多品种的织物生产中,广泛应用于色织、毛织、丝织等行业。对于不需要上浆的产品,可以直接在整经过程中获得织轴,缩短了工艺流程。但整经长度较短,每次仅卷绕一个织轴所需要的长度,生产效率偏低。

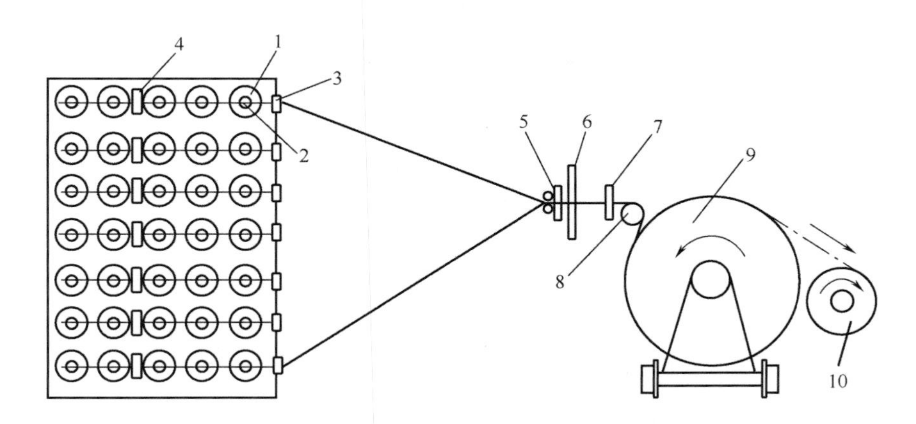

图2-4 分条整经的工艺流程

1—筒子 2—张力装置 3—断头检测装置 4—导纱瓷板 5—后筘

6—分绞筘 7—定幅筘 8—测长辊 9—大滚筒 10—织轴

三、分段整经

分段整经与分条整经大体相似。首先是将全幅织物所需经纱分成 n 个条带，分别卷绕到 n 个窄幅经轴上，每个条带的经纱密度与织轴相同；然后再将 n 个窄幅经轴并联在一起，如图2-5所示，或直接使用或退绕到织轴上再使用。分段整经机的车头与分批整经机相似，只是经轴的宽度较窄，同时由于分段整经中的退绕过程可在另外的倒轴机上进行，从而大大提高了整经机本身的工作效率。分段整经机只适宜条带宽度相对固定的品种，多用于花型循环较小的织物以及经编织物的生产。

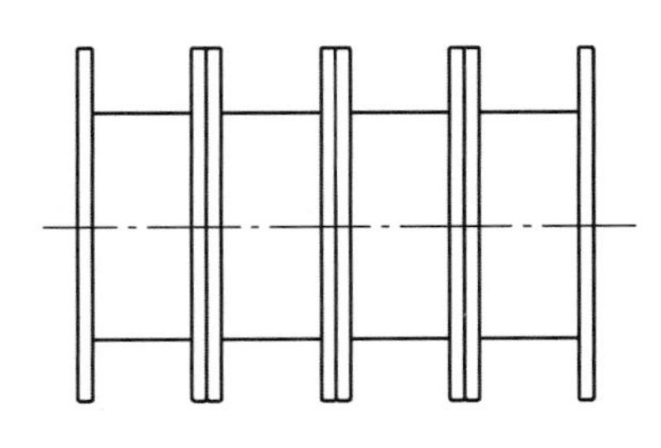

图2-5 分段整经轴的并联

四、球经整经

将全幅织物所需的总经根数根据筒子架容量分成若干纱束，将每个纱束卷绕成圆柱状经球，在绳状染色机上染色，再由整经机卷成经轴。球经染色比较均匀，这种整经方法适用于牛仔等高档色织物的生产。

第二节 筒子架与整经张力

整经所用的纱线一般是筒子卷装，筒子被放置在筒子架上，筒子架的容量是指能够放置筒子的最大数量，即最大整经根数。在筒子架上除了安放筒子的锭座外，还有张力装置、导纱装置、清洁装置、断头检测装置、换筒装置等，这些装置对提高整经速度、经轴质量及生产效率有着重要的影响。

一、筒子架

(一)筒子架的种类

根据筒子纱的退绕方式、换筒方式、引纱方式等不同,筒子架可分为多种类型。

1. 按退绕方式分 筒子纱按退绕方式不同可分为轴向退绕和切向退绕两种。

(1)轴向退绕一般用于圆锥形筒子,退绕时筒子不需回转,因而退绕速度高,这有利于提高整经速度,并可使筒子卷装容量增大。但对表面光滑、弹性模量较高的纱线容易产生脱圈,并且在退绕过程中纱线存在加捻或解捻现象。

(2)切向退绕一般适用于圆柱形筒子,筒子在退绕过程中不断回转才能退出纱线,由于筒子的回转惯性较大,不适于高速退绕,但是退绕过程中不会对纱线加捻也不容易脱圈,适于无捻扁丝、表面光滑的长丝整经。

2. 按换筒方式分 根据换筒操作是否需要停车可分连续式整经和间断式整经。

(1)连续式整经采用复式筒子架,如图 2-6 所示,每个导纱瓷眼对应两个筒子,其中一个是工作筒子,另一个是预备筒子。在工作筒子退绕时安装好预备筒子,并将工作筒子的纱尾与预备筒子的纱头连接在一起,当工作筒子上的纱线用完后自动跳转到预备筒子,此时预备筒子变成工作筒子,因此换筒过程不需停车,整经机工作效率非常高。但是,由于不同筒子的绕纱长度略有差异,造成各根纱线的换筒时间不一致,长期连续生产,筒子的退绕直径就会有大有小,加之筒子架长度较长,片纱张力不均匀。所以,连续整经方式只适用于批量较大的中低档织物生产。

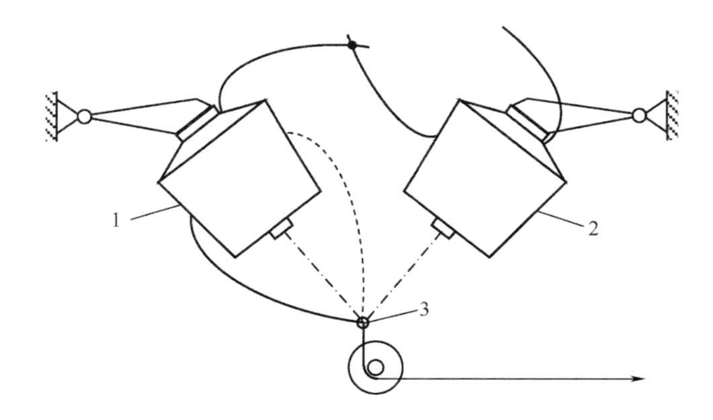

图 2-6 连续式整经工作原理

1—工作筒子 2—预备筒子 3—导纱瓷眼

(2)间断式整经(又称集中换筒)就是换筒时必须停车以便取下所有空筒管,换上新的满筒纱,接好纱头后再开车继续整经。采用的一种筒子架如图 2-7 所示,由于放置筒子的锭轴安装在固定不动的支架 1 上,因此称为固定式筒子架。当筒子用完更换新筒子时,须把张力架 3 向外移以扩大换筒空间,换筒完毕后再将张力架向内移至规定的导纱距离,继续整经。

这种固定式筒子架结构紧凑，引纱距离短，加之集中换筒，退绕满筒的尺寸相同，所以纱线退绕张力一致，片纱张力均匀，适用于细特、高密等高档织物的生产。由于换筒停车时间较长，整经机的工作效率比较低。为了减少换筒时间，提高工作效率，一些新型整经机采用了活动式筒子架。

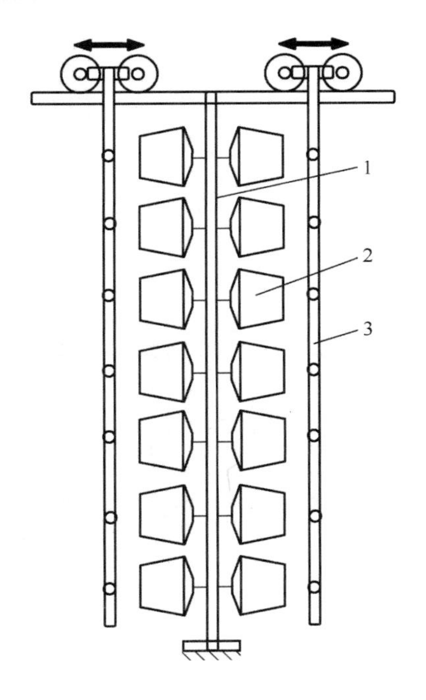

图 2－7　固定式筒子架
1—支架　2—筒子　3—张力架

活动筒子架上安装有工作筒锭和备用筒锭，且两者的位置可以转换。在工作筒锭上的筒子工作过程中，将新筒子提前放置在备用筒锭上，当需要换筒时，工作筒锭与备用筒锭迅速互换位置，从而节约了换筒停车的时间。活动筒子架主要有循环式、旋转式、组合式等多种形式。

循环式筒子架的工作原理如图 2－8 所示。筒锭座安装在可以循环转动的链条上，链条的一侧是工作筒子，另一侧是备用筒子。当工作筒子用完后，启动链条回转，将备用筒子迅速转至工作筒子，接好纱头即可继续整经。

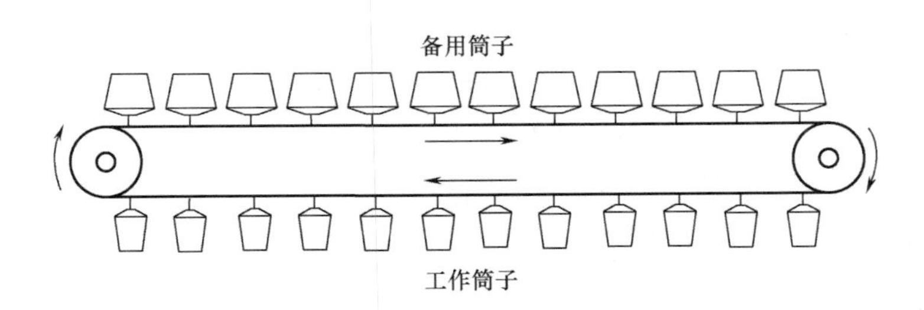

图 2－8　循环式筒子架工作原理

旋转式筒子架的工作原理如图 2－9 所示。分别装有工作筒子和备用筒子的筒子架以 3～5 排为一组，每组有一根旋转轴，当工作筒子用完后，旋转轴回转 180°将备用筒子转至工作位置，接好纱头即可继续整经。

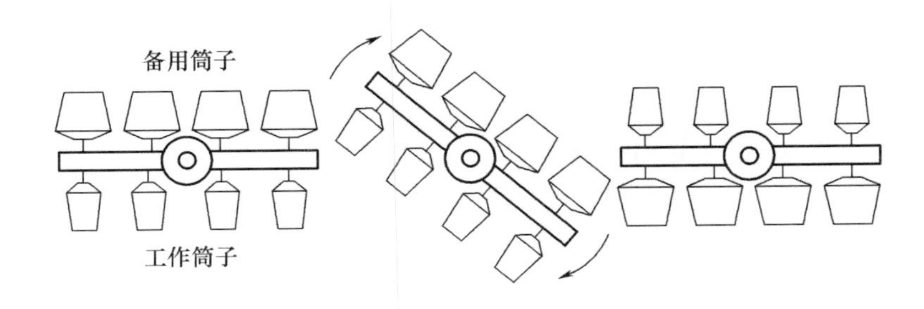

图 2－9　旋转式筒子架工作原理

组合式筒子架的工作原理如图 2－10 所示。该筒子架由两部分组成，一部分是固定不动的设有张力装置的导纱架；另一部分是放置筒子的活动小车。活动小车可从导纱架的后部推入或拉出，组合成一个完整的筒子架。每辆小车的两侧放置 80～100 个筒子，换筒前，准备好若干辆装满筒子的小车；换筒时，将筒子架中已用完的空筒小车拉出，然后将满筒小车顺序推入即可。

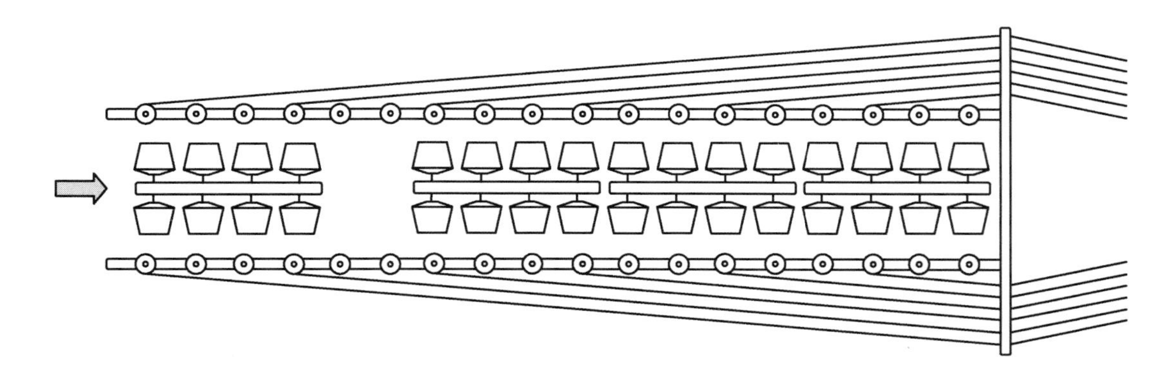

图 2－10　组合式筒子架工作原理

间断整经的筒子架比连续整经的复式筒子架长度短，因而退绕张力更均匀。活动式筒子架与固定式筒子架相比，宽度略有增加，但换筒停车时间大大缩短。随着整经换筒自动接头技术的研究与应用，全自动换筒整经机将进一步缩短换筒停车时间，大大提高整经机的工作效率。

3. 按引纱方式分　引纱方式是指如何将纱线从筒子架引到整经机机头，对片纱张力的均匀有一定影响，常见的引纱方式如图 2－11 所示。图 2－11(a)为单式筒子架，筒子架上没有备用筒子，所有筒子位于中央，纱线被从筒子架两侧引出至机头。这种筒子架的宽度较小，片纱张力较为均匀，固定式和组合式筒子架采用此种引纱方式。图 2－11(b)为矩形筒子架，筒子架上装有备用筒锭，内侧引纱、外侧换筒，插、拔备用筒子不影响工作筒子引纱，筒子架宽度略宽，断

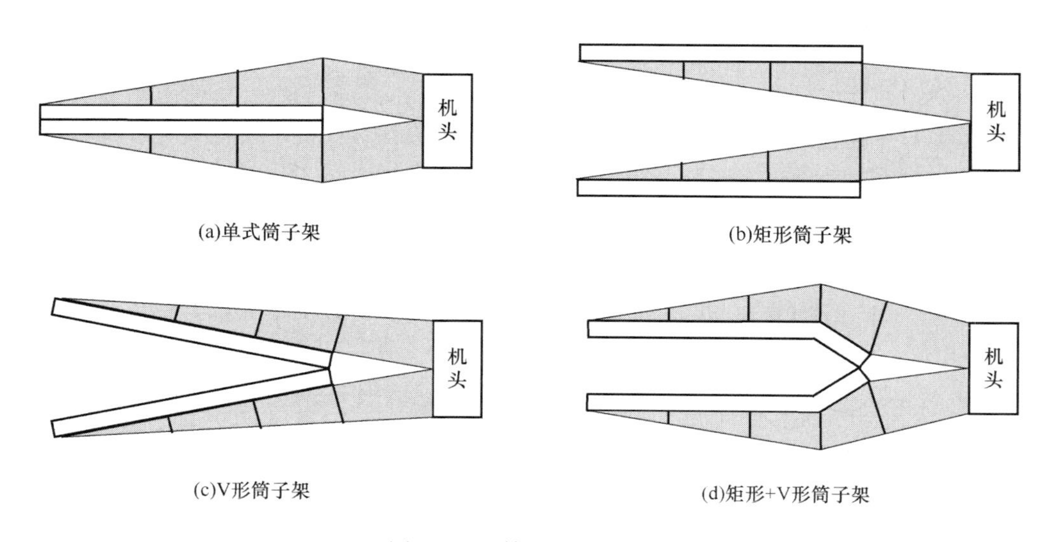

(a)单式筒子架　(b)矩形筒子架

(c)V形筒子架　(d)矩形+V形筒子架

图 2－11　筒子架引纱方式

头处理和引纱操作略显不便，部分旋转式筒子架采用这种方法引纱。有的矩形筒子架采用外侧引纱、内侧换筒以方便引纱和断头处理，但引纱路径弯折较大。图 2 - 11(c) 为 V 形筒子架，设有备用筒锭，外侧引纱，内侧换筒，引纱路径平直，可减少对纱线的磨损，但筒子架后部宽度较大，循环式和旋转式等活动筒子架常用此种引纱方式。图 2 - 11(d) 是矩形 + V 形筒子架，只用于连续整经的复式筒子架，内侧换筒，外侧引纱，因为复式筒子架长度较长，为限制其宽度，筒子架的后部做成了矩形。该筒子架由于引纱距离长、纱线弯折大，易造成片纱张力不匀，逐渐趋于淘汰。

(二)整经张力装置

在整经机筒子架上一般都设有张力装置，其作用一是施加给纱线以附加张力，使经轴获得良好成形和较大的卷绕密度；二是根据筒子在筒子架上的不同位置，分别给以不同的附加张力，以抵消由引纱路径不同而产生的张力差异，使全片经纱张力均匀。

1. 垫圈式张力装置 单张力盘垫圈式张力装置如图 2 - 12 所示。经纱从筒子上退绕下来穿过导纱瓷眼后，绕过瓷柱 1，张力盘 2 紧压着纱线，绒毡 3 和张力垫圈 4 放在张力盘上。张力垫圈的重量可根据纱线特数、整经速度、筒子在筒子架上的位置等因素选定。绒毡起缓冲吸振的作用，以减小经纱直径变化引起的张力盘上下振动。

双柱压力盘式张力装置如图 2 - 13 所示，纱线 2 从筒子上退绕下来穿过导纱瓷眼 3，经过压力盘 5，绕过张力柱 7，再经压力盘 6 引出。压力盘通过自身或张力垫圈的重量给纱线一个基础张力，张力柱 7 可绕调节轴 4 回转，通过调整其位置来改变纱线的包围角，从而起到调节纱线张力的作用。

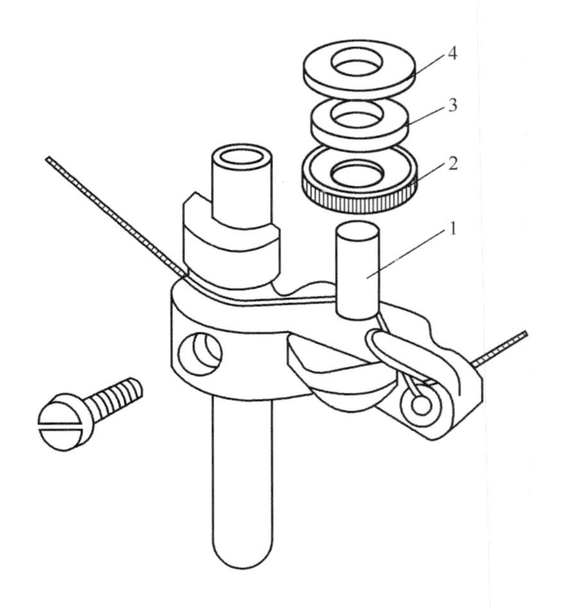

图 2 - 12 单张力盘垫圈式张力装置

1—瓷柱 2—张力盘 3—毡垫 4—张力垫圈

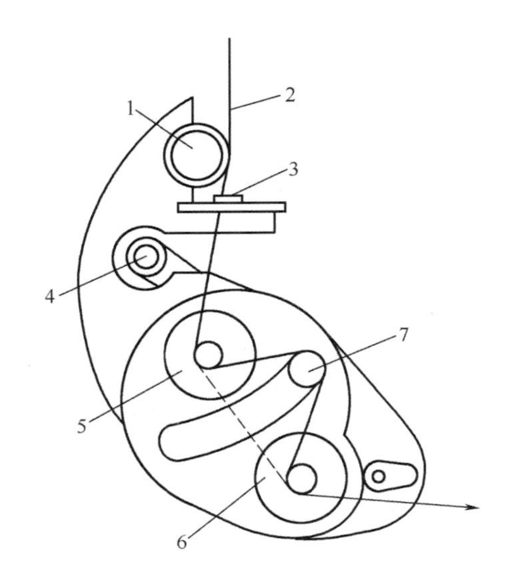

图 2 - 13 双柱压力盘式张力装置

1—立柱 2—纱线 3—导纱瓷眼

4—调节轴 5、6—压力盘 7—张力柱

垫圈式张力装置综合运用了累加法和倍积法的原理，纱线的附加张力取决于张力圈重量和纱线对瓷柱的包角，它的结构简单，但由于倍积法的因素，扩大了经纱的张力波动，遇到纱疵及结头时，张力盘会跳动，不适于高速整经。

2. 无柱式张力装置 图2-14所示为双张力盘无柱式张力装置，该张力装置由两套张力盘组成，第一套张力盘主要起减振作用，保证纱线进入第二套张力盘时运动平稳，由第二套张力盘来调节经纱的张力。经纱1通过导纱眼2之后进入第一套张力盘，因棉结杂质引起的振动由吸振垫圈4缓冲吸收，并给纱线附加一定的张力。第二套张力盘之间的压力由加压垫9和加压弹簧10产生，调节定位螺母11的上下位置，便可改变弹簧对张力盘的压力，从而调节经纱的张力。该张力装置中由于没有瓷柱，消除了倍积法的作用，不会扩大经纱张力波动的幅度。底盘3在驱动齿轮5、6、7的作用下积极回转，不易聚积污垢，有利于均匀经纱张力，适应高速整经的需要，同时圆盘表面磨损均匀，可减小对纱线的损伤。

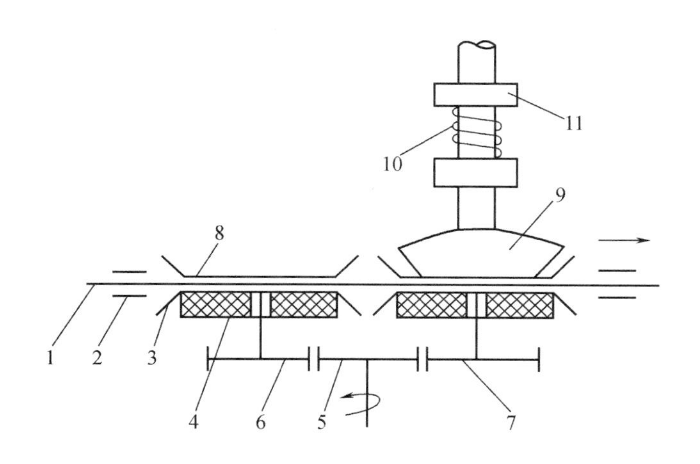

图2-14 双张力盘无柱式张力装置

1—纱线 2—导纱瓷眼 3—底盘 4—毡垫 5、6、7—驱动齿轮

8—张力盘 9—加压垫 10—加压弹簧 11—定位螺母

3. 电磁式张力装置 有些新型整经机上配置了电磁张力装置，如图2-15所示，它利用可调电磁阻尼力对纱线施加张力。纱线2包绕在转轮1上。转轮很轻，由轴承支撑，其机械摩擦阻力矩很小。转轮内设有电磁线圈3，产生电磁阻尼力矩施加给转轮。通过改变线圈电流参数，即可调节纱线张力的大小。这种张力装置在转轮与纱线之间没有滑移，属于间接附加张力，对纱线损伤极小。

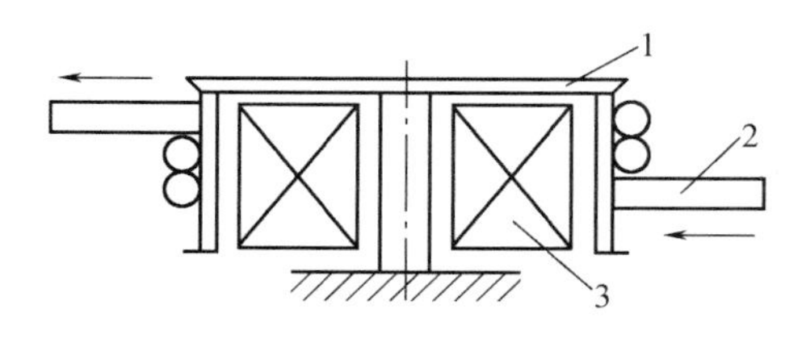

图2-15 电磁式张力装置

1—转轮 2—纱线 3—线圈

4. 导纱棒式张力装置 导纱棒式张力装置如图2-16所示，主要是为了集中调节经纱张力。筒子架每排设有一套导纱棒式张力装置，纱线自筒子引出后，经过导纱棒1、2，绕过纱架立柱3，再穿过自停钩4而引向前方。通过调节导纱棒2的位置来调节导纱棒1、2间的距离大小，

从而调节纱线对导纱棒的包围角进而改变和控制经纱张力，它只能调节整排经纱的张力，不能调节单根经纱的张力。

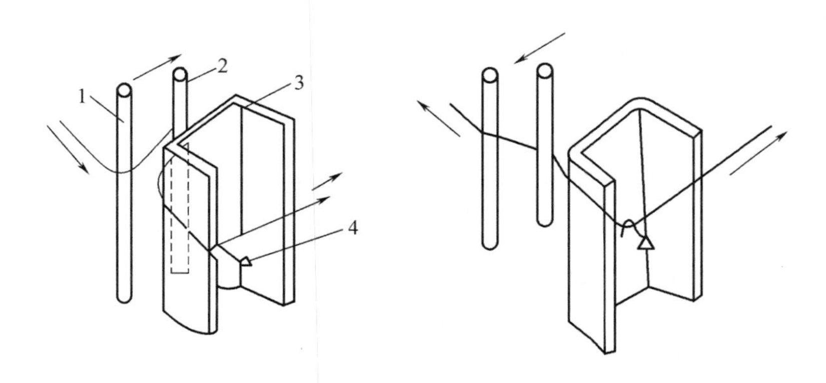

图 2－16　导纱棒式张力装置

1、2—导纱棒　3—纱架立柱　4—自停钩

（三）整经断头自停装置

一般筒子架上每锭都配有断头自停装置，整经断头自停装置的作用是当经纱断头时，立即向整经机车头控制部分发信号，由车头控制部分立即发动停车。高速整经机对断头自停装置的灵敏度提出了很高要求，要求在 800～1200m/min 整经速度下经纱断头不卷入经轴，从而方便挡车工处理断头。因此为尽早检测，断头自停装置安放在整经筒子架的前部，断头自停装置还带有信号指示灯。当纱线发生断头时，检测装置发信号关车，同时指示灯指示断头所处的位置，便于挡车工找头。整经断头自停装置主要有电气接触式和电子式两种。

1. 电气接触式断头自停装置　电气接触式自停装置有两种常见的形式。第一种为经停片式，如图 2－17(a)所示，纱线 1 断头后，经停片 5 因自重下落，在经停片斜面的作用下导电片 2、

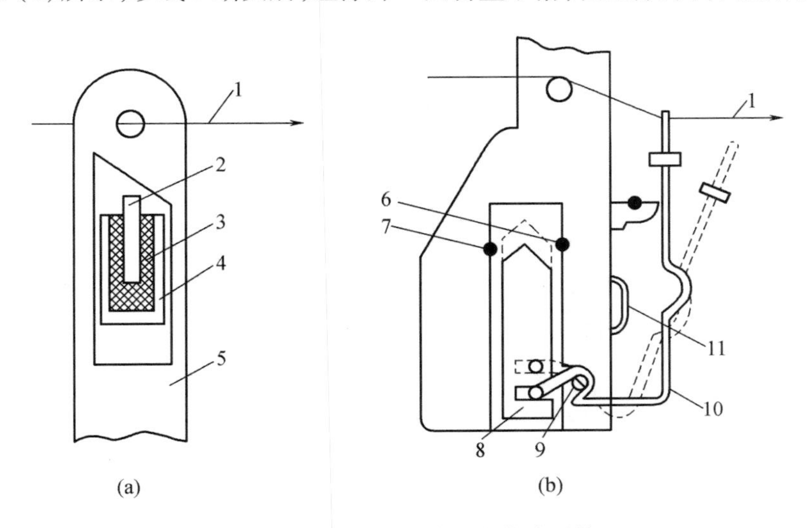

图 2－17　电气接触式断头自停检测装置

1—纱线　2、4—导电片　3—绝缘体　5—经停片　6、7—导电棒　8—铜片　9—回转轴　10—自停钩　11—指示灯

4 被接通，使控制回路导通发动关车。这种自停装置结构简单，但容易堆积纤维、尘埃，引起自停动作失灵。

第二种为自停钩式，如图 2－17(b)所示。纱线 1 断头时自停钩 10 下落，绕回转轴 9 顺时针回转拨动铜片 8 上升，使导电棒 6、7 接通并发动关车。这种装置带有胶木防尘盒，有一定的防飞花尘埃作用，但结构比较复杂。

接触式电气自停装置的电路导通元件接触表面会氧化，接触电阻增加，长期使用后自停装置灵敏度会下降。断头关车失灵是这类自停装置的常见故障。

2. 电子式断头自停装置 电子式断头自停装置又分为光电式和电容式两种。光电式断头自停装置具有较高的灵敏度和准确率，该装置如图 2－18 所示，采用红外线发光二极管作光源 3，采用与发光管波长接近的光敏三极管 4 作接收器，二者在每一层纱线下部形成一条光束通道。当纱线未断时，经停片由纱线支承于光路上方，光束直射光敏管上，光敏管将光信号换成高电位输出信号。当纱线断头时，经停片下落挡住光路，光敏管输出低电平信号，发动关车并指示灯亮。

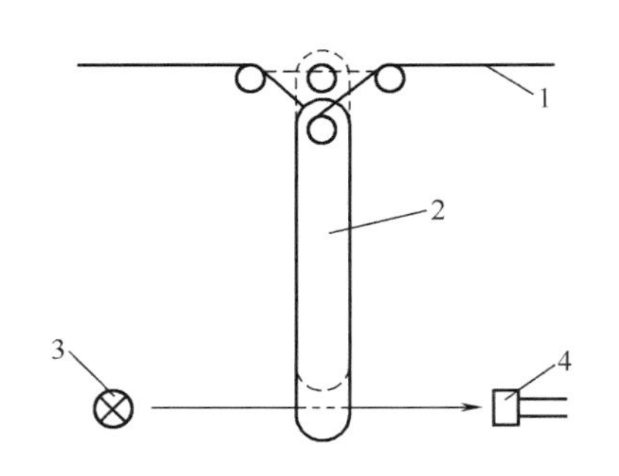

图 2－18　光电式断头自停检测装置
1—经纱　2—经停片　3—光源　4—光敏管

电容式整经断头自停装置的感测部分为 V 形槽电容器。整经机正常运行时，纱线紧贴 V 形槽底部运动。由于纱线运行及表面不平整的抖动，故电容器产生的电信号类似“噪声信号”。一旦发生经纱断头，这种“噪声信号”消失，控制电路立即发动关车。

二、整经张力

纱线的张力对织造效率及织物质量有着重要影响，整经时既要考虑单纱张力，又要考虑片纱张力，单纱张力应适度，片纱张力要均匀。单纱张力过大，纱线会因过分伸长引起强力和弹性损失；张力过小，会使经轴卷绕不平整。片纱张力不匀会造成织机上开口不清、“三跳”织疵等种种弊病。整经产生的片纱张力差异难以在浆纱和织造工序消除，因此，不论对单纱张力差异还是片纱张力差异都应引起重视。

(一)影响整经张力的因素

整经一般采用锥形筒子轴向退绕，整经张力由纱线退绕张力、张力装置及导纱部件的附加张力和空气阻力等几部分构成。下面对除张力装置外的几个影响整经张力的因素进行分析。

1. 筒子纱的退绕张力 与管纱退绕相似，纱线从固定的筒子上退绕时，由退绕点开始沿筒子表面滑移，在分离点与导纱点之间形成高速旋转的气圈，因此构成筒子纱退绕张力的因素也与管纱相似，所不同的是气圈回转的角速度随着退绕地进行逐渐增大，而平均气圈高度不变。

(1)筒子短片段退绕时张力的变化。采用 14.6tex 的纯棉筒纱，整经速度为 200m/min，张力圈重 3.75g，测量纱线出垫圈处的张力，结果如图 2－19 所示。图中 1、3、5 的波峰处代表退绕点位于筒子大端时的张力,2、4、6 代表退绕点位于筒子小端时的张力。在退绕一个纱层中,在筒子小端纱线与筒子表面没有摩擦,故张力较小;退绕到筒子大端时,摩擦纱段较长,纱线与筒子表面的摩擦距离较大,故引起较大的张力。

(2)整只筒子退绕时纱线张力的变化。图 2－20 所示为整只筒纱退绕时的张力变化图。由图 2－20 可见,开始退绕时,筒子直径大,气圈的回转速度较慢,加上筒子直径较大,气圈由于不能完全脱离卷装表面而使纱线受到较大的摩擦,造成较大的张力;当退绕至中筒纱时,气圈回转速度加快,纱线会完全脱离卷装表面,摩擦阻力减小,故张力较小;当退绕至小筒纱时,由于气圈的回转角速度进一步增大,尽管气圈可以完全脱离卷装表面,但高速回转的气圈产生的离心力导致纱线张力的增加。一般筒管直径不宜过小,以便防止小筒子时退绕张力的急剧增加。

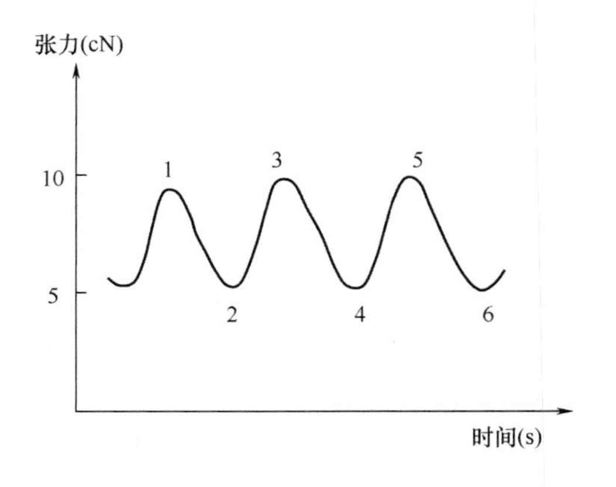

图 2－19　退绕点位置引起的张力变化

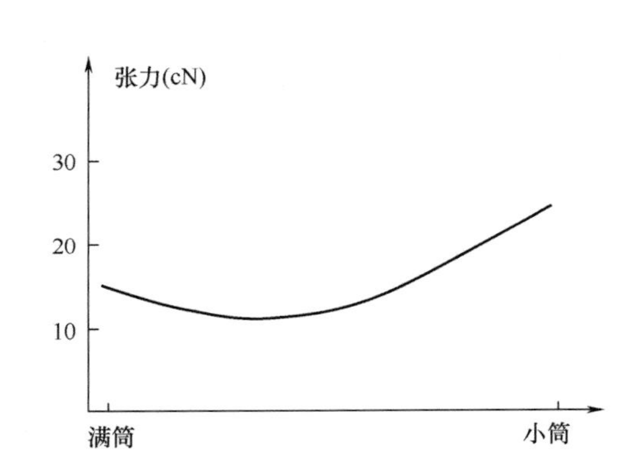

图 2－20　退绕直径引起的张力变化

(3)导纱距离对退绕张力的影响。整经时的导纱距离是指筒管顶点至导纱点之间的距离 H,如图 2－21 所示,O'和 O''分别是空筒和满筒时的圆锥顶点。在退绕速度较低时,纱线形成的气圈比较平直,为防止小筒退绕时纱线与筒子小端边缘产生摩擦,导纱点 O 不应小于 O'点位置;当导纱点 O 位于 O'和 O''之间,满筒退绕时纱线会与筒子小端的边缘产生摩擦。一般导纱距离越小摩擦纱段越长,纱线张力就越大。加大导纱距离在一定程度上能够减小摩擦段,但气圈半径会随之增加,从而引起的纱线张力的增加,所以导纱距离不宜过大,通常范围在 $H=140\sim250$mm。对于涤/棉纱的整经,为了减少纱线的扭结,应适当增加张力,一般选择较小的导纱距离。

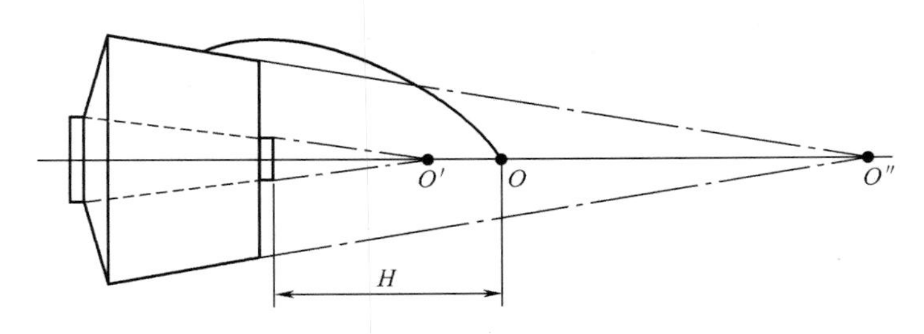

图 2－21　导纱距离与筒子的锥顶点的关系

(4)导纱瓷眼的位置。导纱瓷眼与筒子的相对位置如图 2－22 所示。当导纱瓷眼位于筒锭轴线的延长线 a 点时,纱线因自身重力而下垂,造成气圈上下不对称,如图虚线所示,使分离点位于筒子下表面 c 点时摩擦纱段短,而分离点位于筒子上表面 d 点时的摩擦纱段长,因此引起退绕张力的波动。如果将导纱瓷眼由 a 点移至 b 点,则退绕时形成对称气圈,从而使退绕张力均匀。实测表明,导纱瓷眼高于锭轴延长线(15 ±5)mm,效果较好。

(5)整经速度与纱线特数。纱线平均退绕张力 T 与整经速度和纱线特数的关系如图 2－23 所示。在相同整经速度下,纱线特数越大,退绕张力也就越大;在相同纱线特数下,整经速度越高,退绕张力就越大。这是因为整经速度高,气圈的回转速度就越大,而气圈产生的离心力与气圈回转速度成正比,同时也与纱线的特数成正比,气圈产生离心力越大纱线与之相平衡的纱线张力也就越大。

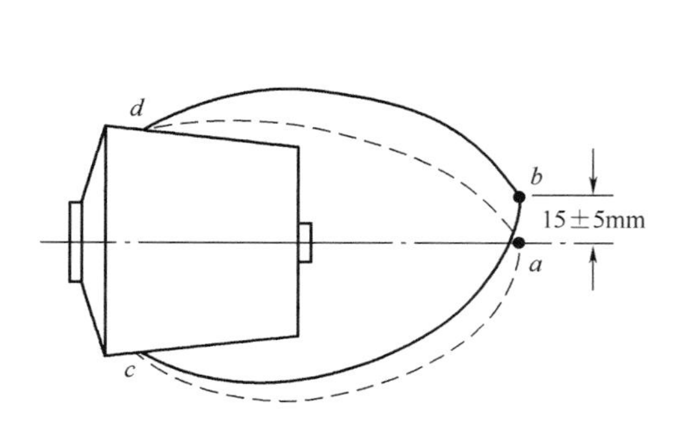

图 2－22　导纱瓷眼与筒子的相对位置

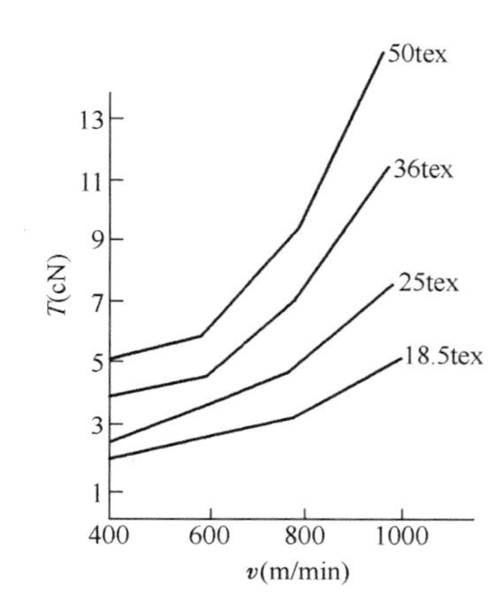

图 2－23　退绕张力与整经速度和纱线特数的关系

2. 空气阻力　纱线在空气中沿轴线方向高速运动时,受到空气阻力的作用而产生附加张力。空气阻力 F 为:

$$F = Cv^2\rho dL \tag{2-1}$$

式中:C——空气阻力系数,与纱线毛羽及表面光滑程度有关;

v——整经速度;

ρ——空气的密度;

d——纱线直径;

L——引纱长度。

在整经机上由于引纱长度较大(最长可达十几米),当整经速度比较高时,由式(2－1)可见,空气阻力的影响不可忽视。

3. 导纱部件产生的附加张力　纱线从张力装置引出后,需要穿过或绕过多个导纱部件,最后才卷绕到整经轴上,纱线经过导纱部件时存在着累加式摩擦和倍积式摩擦,从而引起纱线张力的增加。若包围角极小可以忽略其影响，纱线仅以自身重力压在导纱件工作面，摩擦产生的纱线张力增量为 ΔT_1：

$$\Delta T_1 = f \cdot q \cdot l \tag{2-2}$$

式中：f——纱线对导纱器的摩擦系数；

q——纱线线密度；

l——纱线长度。

如果包围角较大，纱线对导纱件的包围摩擦引起的纱线张力增量 ΔT_2 可用欧拉公式进行计算：

$$\Delta T_2 = T_0(e^{f\theta} - 1) \tag{2-3}$$

式中：T_0——初始张力；

f——摩擦系数；

θ——摩擦包围角。

实际上纱线在行进过程中受到空气阻力和导纱件摩擦力的交替作用，精确计算非常繁杂。一般来说，引纱长度越长、经过的导纱部件越多、对导纱部件的包围角越大，纱线受到的摩擦阻力就越大，附加张力也就越大。

4. 筒子位置对纱线张力的影响　筒子在筒子架上有上、中、下层和前、中、后排等不同位置，筒子在筒子架上的位置不同，其引纱长度和对导纱部件的包围角会有差异。筒子架上纱线张力的分布规律为：后排筒子引出的纱线张力较大，前排筒子引出的纱线张力较小；上层和下层筒子引出的纱线张力较大，中层筒子引出的纱线张力较小。这是因为后排筒子的引纱长度大于前排筒子，经过的导纱件多；而上、下层筒子引出的纱线对筒子架和车头之间的导纱件有较大的包围角。

（二）均匀整经片纱张力的措施

1. 采用集中式换筒　筒子的退绕直径对纱线退绕张力影响很大，特别是加工粗特纱线和高速整经的情况下应当尽量采用集中换筒方式整经。集中换筒是一次性更换全部筒子，这样在整经过程中可以保证所有筒子的退绕直径基本一致，因而退绕张力均匀一致。集中换筒对络筒有定长要求，以保证换到筒子架上的所有筒子具有相同的初始卷装尺寸，并可减少筒脚纱的数量。

2. 分段分层设置张力装置　处于不同位置的筒子，选用不同的垫圈重量，旨在平衡筒子位置对张力的影响，以期获得均匀的片纱张力。分段分层配置张力垫圈的原则是前排重、后排轻，中层重、上下层轻。应该指出，分段分层数越多，片纱张力差异越小，但管理也越不方便。

分段分层数应视筒子架规格及产品类型而定，有矩形分段法和弧形分段法两种。矩形分段法比较简单，一般前后分成 3 ~5 段，上下分成 3 层，从而构成 9、12 或 15 个区段，在每个区段中设置相同的张力参数。弧形分段法略显复杂，管理也不方便，但片纱张力更加均匀。如图2 -24所示将筒子架分成 4 个弧段分别设置张力装置，片纱张力不匀率显著降低。为了加强管理，对不同重量的张力垫圈上涂上不同颜色，以示区别。

一些新型高速整经机只对筒子架进行前后分段，每段张力参数可以集中控制与调节。

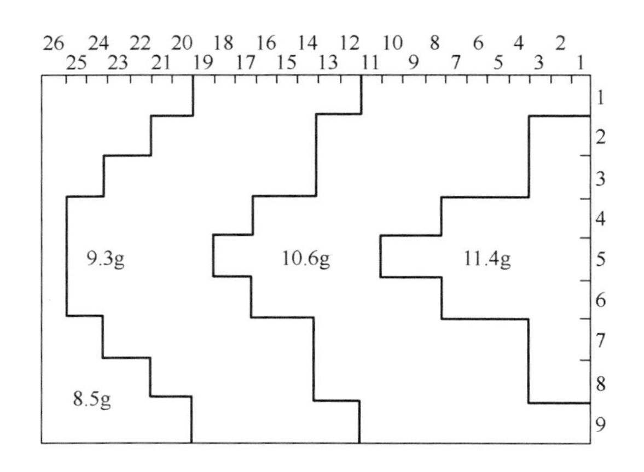

图 2－24　弧形分段设置张力装置

3. 合理穿入伸缩筘　纱线在穿伸缩筘时，不同部位会形成不同的摩擦包围角，引起不同的附加张力。纱线合理穿入伸缩筘既要达到片纱张力均匀，又要兼顾操作方便，穿法简单。

(1)分排穿法。如图 2－25 所示，将筒子架上引出的纱线从前排开始，由上层到下层依次按排从伸缩筘中央向外顺序穿入。特点是引纱距离短的前排经纱穿在中部，对筘齿的包围角大，而后排经纱穿在边部，对筘齿的包围角小，起到均匀片纱张力的作用。分排穿法的纱线层次较为清晰，断纱不易与邻纱纠缠，但引纱操作不太方便。

(2)分层穿法。如图 2－26 所示，将筒子架上引出的纱线从上层(下层)开始，依次按层从伸缩筘中央向外顺序穿入。分层穿法的纱线层次清晰，引纱操作方便，但上、下层纱片对筘齿的包围角差异较大，增加了纱线张力差异，且断纱容易与邻纱纠缠。

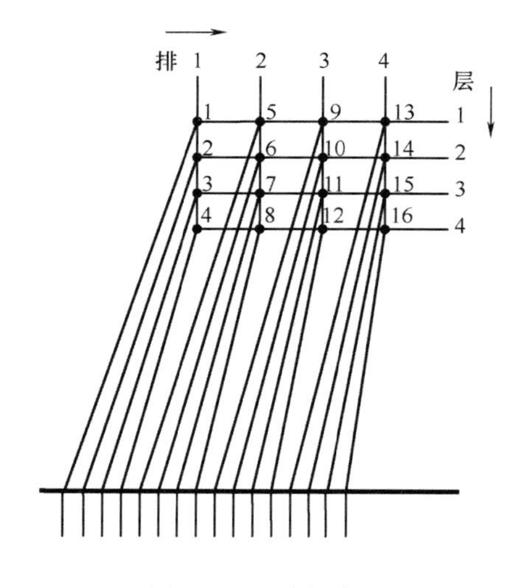

图 2－25　分排穿法

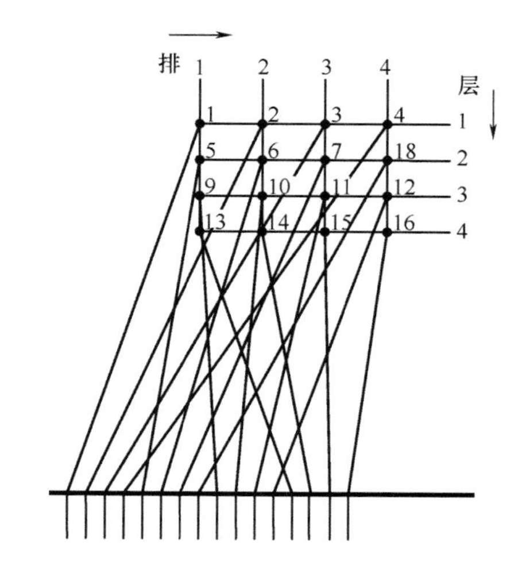

图 2－26　分层穿法

4. *适当增加筒子架到车头之间的距离*　增大筒子架到整经机头的距离，可以减少纱线进入伸缩筘的过度曲折，减少对纱线的摩擦，均匀片纱张力，也可以减少经纱断头卷入经轴的现象。但距离过大，设备的占地面积要增大，同时也会增加挡车工处理断头时的行走距离。一般筒子架与机头之间的距离为3.5m左右。

第三节　整经卷绕

从筒子架退绕下来的纱线需要卷绕成经轴(或织轴)，卷绕过程中要保持整经张力和卷绕密度均匀、适宜，卷绕成形良好。

一、分批整经卷绕

分批整经中，片纱密度较小(一般为4～6根/cm)，为使经轴成形良好，经轴卷绕要有一个很小的卷绕角，即在卷绕运动的同时还要有导纱运动。伸缩筘在控制片纱宽度和位置的同时，还左右往复移动，引导纱线均匀分布在经轴表面，并且纱圈互不嵌入，以便于退绕。根据纱线直径及纱线排列密度，伸缩筘动程在0～40mm范围内调整。在伸缩筘到导纱辊以及导纱辊到整经轴卷绕点之间存在着自由纱段，因为自由纱段的作用，整经轴上每根纱线卷绕点的左右往复动程远小于伸缩筘的导纱动程，一般只有2～5mm。部分分批整经机在结构设计上作了改进，缩短了自由纱段长度，使伸缩筘往复运动的导纱功效准确地传递到整经轴上，提高了经纱排列的均匀性。

为保持整经张力恒定不变，整经轴必须以恒定的表面线速度回转，于是随整经轴卷绕半径增加，其回转角速度逐渐减小，然而整经卷绕功率恒定不变。因此，整经卷绕过程具有恒线速、恒张力、恒功率的特点。

(一)经轴卷绕

1. *摩擦传动方式*　传统分批整经机常采用摩擦传动方式。如图2－27所示，三相交流电动机1通过传动滚筒2恒速转动，经轴5可在导轨6上水平运动，在水平加压力F的作用下被紧压在滚筒表面，接受滚筒的摩擦传动，由于滚筒的表面线速度恒定，所以经轴亦以恒定的线速度卷绕纱线，达到恒张力卷绕目的。

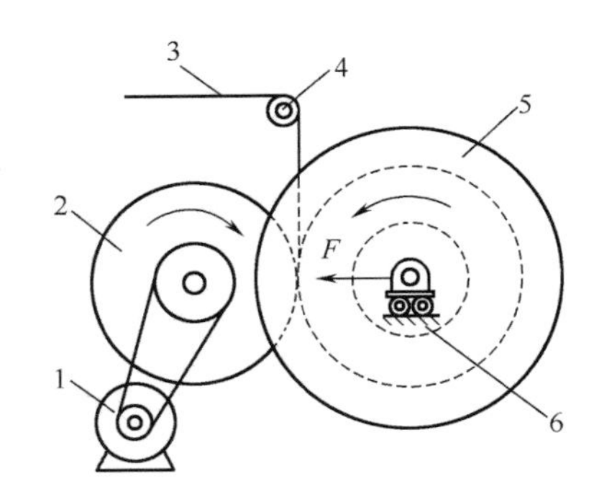

图2－27　经轴摩擦传动
1—三相交流电动机　2—滚筒　3—纱线
4—导纱辊　5—经轴　6—导轨

这种传动系统简单可靠，易于维护，但亦存在制动过程经轴表面与滚筒之间的滑移造成的纱线磨损，断头关车不及时等弊病，且随着整经速度提高，情况进一步恶化。因此，在高速整经机上不再采用这种传动方式，普遍采用直接传动方式。

2. 直接传动方式 这种整经机的经轴两端为内圆锥齿轮，工作时与两端的外圆锥齿轮啮合。采用经轴直接传动后，随着卷绕直径的逐渐增加而线速度会加大，为保证整经速度恒定，经轴的转速应逐渐降低，因此主电动机的速度必须连续可调。调速方法有直流电动机调速、液压马达调速和变频电动机调速等。目前采用最多的是变频调速。

采用变频调速的经轴直接传动如图 2－28 所示，随着经轴卷绕直径的增加，当测速发电机 3 检测到的实际整经速度大于设定速度时，变频器就会降低输出频率，交流电动机 1 的转速降低，使整个整经过程中，整经速度维持在设定值。变频调速具有精度高、响应快、成本低、性能可靠等特点。

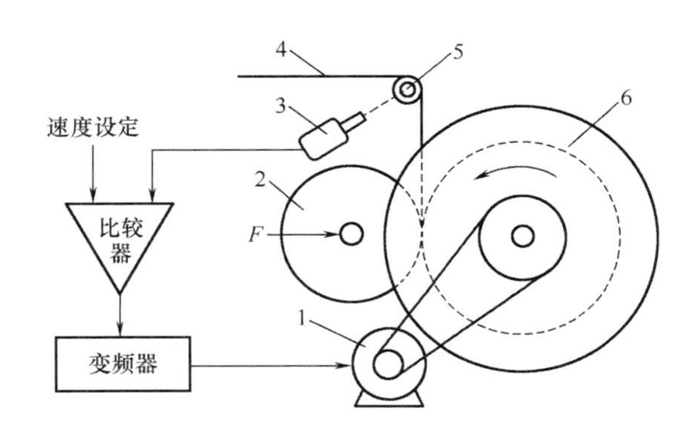

图 2－28 采用变频调速的经轴直接传动

1—交流电动机 2—加压滚 3—测速发电机 4—纱线 5—导纱辊 6—经轴

(二)经轴加压

经轴加压的目的是使经轴表面平整，密度均匀并达到工艺所要求的卷绕密度，要求所加的压力要均匀、柔和、恒定。目前常见的经轴加压方式有机械式、液压式和气动式等。图 2－29 所示的是机械式水平加压方式，图 2－30 所示的是气动加压方式。

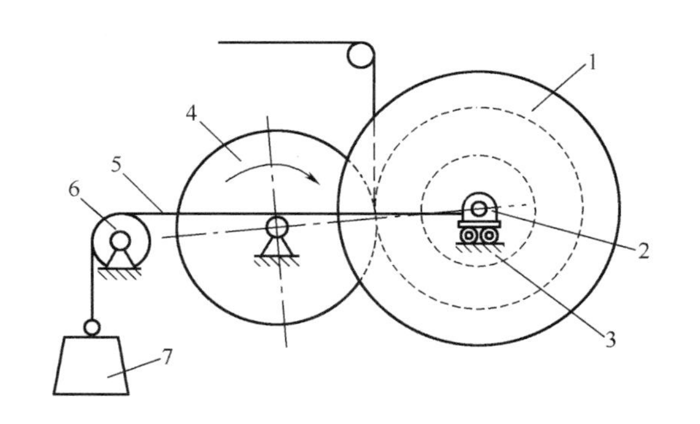

图 2－29 摩擦传动整经机重锤式水平加压

1—经轴 2—活动支座 3—导轨 4—滚筒 5—链条 6—链轮 7—加压重锤

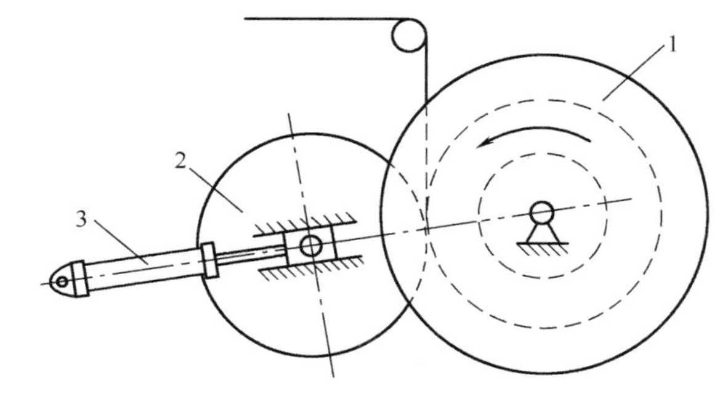

图 2－30 直接传动整经机气动式加压

1—经轴 2—加压辊 3—气缸

对于摩擦传动的分批整经机，经轴加压的另一个目的是保证经轴随滚筒回转而不产生滑移，特别是在整经机的启动和制动阶段，即经轴与滚筒之间的正压力 N 必须满足：

$$N > \frac{T}{f} \tag{2-4}$$

式中：T——片纱总张力；

f——滚筒与经轴表面纱线间的摩擦系数。

（三）经轴制动

在整经过程中发生经纱断头，应对经轴及时制动迅速停车，不使断头卷入经轴内。对于摩擦传动的分批整经机，整经速度不能太高，一般小于500m/min，以免制动时滚筒与经轴之间因过分滑移对纱线造成严重的损伤。新型分批整经机配备高效的液压或气动制动系统，速度可达1000m/min以上。为了防止制动过程中测速辊（导纱辊）、加压辊与经纱发生滑移造成测量误差和经纱磨损，普遍采用测速辊、加压辊和经轴三轴同步制动，并且加压辊在制动开始时迅速后退脱离经轴表面不与经纱摩擦，待所有运动停止后加压辊再压向经轴表面。

有的整经机在筒子架上还设有夹纱器，每根纱线都对应一个夹纱器。当因纱线断头或其他原因造成停车时，夹纱器便迅速夹持住纱线，防止纱线因惯性退绕而松弛。在启动加速过程中，由夹纱器控制经纱张力，当整经机达到正常速度时，夹纱器才会完全放松。这既可以防止纱线纠缠，也有利于车速的提高。

二、分条整经卷绕

分条整经机的卷绕分大滚筒卷绕和倒轴卷绕两个阶段。卷绕传动方式一般采用直流调速电机或变频调速电机直接传动，以达到恒速卷绕的目的。

（一）大滚筒卷绕

分条整经机大滚筒的一端为圆台体，经纱的卷绕过程如图2-31所示。在大滚筒回转的同时导条器也作横向移动，经纱则按等距螺旋线绕在大滚筒上，各层纱线与滚筒轴线平行。第一条带以滚筒的锥状斜面为支撑进行卷绕，第二条带又以第一条带为支撑，依次类推。为了保证良好的卷绕成形，条带的倾角应与锥状斜面倾角相同。大滚筒每转一圈，导条器使条带横移一定距离，形成的纱层横截面为平行四边形。

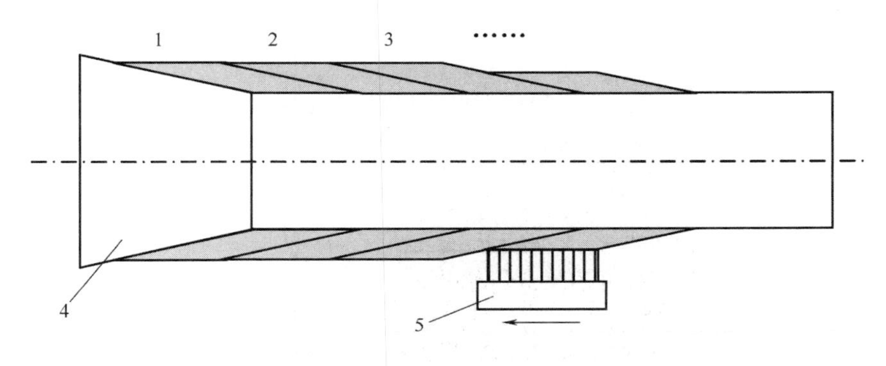

图2-31　分条整经大滚筒卷绕

1、2、3—条带　4—大滚筒　5—导条器如图 2－32 所示，设 h 为导条速度，即大滚筒每转一圈导条器横向移动的距离(cm)，则：

$$h=\frac{b}{\tan\alpha} \tag{2-5}$$

式中：b——纱层厚度，cm；

α——条带倾角。

在大滚筒上卷绕一层纱线，增加的纱线重量 G 和体积 V 分别为：

$$G=\pi D\cdot m\cdot \mathrm{Tt}\cdot 10^{-5}(\mathrm{g}),V=\pi D\cdot W\cdot b(\mathrm{cm}^3)$$

式中：D——卷绕直径(cm)；

W——条带宽度(cm)；

m——条带经纱根数；

Tt——经纱特数。

则纱线的卷绕体积密度 $\gamma(\mathrm{g/cm^3})$ 为：

$$\gamma=\frac{G}{V}=10^{-5}\frac{m\cdot \mathrm{Tt}}{W\cdot b} \tag{2-6}$$

由式(2－5)、式(2－6)得：

$$h=10^{-5}\frac{m\cdot \mathrm{Tt}}{\gamma\cdot W\cdot \tan\alpha} \tag{2-7}$$

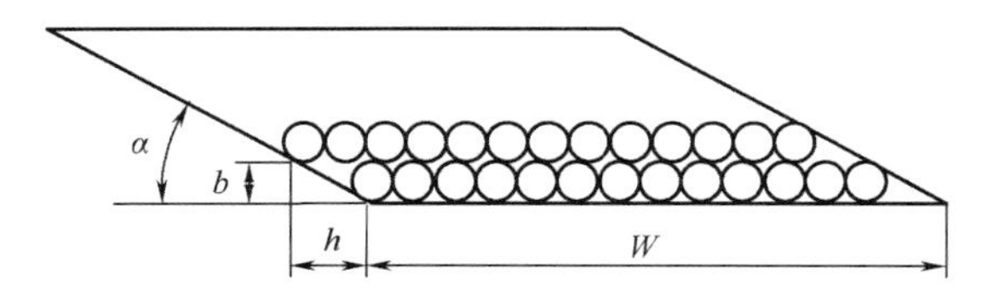

图 2－32　导条速度分析

由式(2－7)可见，若圆台体锥角固定不变，则整经品种改变时导条速度必须随之改变，以保证条带卷绕成形良好。有些分条整经机的导条速度不能连续可调，只能分档变化。因此，大滚筒的圆台体设计成活动斜角板式，斜角板的倾角能够进行自由调节。

对于纱线表面光滑的品种，圆台体的锥角小些，有利于经纱条带在滚筒上的稳定性，但是大滚筒的总长度变长，设备的占地面积增加。活动斜角板式大滚筒的圆台部分实际为多边形结构，这会导致第一条带与其他条带因多边形与圆形周长之间的差异而出现卷绕长度不同，所以新型分条整经机普遍采用固定锥角的圆台体结构，锥角有 9.5°、14°等系列，根据加工对象进行选型。

(二)倒轴卷绕

纱线从整经大滚筒上退绕下来,通过再卷(倒轴)机构卷绕到织轴上,为了保证织轴卷绕平整,织轴在卷绕的同时还要做横向移动,横向移动速度与导条速度相同,但方向相反。

纱线卷到织轴上时的张力称为卷轴张力。为了保证织造的顺利进行,卷轴张力要均匀、适当,张力过大、过小或较大的波动,都会影响织机的正常运转和织物的质量。

在倒轴卷绕过程中,还要对织轴卷绕进行加压。常用的加压方式是液压或气动加压,如图2-33所示。通过调节加压压力来控制织轴的卷绕密度,从而可以用较小的卷轴张力获得较大的卷绕密度。这既保证纱线有良好的弹性,又增大了卷装容量,提高了织轴卷绕质量。

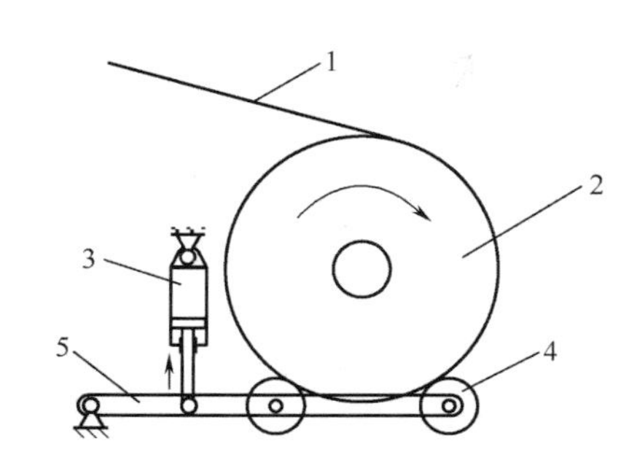

图2-33 织轴加压装置工作原理

1—经纱 2—织轴 3—加压气缸 4—压辊 5—压杆

(三)经纱分绞

为使织轴上经纱的排列顺序相对固定,保证穿经工作顺利进行,每个条带在卷绕前都要对经纱进行分绞操作。分绞是借助分绞筘完成的,分绞原理如图2-34所示。分绞筘中每隔一个正常筘眼1就有一个封堵筘眼2,条带中的经纱依次穿过正常筘眼和封堵筘眼,封堵筘眼在中部有2个焊封点,限制了经纱上下运动,而正常筘眼中的经纱可以上下运动。分绞时,先将分绞筘压下,正常筘眼中的奇数经纱位置不动,而封堵筘眼中的偶数经纱被压下,奇数经纱在上偶数经纱在下被分成两层,两层间穿入一根分绞线3,如图2-34(a)所示;然后,将分绞筘上抬,正常筘眼中的奇数经纱位置不动,封堵筘眼中的偶数经纱被抬起,于是奇、偶数经纱又被分成两层,在两层间再穿入一根分绞线,如图2-34(b)所示。这样两根分绞线之间的相邻经纱呈十字交叉状,经纱的排列顺序被严格固定。

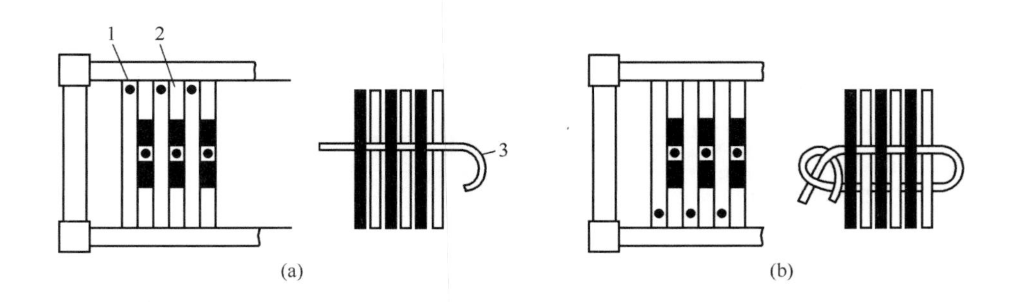

图2-34 分绞筘分绞过程

一般分绞筘的每筘眼中穿入一根经纱,对于$\frac{2}{2}$方平或纬重平织物,每个筘眼可穿2根。

第四节　整经工艺

一、分批整经工艺

分批整经工艺设计主要包括整经张力、整经速度、整经根数、整经长度、整经卷绕密度等内容。

1. 整经张力　整经张力与纤维材料、纱线线密度、整经速度、筒子尺寸、筒子架形式、筒子分布位置及伸缩筘穿法等因素有关。工艺设计应尽量保证单纱张力适度、片纱张力均匀。

整经张力通过配置张力装置的工艺参数（张力圈重量、弹簧加压压力、摩擦包围角等）进行设定。整经张力的检测可以通过单纱张力仪来测定。

2. 整经速度　整经速度可在整经机的速度范围内选择。一般情况下，随着整经速度的提高，纱线断头将会增加，影响整经效率。若断头率过高，整经机的高速度就失去意义。高速整经条件下，整经断头率与纱线的纤维种类、原纱线密度、原纱质量、筒子卷装质量有着十分密切的关系。只有在纱线品质优良、筒子卷绕成形良好以及使用无结头纱时，才能充分发挥高速整经机的效率。

新型高速整经机的整经速度一般在600m/min以上，滚筒摩擦传动整经机的整经速度在200～400m/min。整经轴幅宽大，纱线质量差、纱线强力低、筒子成型差时，速度可设计稍低一些。

3. 整经根数　整经轴上纱线排列过稀会使卷装表面不平整，从而使片纱张力不匀。因此，整经根数的确定以尽量多头少轴为原则，根据织物总经根数和筒子架最大容量，计算出一批经轴的最少只数，然后再分配每只经轴的整经根数。为便于管理，各轴整经根数要尽量相等或接近相等。

整经轴盘片间距为1600mm时，棉纱的整经根数见表2－1。其他纤维的整经根数可参考此表。

表2－1　棉纱分批整经根数

纱线线密度（tex）	每轴经纱根数（根）
粗特（32以上）	360～460
中特（13～32）	460～650
细特（13以下）	650～750

整经根数计算步骤如下：

$$\text{总经根数}:M=\text{地经根数}+\text{边纱根数}=\text{织物幅宽(cm)}\times\text{经纱密度(根/cm)}+\text{边纱根数}\times\left(1-\frac{\text{布身每筘入数}}{\text{布边每筘入数}}\right) \quad (2-8)$$

$$经轴轴数:n = M/筒子架容量 \tag{2-9}$$

若 n 为小数,则取稍大一点的整数。

$$整经根数:m = M/n \tag{2-10}$$

例如:某棉织物的幅宽 $W = 160$cm,经纱密度 $P_j = 354$ 根/10cm,边纱与布身每筘入数相同,筒子架最大容量 $m_0 = 640$ 只,试计算整经根数。

总经根数:$M = P_j \times W/10 = 354 \times 160/10 = 5664$(根)

经轴轴数:$n = M/m_0 = 5664/640 = 8.85$(只),向上取整:$n = 9$

整经根数:$m = M/n = 5664/9 = 629 \cdots\cdots 3$(根)

整经配轴:629(根)×6(只)+630(根)×3(只)

4. 卷绕密度 经轴卷绕密度的大小影响到原纱的弹性、经轴的最大绕纱长度和后道工序的退绕顺畅。经轴卷绕密度可由对经轴表面施压的压纱辊的加压大小来调节,同时还受到纱线密度、纱线张力、卷绕速度的影响。卷绕密度的大小应根据纤维种类、纱线线密度等合理选择。表 2-2 为经轴卷绕密度的参考数值。

表 2-2 分批整经经轴卷绕密度

纱线种类	卷绕密度(g/cm^3)	纱线种类	卷绕密度(g/cm^3)
19tex 棉纱	0.44~0.47	14tex×2 棉纱	0.50~0.55
14.5tex 棉纱	0.45~0.49	19tex 粘纤纱	0.52~0.56
10tex 棉纱	0.46~0.50	13tex 涤/棉纱	0.43~0.55

5. 整经长度 整经长度应略小于经轴的最大绕纱长度,并为织轴上经纱长度的整数倍,同时还要考虑浆纱的回丝长度以及浆纱伸长率。计算步骤如下:

$$最大整经长度:L_{max} = \frac{经轴卷绕体积 \times 卷绕密度}{整经根数 \times 经纱特数} \times 10^3 \tag{2-11}$$

$$可卷织轴数:Z = \frac{(L_{max} - 浆纱回丝长度) \times (1 + 浆纱伸长率)}{织轴卷绕长度} \tag{2-12}$$

若计算的 Z 为小数,则取稍小一点的整数。

$$实际整经长度:L = \frac{Z \times 织轴卷绕长度}{1 + 浆纱伸长率} + 浆纱回丝长度 \tag{2-13}$$

二、分条整经工艺

1. 整经张力 分条整经的整经张力设计分滚筒卷取和织轴卷绕两个部分。滚筒卷绕时,张力装置工艺参数及伸缩筘穿法的设计原则可参考分批整经。织轴卷绕的片纱张力取决于制动带对滚筒的摩擦制动程度,片纱张力应均匀、适度,以保证织轴卷装达到合理的卷绕密度。织轴的卷绕密度可参见表 2-3。倒轴时,随大滚筒退绕半径减小以及织轴卷绕直径的增加,制动带的松紧程度要做相应调整，保证片纱张力均衡一致。

表 2－3　分条整经经轴卷绕密度

纱线种类	卷绕密度（g/cm^3）
棉股线	0.5～0.55
涤棉股线	0.5～0.6
粗纺毛纱	0.4
精纺毛纱	0.5～0.55
毛涤混纺纱	0.5～0.6

2. 整经速度　受换条、再卷等工作的影响，分条整经机的机械效率与分批整经机相比是很低的。据统计，分条整经机速度（大滚筒线速度）提高 25%，生产效率也仅仅增加 5%，因此，分条整经速度的提高就显得不如分批整经那么重要。

新型分条整经机的设计最高速度为 800m/min，实际使用时则远低于这一水平，一般为 300～500m/min。纱线强力低、筒子质量差时应选择较低的整经速度。

3. 分条整经工艺计算　分条整经工艺计算主要包括整经条带（绞）数、每绞经纱根数、条带宽度、整经长度及穿筘方法等。

在正式计算之前，应准备好原始资料及数据，其中包括织物总经根数、边纱根数、每匹织物用纱长度、织轴卷绕匹数、织机上、了机回丝长度、筒子架最大容量等。具体计算方法如下：

（1）每绞经纱根数与整经绞数：

$$每绞色经循环个数 = \frac{筒子架容量 - 单边纱根数}{色经循环根数} \qquad (2-14)$$

如果计算结果为小数，则只取整数部分。单边纱根数一般为 20～80 根，应由织物要求确定。

$$每绞经纱根数 = 色经循环根数 \times 色经循环个数 \qquad (2-15)$$

$$整经绞数 = \frac{总经根数 - 双边纱根数}{每绞根数} \qquad (2-16)$$

如果计算结果为小数，一般取稍大一点的整数，以便各绞的经纱根数不超过筒子架的容量。将一侧边经纱加在第一绞上，剩余的地经与另一侧边经纱组成末绞。

（2）条带宽度：

$$条带宽度 = \frac{织轴宽度}{总经根数} \times 每条带中的经纱根数 \qquad (2-17)$$

由于首、末条带的经纱根数与一般条带不同，因此条带宽度也不相同。

（3）定幅筘计算：

$$穿筘宽度 = \frac{条带宽度}{1 + 条带扩散率} \qquad (2-18)$$

条带经定幅筘后会发生扩散，因此定幅筘处的穿筘宽度比条带宽度略窄。条带扩散率与织物的经密、经纱号数以及导条器到大滚筒表面的距离有关，经密不大时可忽略。

$$筘号=\frac{每绞根数}{每筘入数\times穿筘宽度} \quad (2-19)$$

（4）整经长度：

$$整经长度=每匹织物用纱长\times匹数+上、了机回丝长度$$

4. 计算实例 某床单织物，总经根数为4452根，双边经纱为32×2=64根，色经循环为56根，织轴宽165cm，织轴容量为16匹，每匹用纱75m，上、了机回丝为1.5m，筒子架最大容量为400只筒子，试完成工艺计算。

（1）计算每绞根数与整经绞数：

$$每绞色经循环个数=\frac{筒子架容量-单边纱根数}{色经循环根数}=\frac{400-32}{56}=6.57，取整为6$$

每绞根数=每绞色经循环个数×色经循环=6×56=336（根）；第一绞加32根边纱，为368根。

$$绞数=\frac{总经根数-双边纱根数}{每绞根数}=\frac{4452-32\times2}{336}=13.06，取整为13$$

则最末一绞经纱根数是：4452-336×12-32=388（根），其中包括32根边纱。

（2）计算条带宽度：

$$第一绞条带宽度=\frac{织轴宽度}{总经根数}\times带中的经纱根数=\frac{165}{4452}\times368=13.64(cm)$$

同样方法可计算出第二～十二绞的条带宽度为12.45cm，最末绞的条带宽度为14.38cm。

（3）计算定幅筘筘号：

设定幅筘每筘穿入数为3入，由于织物经密不大，忽略条带扩散率：

$$筘号=\frac{每绞根数}{每筘入数\times条带宽度}=\frac{336}{3\times12.45/10}=90(齿/10cm)$$

（4）计算整经长度：

$$整经长度=每匹织物用纱长\times匹数+上、了机回丝=75\times16+1.5=1201.5(m)$$

第五节 整经综合讨论

一、整经疵点分析

在整经过程中，由于机械故障、管理不善、操作不良，会造成疵点，严重的整经疵点会使经轴或织轴卷装不良，从而影响织造效率、降低织物质量。

（一）分批整经疵点分析

（1）经纱松弛。张力装置失灵、经轴加压不当、滚筒不圆整均会造成经纱松弛。

（2）整经长度不一致。由于测长装置故障、经纱张力不一致、经轴加压重量不相同而造成。

（3）嵌边和破边。伸缩筘与经轴未对正、经轴边盘松动、边纱卷绕过紧，形成的织轴织造时会造成布边不良。

（4）卷装成形不良。伸缩筘纱线分布不匀、筘齿齿隙不匀、经轴边盘不正会使经轴成形不良。

（5）绞头。整经时乱接断头，使纱线排列混乱。

（二）分条整经疵点分析

（1）经纱张力不匀。边经纱曲折角过大、张力机构故障、筒子大小不一致会引起。

（2）织轴成形不良。定幅筘故障、搭绞不良、定幅筘横动量不正确。

（3）各绞纱长不一致。由于定长机构故障造成。

（4）嵌边和塌边。织轴边盘松动或位置不当、倒轴时纱片与织轴没对正会造成。

二、整经机产量计算

1. 分批整经机

理论产量 G'[kg/(台·h)]：

$$G' = \frac{60 \cdot V \cdot m \cdot \mathrm{Tt}}{10^6} \tag{2-20}$$

式中：V——整经速度，m/min；

m——整经根数；

Tt——纱线线密度，tex。

实际产量 G[kg/(台·h)]：

$$G = G' \times \eta \tag{2-21}$$

式中：η——生产效率。

2. 分条整经机

理论产量 G'[kg/(台·h)]：

$$G' = \frac{60 \cdot v_1 \cdot v_2 \cdot M \cdot \mathrm{Tt}}{10^6 \cdot (v_1 + n \cdot v_2)} \tag{2-22}$$

式中：v_1——整经大滚筒线速度，m/min；

v_2——织轴卷绕线速度，m/min；

M——织轴总经根数；

Tt——经纱线密度，tex；

n——条带数。

实际产量 G[kg/(台·h)]:

$$G = G' \times \eta \tag{2-23}$$

三、整经机的发展趋势

(一)新型分批整经机的技术特点

1. 经轴均采用直接传动的方式　整经时,经轴的转速应随直径的增大而自动降低,以保持恒定的整经速度。目前,一般都采用变频调速装置调节经轴转速,这种方法结构简单,成本不高,而且调速性能好。

2. 采用高效能的制动方式　新型整经机多采用液压式、气动式制动方式,经轴、压辊、测长辊同时制动,制动力强,作用稳定可靠。经纱断头后经轴在 0.16s 内完全被制动,经纱滑行长度控制在 2.7m 左右。

3. 采用集中换筒方式　高档织物用纱的整经一般均使用单式筒子架,这有利于片纱张力的均匀一致和整经速度的提高,新型整经机均采用单式筒子架集中换筒。

4. 采用新型张力装置　有的整经机设有超张力切断装置,在纱线张力超过设定值时能自动切断纱线,使断纱处在离经轴最远处,阻止断头卷入经轴,有利于整经机的高速化。

5. 上乳化液装置　为了改善经纱质量,在整经机上设有上乳化液(包括乳化油、乳化蜡和合成浆料)装置,有利于降低经纱断头率,提高织物质量。

6. 广泛采用计算机技术、电子技术　对产量、停台、效率等指标随时可以读出,以对生产数据进行整理、储存,为车间计算机化管理打下了基础。在操作台设有启动、关车、点动、慢速开车等按钮,有的在筒子架上也设有开、关按钮,这有利于生产效率的提高。

(二)新型分条整经机的技术特点

1. 广泛采用计算机控制　计算机控制提高了设备的自动化程度,方便了挡车工操作,保证了织轴质量,简化了机械结构,改善了控制精度。

在德国 MSL - Universal 分条整经机上,可以使用计算机自动分绞,在倒轴时由转矩控制器来调节织轴转速,以保证纱线张力的恒定。

在瑞士本宁格 Supertronic 整经机上,当距所需整经长度还有几米时,整经速度会自动降低,使停车位置十分准确。该机在变换条带时,按下指令按钮,可以自动完成几个动作:测长装置自动置零;滚筒自动转到初始(挂纱)位置;导纱器自动将定幅筘移到下一个条带的起始位置。整经时绕纱层的厚度、纱线在滚筒上的排列状态由专用的传感器跟踪检查,以便随时自动调整导纱器的移动速度,导纱条的移动量可以随时显示。

有的分条整经机装有断头记忆装置,整经过程中发现的纱线断头,在倒轴时到达断头位置会自动停车,便于修复断头。

2. 导条器控制　为了使纱线在大滚筒上有良好的卷装成形,导纱条的移动量 h、大滚筒的半锥角 α 和每层纱线的平均厚度 b,三者之间的关系必须满足式(2-5)。

在本宁格 Supertronic 整经机上,α 是固定不变的,b 可以通过实验确定。在实验时,利用传感器采集数据,经过微机处理分析,可以求得 b,h 亦可相应确定。导条器的移动精度可达 0.001mm,对纱线适应性较广。

哈科巴 USK - Electronic 分条整经机上有一个测量辊,随时监测大滚筒上纱层的厚度,通过信号处理,随时调节导纱条的移动量,以保证不同工作条件下良好的卷装成形。该机大滚筒的半锥角也是固定的,输入纱线的参数,计算机通过分析,自行确定导条器的移动量 h,大大简化了操作手续。

本宁格 ZASE 分条整经机上,先确定导条器的移动量 h,然后将纱线原料、特数、密度、张力等参数输入设在车头的微处理机,可以计算出大滚筒半锥角 α,也可以保证良好的卷绕成形。

在一些新型整经机上,导条筘紧靠着滚筒,使条带扩散现象基本消失,有利于纱线条带被准确引导到滚筒表面,随着滚筒上纱层的增厚,导条筘自动外移。

3. 整经与倒轴时的纱线张力控制 在分批整经机筒子架上采用的均匀纱线张力的措施,在分条整经机上同样适用。下面仅介绍分条整经机上特有的均匀张力的措施。

(1)滚筒与织轴均采用无级变速传动,以保证整经及倒轴时纱线速度不变。一般由张力检测装置来控制滚筒或织轴的转速。

(2)利用罗拉对大滚筒上的纱线条带施加压力,可以主动控制纱层厚度,消除了由于张力波动引起的纱层厚度不匀。

目前,整经机的发展方向是高速度、高效率、自动化、智能化。随着高新技术在纺织行业的渗透,为简化工艺流程,实行整浆联合也是发展方向之一。

四、整经中的静电问题

两个物体相互摩擦后,由于电子的转移会使一个物体带有正电荷,另一个物体带有负电荷。在整经过程中,纱线与机件的剧烈摩擦,会在纱线上产生静电荷,特别是合成纤维及其混纺纱。静电荷的聚积会使纱线毛羽增多、纱线排列紊乱、相邻纱线相互纠缠,严重时会使整经无法进行,挡车工有时会遭到电击。静电现象会限制整经速度,对于某些易带静电的合成纤维,纱线整经速度在不超过 30m/min 时可以正常整经,当速度达到 80 ~ 100m/min 时,则由于静电而不能正常开车。

目前,在生产实践中已采取了多种措施解决静电问题,有的效果很好。常用措施如下。

1. 提高车间的相对湿度 空气中水分子的增加,可以加快纱线上的电荷向外界散失的速度。另外,较高的相对湿度可以提高纱线的回潮率,降低纱线的电阻,使纱体上电荷的衰减速度加快。实验表明,当相对湿度从 30% 增加到 75% 时,会使涤纶的导电性提高 100 倍以上。

2. 合理选择纱线的原料及混纺比 不同的纤维与金属表面摩擦可能会使纤维带有不同的电荷(正电荷或负电荷)。用带电荷极性相反的两种纤维混纺成纱线,在采用一定的混纺比时,可以使纱线上聚积的电荷相互抵消。一项实验证明:当锦纶/涤纶纱线的混纺比为 40/60 时,在与镀铬的金属表面摩擦时,纱线上的电荷接近于零。但混纺原料的选择要考虑到产品的用途。另外,纱线所带电荷的极性不但与纤维原料有关,也与导纱机件表面的材料性能有关。

3. 静电消除器　将与高压电源（6～12kV）相连的电击管针尖靠近带电荷的纱线安装，两者之间产生高压电晕放电，使周围的空气电离，产生正、负离子，离子与纱线上的电荷中和，可以起到消除或减少静电的产生。

4. 使用油剂　在纱线的表面均匀地涂上少量油剂，可以减少与机件的摩擦，增加纱线的吸湿性及导电性，从而减少电荷的产生与聚积。

思考题

1. 整经工序的任务、目的及工艺要求是什么？
2. 什么是分批整经？什么是分条整经？试述其特点、工艺流程和适用场合。
3. 造成整经片纱张力不匀的因素有哪些？简述均匀片纱张力的措施。
4. 筒纱退绕时，纱线退绕张力与哪些因素有关？
5. 影响整经张力的因素有哪些？
6. 整经张力装置的作用是什么？
7. 分条整经机上分绞筘、定幅筘等机构的作用是什么？
8. 分条整经机上为何需要导条机构和织轴横动机构？
9. 分批整经机整经轴的传动方式有哪两大类？对比它们的优缺点。
10. 筒子架的作用是什么？筒子架有几种类型？
11. 集中换筒的单式筒子架有何优点？
12. 分批整经机和分条整经机分别有哪些主要工艺参数？如何选择与计算？
13. 整经常见疵点及成因是什么？
14. 试述分批整经机及分条整经机的发展趋势。

第三章　浆纱

本章知识点

1. 浆纱的任务和要求。
2. 常用黏着剂的浆用性能，浆纱助剂的种类及作用。
3. 浆液配方的制订方法、浆液的质量指标。
4. 浸压的方式及上浆机理。
5. 浆纱烘燥过程及不同烘燥方式的特点。
6. 浆纱质量指标及上浆率、伸长率、回潮率的控制。
7. 上浆工艺。
8. 浆纱机的产量。
9. 高压上浆技术、预湿上浆技术及其他新型上浆技术。

经纱在织机上织造时，单位长度的经纱要受到3000～5000次程度不同的反复拉伸、屈曲、磨损和冲击作用。未经上浆的经纱由于表面毛羽较多、纤维间抱合力不足，在剧烈的织造过程中，发生纱身起毛、结构松散直至纱线解体而断头；纱身起毛还会使经纱相互粘连，造成开口不清，形成织疵，严重时导致织造过程无法正常进行。

一、浆纱的任务

浆纱的根本任务是赋予经纱抵御外部复杂机械力作用的能力，提高其可织性，从而保证织造过程顺利进行，并最终提高织物的质量。同时，通过浆纱形成织轴卷装，还可使未来的织物获得某些特殊的性能或功能。

在上浆过程中，浆液在经纱表面被覆并向经纱内部浸透。经烘燥后，在经纱表面形成柔软、坚韧、富有弹性的均匀浆膜，使纱身光滑、毛羽贴伏；在纱线内部，通过粘结作用加强了纤维之间的抱合能力，改善了纱线的物理力学性能，从而使经纱的可织性得到提高。上浆对经纱性能的改善主要表现在下面几个方面。

1. 经纱耐磨性能提高　上浆在经纱表面形成坚韧的浆膜，使其耐磨性能提高。浆膜要力求连续完整，避免轻浆等疵点造成的浆膜不完整。浆膜要以良好的浆液浸透作为基础，与纱线的纤维间存在较大的黏附强度，在外界机械作用下不易脱落。浆膜的拉伸性能应与纱线的拉伸性能相似。一般来说，浆膜的弹性要优于纱线本身的弹性，当复杂外应力作用到浆纱上时，浆膜不至破坏,保护作用才能得以持久。

2. 贴伏纱线毛羽、纱线表面光滑 浆膜的粘结作用使纱线表面的毛羽紧贴纱身,纱线表面光滑。在织制高密织物时,可以减少邻纱之间的纠缠和经纱断头,对于毛纱、麻纱、化纤纱及混纺纱、无捻长丝而言,毛羽贴伏和纱身光滑尤为重要。

3. 纱线断裂强度提高、纤维集束性改善 对于短纤维纱,浸透到纱线内部的浆液加强了纤维间的粘接抱合作用,纱线的断裂强度得到提高,特别是在织造过程中容易断裂的纱线薄弱点(细节、弱捻等)得到了增强,对降低织机经向断头有较大意义;对于合成纤维长丝,上浆使纤维的集束性得到改善,有利于减少毛丝的产生。

4. 保持经纱良好的弹性、可弯性及断裂伸长 上浆后,经纱的弹性、可弯性以及断裂伸长会有所下降,而这些性能对于织造过程的顺利进行具有重要意义,应从上浆工艺与参数设定、材料选择等方面严格进行控制。

5. 使织物获得某些特殊性能及功能 对于部分直接市销出售的坯布,往往要求一定的重量和丰满厚实的手感,这一要求有时可以通过上浆过程达到。在不影响上浆性能的前提下,在浆液中加入增重剂(如淀粉、滑石粉或某些树脂材料)获得增重效果。在浆液中加入一些整理剂,会获得部分织物后整理的效果,如加入热固性助剂或树脂,经烘房加热使之不溶,织物可获得硬挺度、手感、光泽、悬垂性等持久的服用性能。

早期的传统观念认为,浆纱的主要目的是提高经纱的断裂强力并保持断裂伸长,因而把浆纱的增强率、减伸率作为上浆的重要质量指标。随着无梭织机的广泛应用,现在把增加纱线耐磨性并贴伏毛羽作为浆纱的主要目的,将耐磨次数与毛羽减少率作为浆纱的重要指标。这是因为经纱在织机处所受的最大张力,远低于其断裂强力(只有约20%左右),最大伸长率也远低于经纱的断裂伸长,这说明经纱张力与伸长并不是造成织造断头的主要原因。如果毛羽多,会使邻纱之间相互纠缠,造成开口不清,不但增加断头,而且严重影响织物质量;对无梭织机而言,经纱是在高速度大张力下经受摩擦,提高耐磨性尤为重要,只有减少毛羽、提高耐磨性,才能提高织机效率。

一般来说,除了粗于10tex的股线、单纤长丝、加捻长丝、变形丝、网络度较高的网络丝外,几乎所有短纤纱和长丝纱均需经上浆才能进行织造。浆纱历来被视为织造生产中最关键的一道工序,有“浆纱一分钟,织机一个班”的说法。因此,抓好浆纱工作的质量,是提高织机生产效率和产品质量的可靠保证,而浆纱工作的细小疏忽,会给织造生产带来严重的不良后果。

二、对浆纱的要求

整个浆纱工序包括浆液调制和上浆两部分,浆液调制在调浆桶进行,上浆在浆纱机上进行。对浆液和上浆的要求如下。

(1)浆料配方不宜过于繁杂,浆料来源应充足、价格适中,调浆操作简便、退浆容易、环保。

(2)浆料各组分间具有良好的相容性,浆液物理、化学性能稳定,不易沉淀、生成絮状物、起泡和发霉等。

(3)浆液黏度适宜,稳定性好,对经纱具有良好的浸透性和黏附性。浆液成膜性好,浆膜具有较高的强力、较好的柔韧性和适当的吸湿性。

（4）上浆率、回潮率、伸长率与工艺设计要求一致，浆纱具有良好的可织性，包括耐磨性好、毛羽贴伏、增强保伸、弹性适当等。

（5）织轴卷绕质量良好，表面圆整，经纱排列均匀。

（6）在保证质量的前提下，提高浆纱生产效率、浆纱速度以及自动化程度，节约能源，降低浆纱成本。

第一节　浆料

经纱上浆所用材料统称浆料，浆料种类很多，按所起作用不同可分为黏着剂和助剂两大类。

黏着剂是调制浆液的基本材料，是浆料配方中的主要成分（除溶剂水外），因此又称主浆料。浆液的上浆性能主要由黏着剂决定，经纱上浆也主要依靠黏着剂来提高纱线的可织性，降低断头率，提高织机效率和产品质量。

经纱上浆对黏着剂的要求是多方面的，目前还没有单一的黏着剂可以完全满足上浆要求，因此，在浆料配方中除了黏着剂外，还要加入其他称为助剂的材料，以弥补主浆料在某些性能上的不足。助剂的种类较多、用量较少、性能各异，使用时必须熟知其物理、化学性能，以免产生不良后果。

一、黏着剂

作为主浆料的黏着剂既要有成膜能力，又要与纤维具有良好的黏附能力。浆纱用黏着剂分为天然黏着剂、变性黏着剂和合成黏着剂三大类（表3-1）。

表3-1　浆纱用黏着剂分类表

<table>
<tr><td rowspan="5">天然黏着剂</td><td rowspan="3">植物类</td><td>天然淀粉</td><td>玉米淀粉、马铃薯淀粉、木薯淀粉、小麦淀粉、米淀粉、甘薯淀粉、橡子淀粉</td></tr>
<tr><td>海藻类</td><td>褐藻酸钠、红藻胶</td></tr>
<tr><td>植物胶类</td><td>阿拉伯树胶、白芨粉、田仁粉、槐豆粉</td></tr>
<tr><td rowspan="2">动物类</td><td>动物胶类</td><td>鱼胶、明胶、骨胶、皮胶</td></tr>
<tr><td>甲壳质</td><td>蟹壳、虾壳</td></tr>
<tr><td rowspan="2">变性黏着剂</td><td colspan="2">纤维素衍生物</td><td>羧甲基纤维素（CMC）、甲基纤维素（MC）、乙基纤维素（EC）、羧乙基纤维素（HEC）</td></tr>
<tr><td colspan="2">变性淀粉</td><td>酸解淀粉、氧化淀粉、可溶性淀粉、糊精；交联淀粉、酯化淀粉、醚化淀粉、阳离子淀粉；接枝淀粉</td></tr>
<tr><td rowspan="3">合成黏着剂</td><td colspan="2">乙烯类</td><td>聚乙烯醇（PVA）、变性聚乙烯醇、乙烯类共聚物</td></tr>
<tr><td colspan="2">丙烯酸类</td><td>聚丙烯酸、聚丙烯酸酯、聚丙烯酰胺及其共聚物</td></tr>
<tr><td colspan="2">聚酯类</td><td>水分散性聚酯浆料</td></tr>
</table>

(一)淀粉

淀粉作为主黏着剂在浆纱工程中的应用已有悠久的历史,它对亲水性纤维具有良好的上浆性能,并且资源丰富、价格低廉,退浆废液对环境的污染程度较其他化学浆料轻。

1. 概述　淀粉是天然高聚物,属多糖类物质,存在于某些植物的种子、块茎、块根或果实中,淀粉的含量及品质,不仅受植物种类的影响,还随生产条件、气候条件、种植及收割时间等条件的变化而异。

一般工业用淀粉不是化学纯物质,其中还含有蛋白质、脂肪、矿物质及纤维素等成分,例如上浆常用的玉米淀粉,淀粉约占 85.1%,水分约 13.3%,蛋白质、脂肪、矿物质及纤维素等约 1.6%。淀粉中的蛋白质是微生物良好的培养基,特别是水分含量较高时更易腐败,使浆液变质,造成浆纱霉斑等疵点。淀粉中的可溶蛋白质是一种表面活性剂,易使浆液起泡沫,影响上浆质量。如淀粉中蛋白质含量过大,则浆膜脆硬。因此,浆用淀粉中的蛋白质含量越低越好。纤维素是残余颗粒外皮,如调浆时不能全部溶解会引起上浆过程中落物增多。矿物质过高易使浆液冲淡,也会影响浆液质量。

2. 淀粉的化学结构　淀粉是由 α - 葡萄糖缩聚而成的高分子化合物,分子式为 $(C_6H_{10}O_5)_n$,n 为葡萄糖剩基个数,即淀粉的聚合度,一般为 200 ~ 6000。其化学结构式如下。

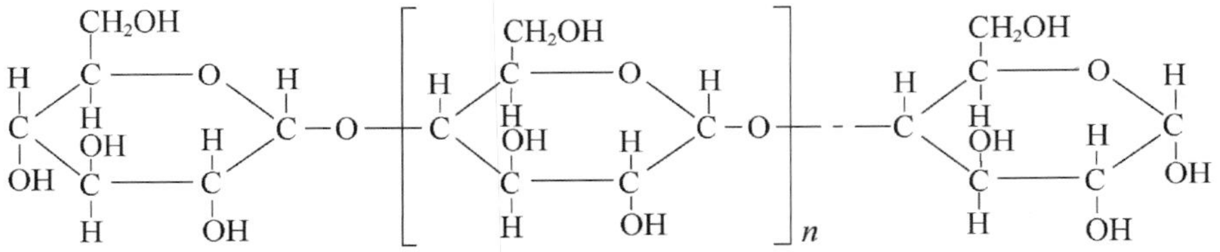

化学结构特点是:在每个葡萄糖剩基中含有三个醇羟基,其中,第 2、3 碳原子上分别含有一个仲醇羟基,第 6 碳原子上含有一个伯醇羟基;葡萄糖剩基之间由甙键相连。这些结构特征决定着淀粉的主要化学性能及淀粉变性的可能性。由于缩聚方式不同,淀粉含有两种主要组分——直链淀粉和支链淀粉,二者结构上的差异使其性质也有明显区别。

在直链淀粉中,葡萄糖剩基间以 1 - 4 甙键联结,聚合度一般在 250 ~ 4000,大分子呈长链线形,溶解度较低。在稀的水溶液中,直链淀粉易沉淀使淀粉液“变稠”呈凝胶状。直链淀粉在水分散液中呈凝胶的趋势,决定着它在上浆中的使用价值,淀粉的许多变性方法就是为了抑制或消除直链淀粉这种凝胶倾向。直链淀粉在淀粉中含量为 20% ~ 25%,淀粉中含有高比率的直链淀粉可形成较强韧的薄膜,在含湿率较低的情况下易发脆。

在支链淀粉中,除 1 - 4 甙键联结外,还有 1 - 6 甙键和少量的 1 - 3 甙键联结,大分子呈分支结构,平均每 20 ~ 30 个葡萄糖剩基有一个支链,支链平均链长度为 20 ~ 25 个葡萄糖剩基。支链淀粉聚合度比直链淀粉高,平均约为 600 ~ 6000,最高可达 20000。支链淀粉不溶于水,在热水中膨胀形成浆状物,淀粉浆的黏度主要由支链淀粉形成。支链淀粉具有较好的黏附能力,其浆液不会凝胶,浆膜脆弱。

直链淀粉与支链淀粉对上浆工艺都有一定效用:呈浆状的支链淀粉能使纱线吸附足够的浆

液量，保证浆膜有一定厚度和较高的黏附性，增强经纱的耐磨性能；直链淀粉使浆膜坚韧、富有弹性。

3. 淀粉的化学性质 淀粉的化学性质由其大分子结构中的甙键及羟基决定。甙键的断裂使大分子降解，淀粉聚合度降低，浆液黏度减小，从而有利于浆液对纱线的浸透。酸可降低淀粉分子中甙键的活化能，对淀粉的水解起催化作用；甙键对氧化剂很不稳定，易发生氧化断裂；在高温及有氧存在时，碱能使甙键发生氧化断裂。淀粉大分子中的羟基与酸发生酯化反应形成酯化物；与醇或其他醚化剂形成醚化物。淀粉还可与烯烃类单体接枝共聚成一系列不同性能的接枝共聚物。酶对淀粉的催化水解作用具有高度专一性，可用于淀粉的前处理及退浆工序中。

4. 淀粉的物理性质 淀粉是一种白色(或略带微黄色)、富有光泽、细腻、无臭无味的细小颗粒，颗粒大小差异很大，形状也各异。各种淀粉的比重差异很小，平均为1.6左右。常用淀粉的物理性状见表3-2，淀粉颗粒外形如图3-1所示。

表3-2 常用原淀粉的物理性状

淀粉种类	性质				
	色泽	颗粒大小(μm)	颗粒外形		密度(g/cm^3)
			光学显微镜下	扫描电镜下	
玉米淀粉	洁白	16~40	多角形及不规则卵圆形	少数粒子有凹口和针状小孔	1.623
小麦淀粉	洁白	2~10 20~35	圆形(小) 圆形(大)	小粒子呈球形，大粒子薄而呈蝶形，表面光洁	1.629
木薯淀粉	白	5~25	不规则圆形	不规则粒子较多，大多数有较平坦表面及各种棱边	—
马铃薯淀粉	纯白	20~100	椭圆形，偶有圆形小粒	少数粒子呈球形，多数呈卵形，表明较平坦或曲率突然变化	1.648
甘薯淀粉	净白	50~80	圆形，偶有多角形	从卵圆形到多角形，角较钝，边不平坦	—
米淀粉	白	3~8	多角形	复合粒子，多数为多角形，少数为圆形	1.620
橡子淀粉	乳白	7~14	卵圆形	—	—

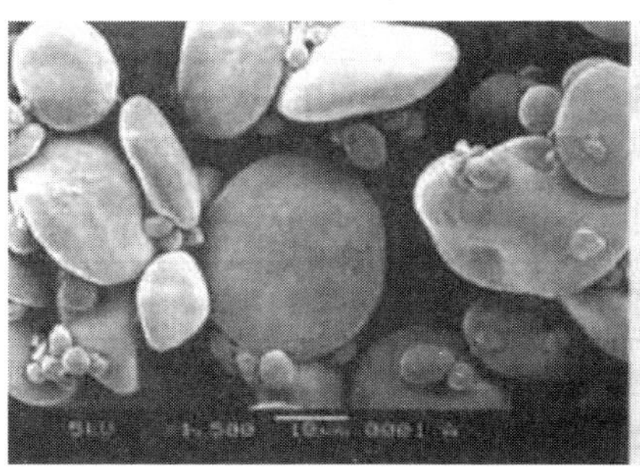

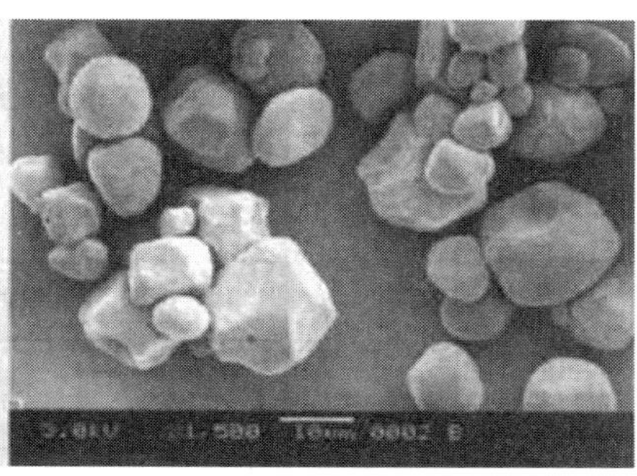

(a)小麦淀粉(×1500)　(b)玉米淀粉(×1500)

(c)木薯淀粉(×1500)

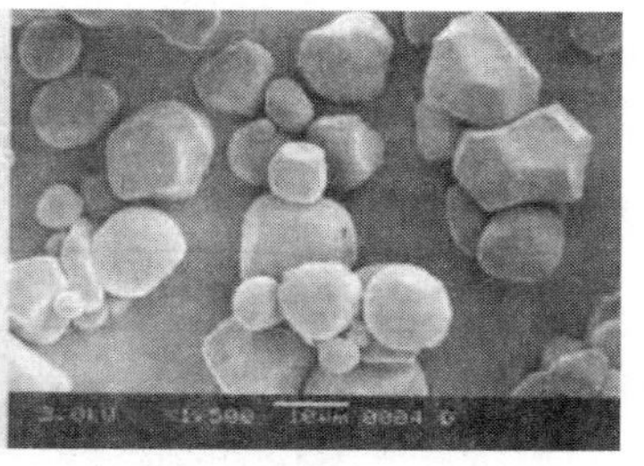

(d)甘薯淀粉（经酸处理）(×1500)

图3-1　电子显微镜下的淀粉颗粒外形

淀粉吸湿性大，含水率一般为10%～17%，视空气湿度而定。淀粉常温下不溶于水，搅拌条件下呈悬浊液状态(淀粉乳)，停止搅拌后一般立刻沉淀。随着温度不断升高，淀粉在水中性质变化比较复杂，其变化过程可分三个阶段。

(1)吸湿阶段。水温不高时，淀粉颗粒不溶于水，由于水的渗透压力作用，少量水分子扩散到淀粉颗粒中去，其体积略有膨胀，黏度无明显增加，属可逆膨胀。因此，各种变性淀粉的制备一般均在50℃以下的淀粉乳中进行，反应完成后可通过脱水、烘燥而恢复原有颗粒外观。

(2)膨胀阶段。随着温度升高，水的渗透压力逐渐增大，淀粉颗粒吸收的水分逐渐增多，膨胀了的颗粒在水中互相挤压，使原来稀薄的悬浊液黏度逐渐上升。当温度升高到一定值时，淀粉颗粒突然剧烈膨胀，颗粒开始破裂，直链淀粉从颗粒中流出，不透明的淀粉悬浊液开始变为透明的具有一定黏度的浆液。淀粉颗粒开始破坏的现象叫作开始糊化，此时的温度称为开始糊化温度。

(3)糊化阶段。达到糊化温度时，淀粉液黏度急剧上升(图3-2)。继续升高温度，黏度达到峰值，随着膨胀颗粒的破碎，黏度反而开始下降。高温状态下稳定一段时间后，黏度趋于稳定，黏度稳定的状态叫作完全糊化，此时的温度称为完全糊化温度。在此阶段中，更多的直链淀粉分子溶于水，支链淀粉分子的分支因温度升高而断裂，并溶于水，使黏度逐渐下降，大约1h后趋于稳定。若再降低温度，黏度虽可回升，但已不能恢复到原来最高点。

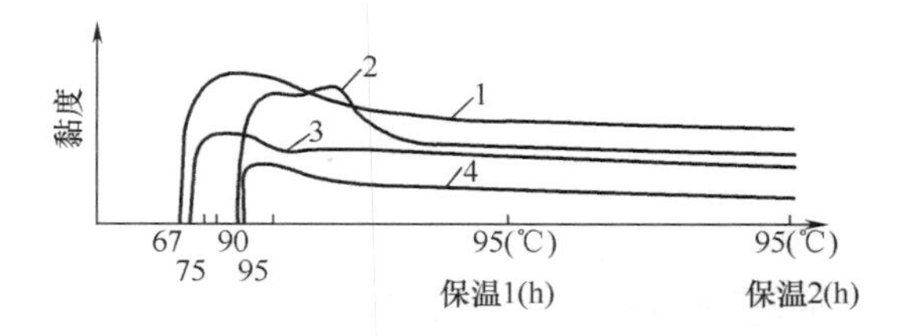

图3-2　几种淀粉浆的黏度曲线

1—芭芋淀粉　2—米淀粉　3—玉米淀粉　4—小麦淀粉

为稳定上浆质量，用于经纱上浆的淀粉浆液宜处于完全糊化阶段。糊化温度是淀粉上浆的一项重要指标，各种淀粉的糊化温度随品种、产地、成熟度和淀粉液浓度等的不同也有所差异。

实践证明,淀粉液浓度愈大,糊化温度愈低,即愈容易糊化。

5. 淀粉的浆用性能

(1)淀粉浆液的黏度。黏度是描述流体流动时内摩擦力的物理量,其大小反映了流动的难易程度。浆液黏度越大,浆液越黏稠,流动性就越差,此时浆液的被覆能力加强而浸透能力削弱,在上浆过程中,浆液黏度应保持稳定。

在国际单位制中,黏度的单位为帕·秒(Pa·s),1 Pa·s=1000 mPa·s。在CGS单位制中,黏度的单位是泊(P),1P=100cP(厘泊),20℃水的黏度为1.0087cP。1P=0.1 Pa·s或1cP=1mPa·s,Pa·s与P都是绝对黏度单位。此外,还使用相对黏度(η_r),它是液体的绝对黏度(η)与水的绝对黏度(η_0)之比。

$$\eta_r=\frac{\eta}{\eta_0} \tag{3-1}$$

在实验室,浆液的黏度一般用旋转黏度计和乌式黏度计测量,前者测得的是绝对黏度,后者测得的是相对黏度。在调浆和上浆生产现场,常用漏斗式黏度计,它用黄铜或不锈钢制成,以"水值"表示黏度计的规格。如水值为3.8s,就是漏完一漏斗水所需时间为3.8s。实验时将漏斗沉没在浆液中,停留一段时间后迅速提起,至漏斗下端离液面高度约10cm,以浆液从漏斗中漏完所需时间的秒数来衡量浆液黏度。

影响淀粉浆液黏度的因素比较复杂。一般来说,淀粉中含支链淀粉多者黏度大;聚合度越高,分子量越大,黏度越大;浆液的浓度越高,黏度越大;当浆液受到机械搅拌或温度改变时,其黏度也会改变,加速搅拌或温度升高黏度会随之降低;当浆液静置或冷却后,黏度能部分或全部恢复。另外,淀粉浆液的黏度还随时间延长而降低,因此,一次调制的浆液使用时间不宜过长。

(2)淀粉浆液的浸透性。淀粉浆液的黏度高,对纱线的浸透性差。淀粉经分解或变性处理后,其浸透性可得到改善。

淀粉浆在低温条件下易形成凝胶,浸透性变差。在浆纱机上,进入浆槽的经纱温度远远低于高温的浆液,经纱与浆液刚刚开始接触时,会使经纱周围的浆液局部呈凝胶状态,恶化了浸透性。因此,天然淀粉不适于低温上浆,可通过降低黏度、必要的分解、升高温度或添加表面活性剂等方法对浆液的浸透性加以改善。

(3)淀粉浆液的黏附性。两个或两个以上物体接触时,发生相互结合的能力称为黏附性。淀粉大分子的多羟基结构使其具有较强的极性,淀粉浆液对含有相同基团或极性较强的纤维材料(如棉、麻、黏胶纤维等)具有较高的黏附力,而对疏水性纤维的黏附力则较差。

(4)淀粉浆的成膜性。淀粉浆形成的浆膜比较脆硬,强度大,但弹性较差,断裂伸长小。以淀粉作为主浆料调浆时需加入柔软剂,以增加浆膜的弹性、柔韧性,改善浆纱手感,但浆膜机械强度会降低,因此,柔软剂的加入量应适度。淀粉浆膜过分干燥时会变脆,易从纱身上脱落,在气候干燥季节或车间湿度偏低时,还要加入吸湿剂,以改善浆膜弹性,减少落浆。

(二)变性淀粉

以天然淀粉为母体,通过化学、物理、生物等方法使其性能发生显著变化而得到的产品称为变性淀粉。对浆料用淀粉进行变性处理,可以降低浆液的黏度并提高黏度稳定性,改善流动性与浸透性;通过结构设计改善浆液的成膜性;在淀粉分子中引入特定基团,改善对合成纤维的上浆性能。

淀粉大分子结构中的甙键及羟基决定着淀粉的物理、化学性能,也是对淀粉进行各种变性处理的基础。变性淀粉技术正在不断发展,产品层出不穷,各种变性淀粉的变性方法和目的见表3－3。

表3－3　各种变性淀粉的变性方法和目的

发展阶段	第一代变性淀粉 ——转化淀粉	第二代变性淀粉 ——淀粉衍生物	第三代变性淀粉 ——接枝淀粉
品种	糊精、酸解淀粉、氧化淀粉	交联淀粉、酯化淀粉、醚化淀粉、阳离子淀粉	各种接枝淀粉
变性方法	解聚反应、氧化反应	通过交联、酯化、醚化反应,引入化学基团或低分子化合物	接入具有一定聚合度的合成物
变性目的	降低聚合度及黏度,提高水分散性,提高使用浓度	提高对合纤黏附性,增加浆膜柔韧性,提高水分散性,稳定浆液浓度	兼有淀粉及接入合成物的优点,代替全部或大部合成浆料

下面介绍几种浆纱常用的变性淀粉。

1. 酸解淀粉　在淀粉悬浊液中加入无机酸溶液,利用酸可以降低淀粉分子中甙键的活化能的原理,使甙键断裂,淀粉发生水解反应,大分子聚合度降低,形成酸解淀粉。在此过程中,酸仅作为催化剂而不参与反应,不同的酸催化作用不同,最常用的是盐酸。当淀粉达到预期水解程度或黏度时,用碱中和使水解反应终止。

酸解淀粉的颗粒与原淀粉类似。在水中加热时,酸解淀粉颗粒容易分散,体积膨胀小,糊化温度降低,容易达到完全糊化状态。由于分子量降低,故成浆后浆液黏度低、流动性好,浸透性与黏附力得到改善,但黏度稳定性比原淀粉略有下降。酸解淀粉浆膜较脆硬,与原淀粉相似。

酸解淀粉适用于棉、粘胶纤维、麻等亲水性纤维纱线上浆,亦可与其他浆料混合,用于涤棉混纺纱上浆,可代替10%～30%的合成浆料。

2. 氧化淀粉　淀粉与强氧化剂作用,使淀粉大分子链中的甙键断裂,聚合度降低,羟基被氧化成醛基和羧基,所形成的产品称为氧化淀粉。分解程度与羧基含量是氧化淀粉的主要质量指标。

氧化淀粉色泽较原淀粉白,在显微镜下可观察到颗粒有径向裂纹,裂纹数随氧化程度增加而增加。氧化淀粉容易糊化,浆液黏度可调节范围大,黏度低且稳定性好,浆液流动性好,浸透能力强,在低温时不易凝胶。由于羧基的存在,提高了对亲水性纤维的黏附性,形成的浆膜坚韧,浆膜可溶性好,退浆容易。

氧化淀粉适用于细特高密纯棉纱、苎麻纱及粘胶纱的上浆,与PVA、丙烯酸类浆料有较好的混溶性,可用于涤/棉、涤/粘等混纺纱上浆。

3. 酯化淀粉 淀粉大分子中的羟基与无机酸或有机酸发生酯化反应，生成酯化淀粉。用于上浆的主要是醋酸酯淀粉、磷酸酯淀粉、氨基甲酸酯淀粉等。酯化淀粉的酯化程度以取代度表示，它是指淀粉大分子中每个葡萄糖基环上羟基的氢被取代的平均数，由于每个葡萄糖剩基上有三个羟基，因此取代度在 0 ~ 3 之间。

酯化淀粉的浆液黏度稳定，流动性好，不易凝胶，浆膜较柔韧。由于淀粉大分子中带有疏水性酯基，因此对疏水性合纤的黏附性、亲和力强，在聚酯纤维纯纺或混纺纱上浆有较好的效果。

4. 醚化淀粉 淀粉大分子中的羟基被醇、卤代烃等醚化，生成的产品称为醚化淀粉。醚化淀粉的醚化程度也用取代度表示，醚化基团的性能和取代度影响醚化淀粉的亲水性和水溶性。醚化淀粉种类很多，在经纱上浆中应用较多的有羧甲基淀粉（CMS）、羟乙基淀粉（HES）、羟丙基淀粉（HPS）等。

醚化淀粉的浆液黏度稳定，浆膜较柔韧，对纤维素纤维有良好的黏附性。低温下浆液无凝胶倾向，适于羊毛、粘胶纤维纱的低温上浆（55 ~ 65℃）。醚化淀粉具有良好的混溶性，加入一定量的醚化淀粉，能使混合浆调制均匀。

5. 交联淀粉 淀粉是一种多羟基化合物，淀粉大分子间通过酯化、醚化等反应，形成与化学键连接的交联状大分子，即为交联淀粉。交联淀粉实质上是用化学键代替了淀粉分子间的部分氢键，强化了淀粉颗粒中的分子间连接。由于淀粉交联后成为分支型大分子，黏度会提高，为适应上浆的要求，在交联时（或交联前），必须通过酸解或氧化的方法降低淀粉聚合度。

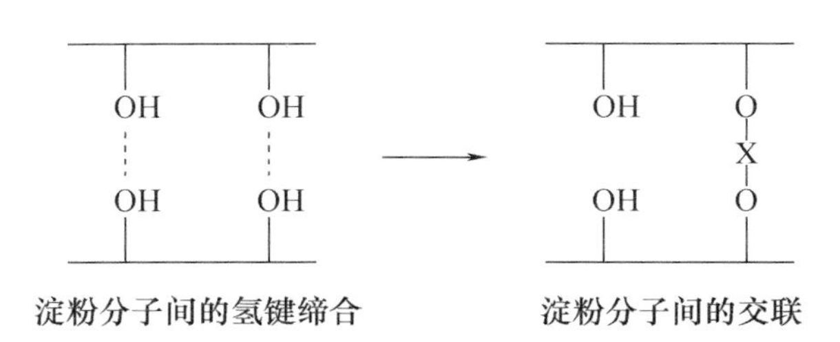

淀粉分子间的氢键缔合　　淀粉分子间的交联

交联淀粉黏度热稳定性好，浆膜硬而脆，刚度大、伸长小。浆纱中，一般使用低交联度的交联淀粉用于以被覆为主的经纱上浆，如麻纱、毛纱上浆，也可与低黏度的合成浆料混合，用于涤棉、涤麻、涤粘等混纺纱上浆。

6. 接枝淀粉 为了改善淀粉浆浆膜脆、吸湿性差、对疏水性纤维黏附力差的缺点，将某些高分子单体的低聚物接枝到淀粉大分子上，使淀粉主链上产生由高分子单体构成的侧链，形成接枝淀粉。

接枝淀粉兼有淀粉和高分子单体构成的侧链两者的长处，又平抑了两者的不足，表现出优良的综合上浆性能。比如，以淀粉作为骨架大分子，把丙烯酸酯类的化合物作为支链接到淀粉上，所形成的接枝淀粉共聚物兼有淀粉和丙烯酸酯类浆料的特性。以丙烯酸酯或醋酸乙烯酯接枝的淀粉可以对涤棉纱和合纤上浆，并且淀粉浆膜的柔软性和弹性得到改善。与其他变性淀粉相比，接枝淀粉对疏水性纤维的黏着性、浆膜弹性、成膜性、伸度及浆液黏度稳定性均有很大提高。

接枝淀粉将廉价、来源广的天然淀粉与浆用性能优越的合成物结合在一起，互相取长补短，提高了天然淀粉的使用价值，扩大了应用范围，可用于疏水性纤维上浆，部分代替或全部代替合成浆料，是很有前途的一种变性淀粉。

（三）聚乙烯醇（PVA）

聚乙烯醇（PVA）是一种典型的水溶性高分子化合物，由聚醋酸乙烯通过醇解制成。根据聚乙烯醇大分子中的乙烯醇单元占整个单元的摩尔分数比（mol/mol）%，称之为醇解度，PVA 有完全醇解 PVA（FH－PVA）和部分醇解 PVA（PH－PVA），它们的结构式如下：

完全醇解 PVA $\left[CH_2-\underset{\displaystyle OH}{\underset{|}{CH}} \right]_n$

部分醇解 PVA $\left[CH_2-\underset{\displaystyle OH}{\underset{|}{CH}} \right]_x \left[CH_2-\underset{\displaystyle OCOCH_3}{\underset{|}{CH}} \right]_y$

完全醇解 PVA 为均聚合物，侧基中只有羟基，n 为聚合度，醇解度（98 ± 1）mol%，制造维纶的纺丝级聚乙烯醇，醇解度在 99.8mol% 以上；部分醇解 PVA 为乙烯醇与醋酸乙烯共聚物，侧基中既有羟基又有酯基，聚合度 $n = x + y$，醇解度在（88 ± 1）mol%。浆料级 PVA 的醇解度在 87～98mol%，聚合度为 500～2000。醇解度和聚合度显著影响 PVA 的性能，是 PVA 的重要指标，因此，产品规格一般以醇解度和聚合来编号、分类，例如国产 PVA 1799、PVA 0588，表明聚合度分别为 1700 和 500，醇解度分别为（99 ± 1）mol%、（88 ± 1）mol%。

1. PVA 的一般性质 PVA 的外观为白色或微黄色，其白度与色泽受反应温度及空气接触时间的影响，成品为粉末、颗粒、片状或絮状，密度在 1.19～1.27g/cm^2 之间。

2. PVA 的浆用性能

（1）水溶性。PVA 大分子带有许多羟基，是一种亲水性的高分子化合物，水溶液的稳定性好，耐酸、耐碱、久放不变质。PVA 的水溶性主要取决于聚合度及醇解度。聚合度越高，溶解速率越低。如聚合度为 500 的 PVA 在室温下即可溶解，而聚合度为 1700 时，在 80℃ 以上才能溶解。这是由于聚合度高，分子间引力大，要克服分子间的引力，均匀地分散在水分子之间就显得困难。

醇解度对水溶性的影响较复杂。完全醇解 PVA 尽管大分子中含有较多的羟基，但大分子间及分子内的多数羟基被氢键缔合在一起，以致与水分子的结合能力很弱，水溶性很差。例如，醇解度大于 99mol% 的纺丝型 PVA，加热到 95℃ 以上才开始溶解于水，接近沸点时才能完全溶解。醇解度为 89～95mol% 的 PVA，加热到 70～80℃ 才开始溶解。醇解度为 85～88mol% 的 PVA 水溶性最好，在冷水或热水中都能很快溶解。原因是部分醇解 PVA 中少量醋酸残基的存在，削弱了 PVA 大分子之间氢键缔合，自由羟基多，水分子易于渗入到 PVA 大分子之间而溶剂化。而 PVA 醇解度过低，则疏水性醋酸基含量过多，羟基数减少，PVA 亲水性降低。如醇解度为 80～75mol% 的 PVA，虽可溶解于冷水，但在热水中有析出沉淀的倾向，更低醇解度的 PVA 呈非水溶性。

实验表明，一般 PVA 的溶解时间为 1～2h 时，过多的延长溶解时间是没有必要的。纺织厂检验 PVA 是否完全溶解，常以浆液中是否有白星为准。白星是 PVA 的不溶物，易造成浆纱并头、粘连等疵点，对浆纱质量不利，可以通过过滤浆液或在调浆前对 PVA 颗粒状进行研磨解决。

（2）黏度。PVA 水溶液的黏度与其聚合度、醇解度、浓度和温度有密切关系。黏度随聚合度、浓度升高而升高，随温度的升高而降低。在其他条件相同时，醇解度为 87mol% 左右的 PVA 黏度最低，因这种 PVA 溶解性最好；低于或高于 87mol% 的 PVA，随着醇解度降低或升高，黏度均升高。完全醇解 PVA 溶液的黏度随着存放时间的增加而增大，有的甚至形成凝胶，而部分醇解 PVA 溶液的黏度受时间影响甚微。

（3）浸透性。一般认为 PVA 是被覆性浆料，但其浸透性 > 淀粉 > CMC 浆料，随着浓度、聚合度、黏度增加，浸透性下降。部分醇解的 PVA 较完全醇解的 PVA 浸透性好。

（4）黏附性。PVA 对各种纤维的黏附性都比天然浆料为好，但不同型号 PVA 对不同纤维的黏附性有显著差异。对亲水性纤维的黏附性，完全醇解 PVA 优于部分醇解 PVA；对疏水性纤维的黏附性，部分醇解 PVA 优于完全溶解 PVA。但是 PVA 浆料内聚强度大于浆与纱之间的黏着力，导致分纱时浆膜易破裂，使毛羽增加。为此，在 PVA 浆液中往往混入部分浆膜强度较低的黏着剂（如 CMC、玉米淀粉、变性淀粉等），以改善干浆纱的分纱性能。

（5）浆膜性能。PVA 浆料成膜性好，其浆膜性能常被形容为“坚而韧”，具有耐磨强、耐屈曲强度高、弹性好的特点，是现有浆料中成膜性能最好的一种浆料。但静置时水分蒸发，浆液表面有结皮现象，完全醇解 PVA 静置 1 ~ 2min，部分醇解 4 ~ 5min 会发生结皮。浆液结皮后再开车，皮膜不易消失，经纱容易产生浆斑，引起织造时经纱断头的增加，所以纺织厂常采用低温上浆工艺。PVA 聚合度越高，浆膜强度也越高，醇解度在 85 ~ 95mol% 范围内影响不明显，当醇解度大于 95mol% 以上时，强度会显著增加。

PVA 大分子中的羟基使浆膜具有一定的吸湿性能，当相对湿度在 60 ~ 65mol% 以上时浆膜坚韧，可充分发挥其优良的力学性能；若相对湿度在 40% 以下时，浆膜硬而脆，不具备上浆工艺效果。吸湿性随着醇解度的增加而降低，原因是羟基的氢键缔合作用。低聚合度的吸湿性比高聚合度 PVA 强。

虽然 PVA 是一种水溶性很好的浆料，但经过上浆、烘燥成膜后其再溶性发生了一定变化。PVA 浆膜在高温烘燥时有结晶倾向，温度越高，结晶度越大，越难溶解。一般情况下，只要温度不超过 140℃，加热时间又不长，性质不会发生很大变化，如果加热时间长，即变得难溶于水，不利于退浆。过氧化物（如 H_2O_2）能使 PVA 的主链断裂而发生解聚分解，可作为 PVA 浆的退浆剂。

（6）混溶性。PVA 与合成浆料的混溶性好，混合液较稳定，不易发生分层现象。但与等量的天然淀粉混溶性差，易分层。

3. PVA 浆料的选用原则 对短纤维纱上浆，要求浆液既要浸透到纱线内部，使纤维相互黏合增加抱合力，又要求浆液能形成完整的浆膜被覆于纱的表面，以贴伏毛羽承受摩擦，因此聚合度以 1000 ~ 1400 为宜，最大不应超过 1700。对长丝上浆，要求浆液浸入单纤维之间增加其集束性，应选用低聚合度 PVA，聚合度以 200 ~ 300 为宜，最大不应超过 500。

关于醇解度的选择，对于亲水性强的棉、麻、粘胶等纤维，用含有多羟基的完全醇解 PVA 为宜。对于疏水性强的涤纶、锦纶、醋酸纤维等,宜选用部分醇解 PVA,它们之间亲和性好,黏附力大。

4. 变性 PVA 浆料 PVA 浆料在上浆时有结皮、起泡、对合纤黏附性不足以及分纱困难等缺点,为了克服这些缺点,可以对 PVA 进行变性处理。其原理是利用醋酸乙烯的双键、酯基及醇解后羟基的化学活泼性,改变侧链基团或结构;或引入其他单体成为以 PVA 为主体的共聚物;或引入其他官能团以改变 PVA 大分子的化学结构。如在醋酸乙烯聚合时加入少量丙烯酰胺使之共聚,得到丙烯酰胺变性 PVA;以不饱和羧酸酯(如丙烯酸酯)参与共聚再内酯化,得到内酯化变性 PVA;以丙烯基磺酸盐共聚的磺化变性 PVA;引入低聚合度的丙烯酸类物质的接枝变性 PVA。

(四)丙烯酸类浆料

丙烯酸类浆料是丙烯酸类单体的均聚物、共聚物或共混物的总称,其性能主要取决于组成单体本身的性能及其配比,聚合工艺也有较大影响。此类浆料最大特点是:水溶性好,对疏水性纤维黏附性强,成膜性好,浆膜柔软,不易结皮,易于退浆,对环境污染小。但其浆膜强度较低,吸湿性和再黏性强,所以只能作辅助浆料使用。丙烯酸类浆料的发展非常迅速,已从二元、三元共聚发展为多元共聚。常用的丙烯酸类浆料有丙烯酸及其盐类、丙烯酸酯类、酰胺类。

1. 丙烯酸甲酯浆料 丙烯酸甲酯浆料(简称 PMA),习惯上称为甲酯浆,外观为乳白色半透明凝胶体,有大蒜味,具有较好的水溶性,可与任何比例的水互溶,黏度较为稳定。由于它的侧链中主要是非极性的酯基,分子链间的作用力较小,因此浆膜强力低,伸度大,急弹性变形小,弹性差,是一种低强高伸、柔而不坚的浆料,对疏水性纤维有很高的黏附性,但有再黏性现象,在车间温度较高时纱线易粘连。聚丙烯酸甲酯浆料主要用于涤棉、涤粘等混纺经纱上浆的辅助黏着剂,以改善纱线的柔软性及浆料的黏附性。

2. 聚丙烯酰胺浆料 聚丙烯酰胺浆料(简称为 PAAm)习惯上称为酰胺浆,是一种无色透明黏稠体,含固量可以达到20% ~30%。聚丙烯酰胺具有良好的水溶性,能与任何比例的水混溶,但在水中遇到无机离子(如 Ca^{2+}、Mg^{2+} 等)会产生絮凝沉降作用,且黏度下降。聚丙烯酰胺浆料成膜性好,侧基为较活泼的能互相形成氢键的极性酰胺基,因而浆膜强度高,伸度低,是一种高强低伸、坚而不柔的浆料,对棉纤维有良好的黏附性,用于苎麻、棉、粘胶纤维、涤/棉织物经纱的上浆有良好的效果。

3. 醋酸乙烯酯丙烯酰胺共聚浆料 醋酸乙烯酯丙烯酰胺共聚浆料呈乳白色黏稠状体,黏度较高,含固量可达25% ~30%。醋酸乙烯酯丙烯酰胺共聚浆料的性能介于聚丙烯酸甲酯和聚丙烯酰胺浆料之间,对疏水性纤维的黏着力虽然没有聚丙酸甲酯浆料好,但由于醋酸乙烯酯丙烯酰胺共聚浆料没有大蒜味,对人体无害,所以在生产中大都替代聚丙烯酸甲酯用于涤棉混纺经纱的上浆。

4. 聚丙烯酸盐多元共聚浆料 聚丙烯酸盐多元共聚浆料是利用两种或两种以上不同性能的单体,并以不同配比,在一定温度条件下进行共聚,以获得不同性能的浆料,如良好的黏着性、水溶性、耐磨性以及较低的吸湿性。例如丙烯酸和丙烯酰胺的共聚物(钠盐或氨盐),丙烯酸、丙烯腈和丙烯酰胺的共聚物,或丙烯酸、丙烯酰胺、醋酸乙烯酯和丙烯腈的四元单体共聚物等,共聚后再用氢氧化钠或氨水中和得到其钠盐或氨盐。这类浆料含固量可以达到25%～30%，黏度可根据需要调节，对亲水性纤维的黏附性较好，广泛用于棉、粘胶纤维、苎麻、涤/棉等织物经纱的上浆。

5. 喷水织机疏水性合纤长丝用浆料 该类浆料包括聚丙烯酸盐类和水分散型聚丙烯酸酯两类。聚丙烯酸盐类浆料含有极性基（$—COONH_4$），使浆料具有水溶性，满足调浆的需要。烘燥时铵盐分解放出氨气，成为含有羧基（—COOH）基团吸湿性低的浆料，使浆膜在织造时具有耐水性，符合喷水织造的要求。织物退浆时用碱液煮练，浆料变成具有水溶性基团的聚丙烯酸钠盐，达到退浆目的。近年来开发的水分散型聚丙烯酸酯乳液浆料，对疏水性纤维有良好的黏附力，烘燥时随水分子的逸出，乳胶粒子相互融合，形成具有耐水性的连续浆膜，它的耐水性优于聚丙烯酸盐类浆料，织物退浆亦用碱液煮练。

（五）其他黏着剂

1. 羧甲基纤维素（CMC） 常用的纤维素衍生物浆料是羧甲基纤维素（CMC），是由纤维素经碱化、醚化反应制得，工业上常用的是其钠盐。

CMC的聚合度一般在300～500之间。CMC聚合度对水溶液黏度的影响很大，平均聚合度越大，其水溶液的黏度越大；反之则越小。CMC浆液的黏度随着温度的提高而下降；温度下降，黏度又重新回升。对于高黏度品种，这种现象更为明显。黏度与pH值有密切关系，当pH值为7时，黏度最大；pH值大于或小于7时，黏度都会下降；当pH值≤5时，会析出沉淀物。过度的机械搅拌也会使黏度下降。

CMC分子中具有极性基团（—COONa），对纤维素纤维具有良好的黏附性与亲和力，一般在纯棉细特纱上浆中使用。CMC浆膜光滑、柔韧，强度也较高，但浆膜手感过软，浆纱刚性较差；浆膜吸湿性好，车间湿度大时浆膜易吸湿发软、发黏。CMC浆液具有良好的乳化性能，能与各种浆料、助剂进行均匀混合，是一种优异的混溶剂，一般不单独作为主浆料使用。

2. 褐藻酸钠 褐藻酸钠是以海藻中的一种褐藻为原料制成，俗称海藻胶、褐藻胶或藻酸钠等，多为海带制取碘和甘露醇的副产品。

褐藻酸钠用于经纱上浆的优点是：黏着力较强，成膜性好，高温上浆黏度稳定，上浆均匀，浆纱滑爽，剩浆结皮在高温下搅拌即可溶解。其缺点是：浸透性差，易起泡，色泽稍差并有腥味。

褐藻酸钠浆料一般用于纯棉中粗特品种经纱上浆，也可与淀粉、合成浆料混合用于高密品种及化纤混纺品种。

3. 动物胶 动物胶属于硬朊类蛋白质，是由各种氨基酸的羧基（—COOH）与相邻的亚氨基（—NHR）首尾相连而成，从动物骨、皮等结缔组织中提取得到。动物胶可分为明胶、皮胶、骨胶等，精制品明胶为无味、无臭、无色或带黄色的透明体，皮胶呈棕色半透明状，骨胶呈红棕色半透明状。

动物胶主要在毛纱、粘胶丝或醋酯长丝等浆纱生产中使用，黏附力很强，其中以明胶最好、皮胶次之、骨胶最差。用动物胶上浆后的纱线强度及耐磨性，有很大改善。但浆膜粗硬，缺乏弹性，容易脆裂，落浆较多，胶液的浸透性较差。因此，在动物胶的浆液调配时，应添加柔软剂及浸透剂，以改善浆膜性能与吸浆条件。如使用时间较长或气候潮湿时，应添加防腐剂。由于蛋白质的表面张力低，动物胶液容易起泡，调浆时升温速度要缓慢，搅拌要温和，起泡严重时可加入适量的消泡剂。

4. 特种浆料　用于特种纤维的经纱上浆以及在特种要求或特种加工方式上应用的浆料。

(1)聚乙二醇和聚氧乙烯。聚乙二醇和聚氧乙烯是两种水溶性高分子材料，都是由环氧乙烷与水或乙二醇逐步加成而制得的，相对分子质量低于2万的被称为聚乙二醇；高于2万的被称为聚氧乙烯。在外观形态上聚乙二醇呈液态或蜡状固态，聚氧乙烯是粉末状或粒状固体。

聚乙二醇具有良好的黏附性和成膜性，用在化学纤维轮胎上浆，可改善与橡胶的粘结性；能给予疏水性纤维如锦纶、涤纶纱线以耐磨、润滑和抗静电的复合性能。利用它的低温水溶解特点，可用于粘胶、羊毛等必须低温上浆的纤维，因而被一些文献称之为“冷上浆剂”。鉴于其熔点只有50～60℃，可用它的本体上浆，只需吹冷风，可室温凝固，不必再烘燥。

聚氧乙烯的浆膜坚韧，弹性好，吸湿性低，易于退浆，对醋酯丝、涤/棉混纺纱、精梳毛纱等多种纤维具有优异的黏附性，少量上浆就能达到高的织造效果，尤其是对玻璃纤维、碳纤维具有良好的黏附性，可作为这些纤维的上浆剂与整理剂。聚氧乙烯在纺织工业中另一个用途是抽丝制成水溶性纤维，与其他纤维混纺可制得高档的纺织品。

(2)聚乙烯吡咯烷酮。聚乙烯吡咯烷酮简称PVP，是一种非离子型的水溶性高分子化合物，既能溶于水，又能溶于大部分有机溶剂，毒性低、生理相容性好。它对许多物质有优异的黏附能力，是玻璃、金属等纤维的优良浆料，也可用于三醋酯丝及特种纤维上浆。

几种常用黏着剂的浆膜性能比较如下。

断裂强度：淀粉 > PVA > CMC > 褐藻酸钠 > 丙烯酸类浆料。

断裂伸长：丙烯酸类浆料 > PVA > CMC≥褐藻酸钠≥淀粉。

耐磨性：PVA > 丙烯酸类浆料 > CMC > 褐藻酸钠 > 淀粉。

柔软性：聚丙烯酸类浆料 > PVA > CMC > 褐藻酸钠 > 淀粉。

以上比较仅就浆膜本身而言，是在静态状况下的测试结果。如果结合上浆工艺考虑上浆效果，还需考虑浆液对纤维的亲和性、浆膜与纤维弹性伸长是否相适应的问题。

二、助剂

助剂是用以改善黏着剂某些性能不足的辅助材料。助剂的种类很多，一般都没有自粘性，对黏着剂的成膜性和黏附性有一定消极影响，因此助剂的用量应有一定限度，应根据主浆料(黏着剂)及纤维性能要求，在满足织造要求的前提下以少用为宜。

(一)淀粉分解剂

天然淀粉分子量大，调浆后黏度很高，导致浆液不易浸透到经纱内部，同时浆膜厚硬，粗糙不匀，上浆效果不够理想。因此，在调制原淀粉浆液时需要使用分解剂，将淀粉部分地加以分解，使其平均分子量降低，部分淀粉变为可溶性淀粉，并使浆液的黏度较快达到稳定状态。淀粉的分解方法很多，有化学分解、生物分解和物理分解三种。化学分解包括酸、碱和氧化剂分解法；物理分解包括热分解法、机械分解法和超声波分解法；生物分解是利用酵素、酶对淀粉进行分解。

纺织厂广泛采用的是碱性分解剂。碱对淀粉的作用有两种情况:淀粉对碱的吸收作用和碱对淀粉的分解作用。淀粉对碱吸收的结果,使淀粉粒子膨胀,黏度增加。在高温及氧存在条件下,碱对淀粉进行分解作用,淀粉大分子断裂,黏度下降。常用的碱分解剂有硅酸钠和氢氧化钠。硅酸钠用量一般为淀粉重量的4% ~8%,氢氧化钠用量为淀粉重量的0.5% ~1%。

应当指出,淀粉生浆在未加硅酸钠之前,应先中和其中的酸分,以免硅酸钠与酸作用析出二氧化硅。当以各种变性淀粉作主浆料时,由于变性淀粉的聚合度已经比较低,因此不必再添加淀粉分解剂。

(二)浸透剂

在经纱上浆过程中需要有一定量的浆液浸透到纱的内部,通过黏合作用增加纤维间抱合力并提高浆膜与纱线间的黏附力。浆液属于粘稠性液体,具有较大的表面张力,加之经纱通过浆槽的时间短、纤维间隙中有空气等各种不利于浸透的因素存在,使得浆液不易浸透到经纱内部,因此需要在浆液中加入浸透剂,以增加浆液对经纱的浸透作用。

浸透剂(又称润湿剂)属于表面活性剂,它通过在浆液表面定向吸附来减小浆液的表面张力,乳化经纱纤维上的油脂,如棉纤维上的棉蜡、合成纤维上的纺丝油剂等,增大浆液的浸透性,使浆液迅速、均匀地浸透到经纱内部,从而达到提高浆纱质量的目的。

浆纱所用的浸透剂通常为阴离子型或非离子型表面活性剂,中性或弱碱性浆液宜使用阴离子型表面活性剂,酸性浆液宜使用非离子型表面活性剂。同时,表面活性剂要低泡,避免在调浆及上浆过程中产生过多泡沫,影响上浆质量。

在疏水性合成纤维上浆,或者高浓度、高黏度浆液上浆时,必须使用浸透剂。亲水性较好的棉纱可以不用,但细特、高捻或精梳棉纱上浆时亦可使用,其用量为黏着剂的1%以下。

(三)柔软平滑剂

某些黏着剂(如淀粉、胶类等)在经纱上形成的浆膜比较粗糙、硬脆,在织造过程中容易产生脆断头。因此,在调浆中应加入一定量的柔软平滑剂,使黏着剂分子之间结合松弛,增加其可塑性,使得浆膜柔软,保持原纱伸长性能,还能增大浆膜的平滑性,降低浆纱的摩擦系数。

可以用作柔软平滑剂的物质很多,大体上可分为油脂类、蜡类和合成油剂类。上浆后处于浆膜表面的油粒子起平滑、耐磨作用,粒子大、分布均匀的平滑性好;进入浆膜内部的油脂增大浆膜的可塑性,起柔软和保伸作用,可溶性好、粒子小而分布较匀的,柔软性好。蜡类和矿物油的平滑性良好,但它们的柔软性较差。油类柔软性良好,但它们的平滑性较差。淀粉和动物胶的浆膜硬而脆,以用柔软性好的柔软平滑剂为主;而本身柔软的丙烯酸类浆料,则应以平滑、耐磨为主。

(四)抗静电剂

合成纤维的吸湿性和导电性都比较差,摩擦所产生的电荷不易消失,使纱线松散、毛羽竖立,织造时相邻纱会互相缠结,经纱断头增加,影响织造顺利进行;且织成的织物容易吸附尘屑,影响织物质量。为了克服上述缺点,可在浆液中加入静电消除剂,以增大纤维导电性能,防止静电积聚,改善纱线在加工过程中的性能。

静电消除剂包括离子型和吸湿型两类。前者是由物质本身电离,使纱线具有导电性;吸湿型抗静电剂为亲水性物质，通过吸湿提高纱线的导电性能。离子型抗静电剂比吸湿型的抗静电性能好。常用的静电消除剂有抗静电剂 MPN（也称抗静电 P）、静电消除剂 SN 等。

（五）吸湿剂

浆膜的含湿大小对浆纱强度、弹性和耐磨性均有较大影响。若含湿过小，浆膜硬脆，自身的弹性和耐屈曲性下降，引起浆纱脆断头；若含湿太大，浆膜发黏，强度和耐磨性下降，导致织造困难。一般化学浆料特别是丙烯酸系浆料的柔软性很大，不必使用吸湿剂和柔软剂。淀粉浆膜脆硬，吸湿不足时易脆裂、落浆，当经纱上浆率大、车间湿度偏小或气候干燥时，需要使用吸湿剂。

丙三醇（甘油）是常用的吸湿剂，它是无色透明的黏稠液体，对浆纱还具有一定的柔软及防腐作用，用量一般为淀粉重量的1% ~2% 。此外，具有大量亲水基团的物质（如尿素）以及表面活性剂也可作吸湿剂使用。

（六）消泡剂

泡沫是气体被液体薄膜包围起来的球状物。浆液中如果泡沫太多，既不利于浆纱操作，还容易产生轻浆或上浆不匀疵点，影响上浆率的稳定。浆液起泡的原因有很多，如淀粉浆料中的蛋白质，部分醇解 PVA 中酯基的存在，机械搅拌条件、调浆用水等。黏度大的浆液中泡沫“寿命”也长。

消泡剂是能破坏泡沫的物质，常用的有油脂、硬脂酸、碳链为 5 ~8 的醇类、乙醚和松节油等。其原理是，当油脂类物质的分子附着于液体薄膜的表面时，使膜壁局部的表面张力降低，泡沫因膜壁张力不匀而破裂。

（七）防腐剂

浆液中的淀粉、油脂和蛋白质等物质是微生物繁殖的良好营养剂，坯布在一定温、湿度条件下长期储存，会因浆料变质而在纱线及织物上出现霉斑。使用合成浆料上浆时，在潮湿季节，有时织物上也出现霉斑。因此，在浆液中往往需要加防腐剂，以抑制微生物生长。

浆液中所应用的防腐剂，不仅要有良好的防腐性能，而且对浆液、浆纱、坯布以及劳动条件等不应有不良影响。常用防腐剂有：2 - 萘酚、NL - 4，氯化锌、水杨酸、苯酚等。2 - 萘酚的防腐效能与浆液的 pH 值有关，在酸性浆中效能最强，碱性浆次之，中性浆最差，一般碱性浆用量为黏着剂的 0. 2% ~0. 4% ，酸性浆为黏着剂的 0. 15% ~0. 3% 。NL - 4 防腐剂的主要成分为二羟基二氯二苯基甲烷，又称双氯酚，简称 DDM，用量基本同 2 - 萘酚用量相仿。

三、溶剂

调制浆液通常用水作溶剂。普通水中都含有钙、镁、铁和铝等盐类，根据这些盐类含量的多少将水分为硬水和软水。我国水的硬度表示方法：1L 水中含有相当于 10mg 的氧化钙盐的硬度称为 1 度，8 度以下的叫软水，在 8 度及以上属于硬水范围。

钙、镁等盐类与肥皂生成不溶于水的钙、镁金属皂，后者沉积在经纱上不易洗掉，退浆困难，染色时容易染花。另外，水的硬度过大时会使淀粉浆液黏度下降。因此，调制浆液用水的硬度以不超过 10 度为宜，最好使用 5 度左右的水。浆纱机排出的凝结水用来调浆比较理想。

四、即用(组合)浆料

即用浆料系按上浆工艺对浆料性能的多种要求,由各类化学合成浆料、变性淀粉和助剂等共聚或复合而成的一种固体浆料。它在使用时,一般不必再加辅助浆料,因而使用方便,上浆效果较好,并能简化调浆程序和节约能源。

即用浆料的发展有两条技术路线:一条以变性 PVA 为主辅以变性淀粉;另一条以丙烯酸类共聚树脂为主辅以变性淀粉。即用浆料作为今后浆料发展方向之一,应以少组分、高性能、品种适应广为前提。变性淀粉、变性 PVA 和各种共聚浆料的研究开发为即用浆料提供了基础条件,尤其是接枝淀粉的研究和应用,使得少组分即用浆料这种设想成为可能。

第二节　浆液调制与质量控制

一、浆液配方

目前,用一种黏着剂往往无法满足上浆的要求,通常要使用两种或两种以上的浆料一起进行调浆。合理的配方是调浆的基础,浆液配方设计是浆纱生产中的重要环节,调浆时应根据浆液配方,严格按照调浆操作规程,定时、定量调制出符合质量标准的浆液。

浆液配方设计包括正确选择浆料组分、合理制定浆料配比两个方面的工作。制订新的浆液配方时既要进行理论分析,又要通过试验测定。在初步确定浆料配方之后,一般先进行小批量的实际生产试验,在取得完整的试验数据后,再确定实际使用的配方。

(一)浆料组分的选择

在确定浆液配方的组分时,要根据纤维种类、经纱特数、经纱结构、织物组织、织物密度以及工艺条件等,结合浆料来源合理配用黏着剂和助剂。

1. 根据纤维种类选择　根据经纱的纤维种类,依据“相似相容”原理选择黏着剂。当两种物质具有相同结构基团或相似极性时,彼此间具有良好的黏附性和亲和力。常用纤维和黏着剂的化学结构特点如表 3 – 4 所示。

表 3 – 4　常用纤维和黏着剂化学结构对照表

纤维		黏着剂	
种类	结构特点	种类	结构特点
棉	羟基	淀粉	羟基
粘胶	羟基	氧化淀粉	羟基、羧基
醋酯	羟基、酯基	褐藻酸钠	羟基、羧基
涤纶	酯基	CMC	羟基、羧甲基
锦纶	酰胺基	完全醇解 PVA	羟基
维纶	羟基	部分醇解 PVA	羟基、酯基

续表

纤维		黏着剂	
种类	结构特点	种类	结构特点
腈纶	腈基、酯基	聚丙烯酸酯	酯基、羧基
羊毛	酰胺基	聚丙烯酰胺	酰胺基
蚕丝	酰胺基	动物胶	酰胺基

由表 3－4 可见，纤维素类纤维如棉、韧皮纤维、粘胶纤维、醋酯纤维都含有羟基，与同样含有羟基的浆料如淀粉、褐藻酸钠、CMC、PVA 的黏着力很大。而羊毛、蚕丝和锦纶与动物胶、聚丙烯酰胺等浆料的黏着力好，因其都含有酰胺键。涤纶、醋酸纤维都含有酯基，与聚丙烯酸酯黏着力好。

涤/棉纱上浆一般用混合浆料，包含有分别对亲水性棉纤维和疏水性涤纶纤维具有良好亲和力的完全醇解 PVA、CMC 和聚丙烯酸甲酯。部分醇解 PVA 既有羟基又有酯基，虽然对涤棉纱具有较强的黏附性能，但考虑到价格因素很少单一使用。以天然淀粉或变性淀粉代替混合浆中部分 PVA，用于涤棉纱上浆，不仅能降低上浆成本，还可改善浆膜的分纱性能。

麻纱的表面毛羽耸立，使用以被覆上浆为特点的交联淀粉或 CMC、PVA、淀粉组成的混合浆料，可以获得较好的上浆效果。

依据纤维的种类和黏着剂，选用适当的助剂。如淀粉浆常配用分解剂、柔软剂、防腐剂、减摩剂；丙烯酸系浆膜本身很软，无需加用柔软剂，而应配用润滑剂；合成浆料可以少用防腐剂；动物胶应加防腐剂和柔软剂；碱性浆和褐藻酸钠浆应加消泡剂；合成纤维的吸湿性差，容易摩擦带电，应当使用吸湿剂和抗静电剂；蜡质多的棉纤维适当加用一点乳化剂和浸透剂。

2. 根据经纱特数与结构选择 细特纱所用原料较佳，弹性和断裂伸长率较大，表面光洁，毛羽少，但强度较低。上浆应以增强为主，兼顾被覆，耐磨为辅。应采用较高的上浆率，浆料质量要好，可考虑采用上浆性能优异的合成浆料，配方中应加入适量浸透剂。粗特经纱强度较高，但毛羽多，上浆以减摩为主，增强为辅，应以被覆为主，上浆率可低些。当经纱捻度大时，吸浆性能较差，应加浸透剂。

精梳纱捻度较低，上浆率应增加 1%～2%。股线一般不上浆，为了稳定捻度、贴伏毛羽，有时可以过水或者上 0.5%～2% 的轻浆。长丝纱要求集束性好，浆料的浸透性要好，黏着力要强。

3. 根据织物组织与密度、加工条件选择 织物组织不同，织造时单位长度经纱所受机械作用摩擦次数不同，例如在其他条件相同的情况下，平纹比斜纹的摩擦次数多，因此平纹织物的上浆率应比斜纹的大。同样是平纹组织，府绸比市布的经密大得多，织造时所受摩擦也大得多，上浆率应比市布高。织机车速高、经纱张力大时也是如此。

当车间湿度较低时，使用淀粉或动物胶作为主黏着剂的浆料中应加入适量吸湿剂，以免经纱因浆膜脆硬而失去弹性。

（二）浆料配比的确定

在选择好浆料的组分后，需要进一步确定各组分在配方中所占的比例。主要是优选各种黏着剂相对溶剂（通常是水）的用量比例，而助剂由于用量很少，可在确定黏着剂用量后，根据经验按黏着剂的用量计算决定。受纺织工艺研究水平的限制，目前还不能以理论分析的方法精确计算各组分的最优用量比例，一般要依靠工艺设计人员的生产经验以及反复的工艺试验，才能完成浆料配比的优化工作。

（三）浆液配方实例

1. 纯棉纱浆液配方 早期的纯棉纱上浆常采用天然淀粉，调浆时需添加分解剂（如硅酸钠），以降低浆液黏度。随着变性淀粉技术的进步，当前纯棉纱已普遍采用变性淀粉浆，具有上浆成本低、调浆过程简便、上浆效果好、对环境污染小等优点。细待高密品种（如府绸、防羽绒布等）上浆时，为了提高经纱可织性，常采用以变性淀粉为主的混合浆。浆液配方实例见表3－5。

表3－5 纯棉织物浆液配方实例

品种：经特×纬特（tex）经密×纬密（根/10cm）幅宽（cm）	浆液组分	上浆率（%）
粗平布 32×32 251.5×244 91.5	变性淀粉100%，乳化油2%，2－萘酚0.4%，NaOH 0.2%	6～8
市布 28×28 236×228 96.5	变性淀粉100%，乳化油2%，2－萘酚0.2%，NaOH 0.1%	8～10
细布 14×14 362×345 99	变性淀粉100%，PVA10%，乳化油2%，2－萘酚0.2%，NaOH 0.1%	10～11
纱府绸 14.5×14.5 523.5×283 96.5	变性淀粉100%，PVA20%，丙烯酸类10%，乳化油4%，2－萘酚0.4%，NaOH 0.2%	11～12
防羽布 J9.7×J9.7 551×551 160	变性淀粉100%，PVA50%，丙烯酸类10%，乳化油4%，2－萘酚0.4%，NaOH 0.2%	13～15
纱卡其 J24.3×J24.3 523×228 160	变性淀粉100%，PVA15%，乳化油2%，2－萘酚0.4%，NaOH 0.2%	11～12

2. 涤/棉纱浆液配方 涤纶含有酯基，对含有酯基的聚丙烯酸酯、部分醇解PVA较易黏附。涤/棉纱可以使用PVA为主的化学浆。近年来，变性淀粉开始部分取代PVA及其他化学浆料，用于涤/棉品种上浆。随涤棉纱纤维混纺比的变化，浆液配方各组分的比例也应加以调整。一般涤纶的比例越高，则疏水性浆料的含量应相应增加。表3－6为涤/棉（65/35）混纺织物浆液配方实例。

表3-6　涤/棉织物浆液配方实例

品种:经特×纬特(tex)经密×纬密(根/10cm)幅宽(cm)	浆液组分	上浆率(%)
细布 13×13 377.5×342.5　96.5	变性淀粉 50~60kg,PVA20~30kg,丙烯酸类 15kg,乳化油 2kg,2-萘酚 0.2kg,NaOH 0.1kg	10~11
纱府绸 13×13 523.5×283　119.5	变性淀粉 45~55kg,PVA25~35kg,丙烯酸类 15kg,乳化油 4kg,2-萘酚 0.2kg,NaOH 0.1kg	12~13
卡其 29×35 472×236　119.5	变性淀粉 50~60kg,PVA20~30kg,丙烯酸类 10kg,乳化油 4kg,2-萘酚 0.2kg,NaOH 0.1kg	11~12
防羽布 13×13 472×433　119.5	变性淀粉 40~50kg,PVA40~60kg,丙烯酸类 20kg,乳化油 2kg,2-萘酚 0.2kg,NaOH 0.1kg	12~14

3. 麻纱浆液配方　麻纱毛羽长、强力高,麻纤维伸长小,易产生脆断。麻纱上浆应以被覆为主,浸透为辅,浆膜要求柔软,弹性好,并有一定吸湿性。浆液配方以较高黏度的氧化淀粉为主黏着剂,辅以 PVA 或丙烯酸类浆料,适量加入油脂或其他柔软剂,有时还使用少量的甘油作为吸湿剂,以改善亚麻纱的粗糙度。麻纱浆液配方实例见表3-7。

表3-7　麻纱织物浆液配方实例

品种:经特×纬特(tex)经密×纬密(根/10cm)幅宽(cm)	浆液组分	上浆率(%)
苎麻纱平布 27.8×27.8	氧化淀粉 100kg,PVA 50kg,乳化油 6kg	8~10
苎麻纱平布 20.8×20.8	氧化淀粉 100kg,PVA 30kg,丙烯酸类 4kg,乳化油 6kg	10~12
55/45 亚麻/棉混纺纱 20.8×20.8 241×230　160cm	氧化淀粉 100kg,PVA 40kg,丙烯酸类 5kg,乳化油 5kg	11~13

注　表中丙烯酸酯共聚物折成100%固体量计算。

4. 毛纱浆液配方　毛纱通常以股线方式织造,在整经过程中施加乳化剂改善可织性。织造单纱或轻薄型毛织物,必须对毛经纱进行上浆,上浆重点是贴伏毛羽、加强浸透。原因是毛纱的毛羽长且富有弹性,毛纱上含有油脂不利于浆液的浸透和黏附。

由于羊毛纤维表面含有大量鳞片,很易毡缩,上浆温度不宜过高。精梳毛纱一般可用变性淀粉浆,也可加入少量明胶作辅助黏着剂。粗梳毛纱可用动物胶作主体浆料,目前多用可低温上浆的磷酸酯淀粉、羧甲基淀粉或尿素淀粉等变性淀粉,与 PVA、丙烯酸盐类或聚丙烯酰胺等合成浆料混合。毛纱上浆的湿态经纱张力不能过大,以免浆纱伸长过大;湿态经纱相互间尽可能不要接触,以免分纱时撕裂浆膜,导致毛羽大量增加。毛纱浆液配方实例见表3-8。

表 3-8 毛纱浆液配方实例

纱线品种	配方
粗梳毛纱(单纱)(31.5tex)	羧甲基淀粉 70kg,PVA(0588)0.14kg,明胶 2.5kg,甘油 2.5kg,蜡 2.0kg,油脂 0.5kg,润滑剂 0.35kg,浆液量 700L
粗梳毛纱(股线)(19.2tex/2)	羧甲基淀粉 46kg,PVA(0588)0.092kg,皮胶 3kg,甘油 4kg,浆液量 800L
精梳毛纱(单纱)(25tex)	羧甲基淀粉 30kg,PVA(0588)5kg,聚丙烯酰胺 10kg,油脂 3kg,浆液量 500L
精梳毛纱(股线)(13.9tex/2)	羧甲基淀粉 20kg,PVA(0588)5kg,油脂 1kg,浆液量 500L

注 1. 聚丙烯酰胺含固量为 20%。
2. 明胶、蜡与油脂预先调制成乳液,再加入淀粉浆中。

5. 长丝浆液配方 粘胶长丝和铜氨长丝可以用动物胶和 CMC 上浆,动物胶为主黏着剂时,浆液配方中加入适量吸湿剂和防腐剂。醋酯、涤纶、锦纶长丝都是疏水性纤维,静电严重,长丝容易松散、扭结,因此上浆时要加强纤维之间的抱合,这些纤维一般以聚丙烯酸酯类共聚浆料上浆,有时也可加入一些低聚合度的部分醇解 PVA。合纤长丝的含油率要控制在 1% 左右,含油过多会严重影响上浆效果。在采用喷水织机织造时,应考虑织造时浆纱的耐水性和织造后的易退浆性,通常用丙烯酸酯铵盐的共聚物作为主体浆料,有时混以少量具有抗静电、促润湿的表面活性剂。几种典型长丝织物的浆料配方见表 3-9。

表 3-9 长丝织物浆料配方实例

序号	品种	配方	上浆率(%)
1	粘胶长丝纺类	动物胶 10kg,PVA 2kg,柔软平滑 0.5~0.7kg,浸透剂 0.1~0.3kg,吸湿剂 0.3~0.5kg,浆液量 300L	4~5
2	醋酯长丝平纹织物	水 100%,PVA-205 2.5%,聚丙烯酸酯 3%,乳化油 0.5%,抗静电剂 0.2%	3~5
3	锦纶丝、涤纶丝	水 100%,聚丙烯酸酯 2%~4%,减摩剂 0.5%	4~5
4	低弹涤纶丝	水 100%,聚丙烯酸酯 7%	7~8

6. 新型纤维纱浆液配方

(1)天丝(Tencel)纤维织物。由于 Tencel 纱线刚度大,毛羽多,强度高,故上浆目的在于保持弹性与贴伏毛羽。

以 18tex×28tex×433 根/10cm×268 根/10cm×170cm Tencel 平纹织物为例,上浆工艺配置:PVA1799 35kg、酸解淀粉 15kg、固体丙烯酸类 3kg、浆纱膏 5kg,调浆体积 0.85m^3。浆槽温度 85℃,浆槽黏度 7.5s,烘干温度 90℃,后上蜡 0.3%,上浆率 7.5%,回潮率 11.5%。

(2)莫代尔(Modal)纤维织物。Modal 纱吸湿性强,由于纤维的比电阻高,在纺织加工过程中易产生静电,使纱线发毛,同时静电对飞花的吸附会在停经片处积聚花衣,经纱相互纠缠,从而造成经纱断头,既影响织造效率又形成各种织疵。

上浆工艺配置:PVA1799 50kg、氧化淀粉 25kg、AD(丙烯类浆料)10kg、抗静电剂 3kg、防腐剂 0.2kg，调浆体积 0.85m³。浆槽黏度 5～5.5s，浆槽温度 95℃，浆槽 pH 值 6～7，供应桶黏度 6～7s，上浆率 6%～7%，回潮率 2%～3%，伸长率 0.5% 以内。

（3）芳纶纤维织物。芳纶纤维虽然强度高，但条干较差，同时存在刚度大、细节多、毛羽长而多的缺点。因此上浆目的是贴伏毛羽、柔软耐磨，宜采用高浓度、中黏度、重加压、贴毛羽、偏高上浆率和后上油的工艺。

以 19.6 ×19.6tex、236 ×236 根/10cm、160cm 芳纶平纹织物为例，上浆工艺配置：PVA1799 60kg、酸解淀粉 20kg、E－20（酯化淀粉）30kg、KT（丙烯酸类）6kg、YL（润滑剂）4kg，调浆体积 0.85m³。浆槽温度 90℃，浆槽黏度 12s±0.5s，压浆辊压力 5/13.8kN，后上蜡 0.3%，上浆率 11.2%，回潮率 3.5%，伸长率 0.8%。

（4）竹纤维织物。竹纤维具有较高的强力和较好的耐磨性能，弹性恢复性好，比电阻大，静电现象严重。竹纤维纱吸湿导湿性强，纤维间易相对滑移，毛羽较多。上浆采用小张力、少伸长、轻加压、重披覆的工艺，以保证耐磨、保伸、增强和减磨的上浆效果，提高纱线的可织性。

以 14.7tex×14.7tex×528 根/10cm×283 根/10cm 竹纤维平纹织物为例，浆液配方：变性淀粉 50kg，PVA1799 35kg，SBF 丙烯酸浆料 10kg，抗静电剂 1～2kg，平滑剂 1.5～2kg，调浆体积 0.85m³。

二、浆液调制与质量控制

浆液调制是将各种黏着剂和助剂，按照一定的调浆方法在水中溶解、分散，最后调煮成均匀、稳定、符合上浆工艺要求的浆液。在调煮浆液时必须严格执行调浆方法和操作规程，否则浆液质量无法保证。

浆液调制方法有定浓法和定积法两种。定浓法一般用于淀粉浆的调制，它通过调整淀粉浆液的浓度来控制浆液中无水淀粉的含量。定积法通常用于合成浆料的调制，以一定体积水中投入规定重量的浆料来控制浆料的含量。目前，对淀粉浆也有采取既定浓又定积的调浆方法。

浆液的调制工作是在调浆桶内完成的。调浆桶分常压调浆桶和高压调浆桶两种，都具有蒸汽烧煮和机械搅拌的功能。高压调浆桶在高温高压条件下煮浆，浆料的溶解速度快、调浆时间短、节约蒸汽，调煮的浆液混合均匀、流动性好、浸透性强。在淀粉浆调制时，利用高温高压下的高速搅拌切力强行分解，还可以减少分解剂的用量，并使浆液迅速达到完全糊化状态。

调制好的浆液通过输浆管路送往浆纱机的预热浆箱，输浆方法包括重力输送和压力输送两种方式。重力输浆是利用调浆桶与预热浆箱的高度差，浆液靠自重输送到位置较低的预热浆箱。此方法因不使用输浆泵，浆液黏度稳定，但浆液在输浆管路中有静止时期，可能导致浆液发生沉淀，从而影响上浆质量。对于高黏度的浆液，重力输浆有一定困难。压力输浆是利用输浆泵的机械作用把浆液输送到预热浆箱，特点是输浆能力强，高黏度浆液也能顺利输送，但泵的机械剪切作用会导致浆料大分子的裂解，使浆液黏度下降。

对于回浆的处理，应在周末浆纱机了机关车前控制关车的顺序，尽量做到浓度较高的浆液品种先关车，剩浆逐台并缸使用，以压缩了机关车后的剩浆量。剩浆回到浆桶后，必须作防腐处理，以免变质败坏。一般碱性浆可采用二萘酚防腐，二萘酚用量为剩浆量的 0.25%。剩浆在加入防腐剂后，应迅速予以冷却。周初开车时，质量合格的剩浆可与新浆混合使用，或加热后作为降低浓度的浆液与适量提高浓度的新浆混合使用。

三、浆液的质量指标及检验

在调浆和上浆过程中，控制浆液质量的主要指标有淀粉生浆的浓度、浆液总固体率、黏度、pH 值、温度、浆液黏附力和浆膜性能等。

（一）浆液总固体率

浆液总固体率（又称含固率）是指浆液中所含干浆料的百分率，即各种黏着剂和助剂的干燥重量相对浆液重量的百分比。浆液总固体率直接决定了浆液的黏度，对经纱的上浆率有重要影响。在上浆过程中，为了准确掌握浆液的浓度，减小其波动，对供应桶的混合生浆和浆槽中的熟浆都应进行浆液总固体率的测定。

浆液总固体率的测定方法有烘干法和折射率法两种。烘干法比较精确，但费工、费时，不能及时指导生产。折射率法所需时间短，可在现场进行测量。

（二）淀粉生浆浓度

淀粉的生浆浓度以波美比重计测定，其单位为波美度（°Be′）。它间接反映了无水淀粉与溶剂水的重量比，浆液的波美（Baume）浓度与体积质量之间的关系为：

$$\gamma = \frac{145}{145 - \alpha} \tag{3-2}$$

式中：γ——浆液的体积质量，kg/L；

α——浆液的波美浓度，°Be′。

由于浆液的温度影响浆液的体积质量和浓度，因此调浆时规定：淀粉生浆浓度在浆温 50℃时测定。这时淀粉尚未糊化，悬浮性较好，沉淀速度缓慢，用波美比重计测定时读数比较稳定正确。

（三）浆液黏度

浆液的黏度是重要的浆液质量指标，它影响经纱上浆率的大小以及浸透、被覆的程度。在上浆过程中保持稳定的浆液黏度，对于稳定浆纱质量起着十分关键的作用。

（四）浆液 pH 值

pH 值对浆液黏度、黏着力以及浸透性等都有很大影响：酸性太大时，能降低淀粉浆液的黏度和黏着力；动物胶在微酸性时较稳定，碱性时会引起水解；合成树脂浆液应避免强酸或强碱；纤维素衍生物浆液或淀粉衍生物浆液呈中性或微碱性为宜。

棉纱的浆液一般为中性或微碱性，毛纱则宜用中性或微酸性浆液上浆，人造丝一般用中性浆，合成纤维只要不是强酸或强碱，一般影响不大。

浆液的 pH 值可用 pH 试纸、pH 溶液或 pH 计进行测定。用 pH 试纸测定最为方便，pH 计因测定时手续较繁，在纺织厂中使用不多。

（五）浆液温度

浆液温度是调浆和上浆时应当严格控制的工艺参数，特别是上浆过程中浆液温度的变化，会影响浆液的流动性能，使浆液黏度改变。浆液温度升高，浆液黏度下降，渗透性增加；温度降低,则易出现表面上浆。对于纤维表面附有油脂、蜡质、胶质、油剂等拒水物质的纱线而言,浆液温度会影响这些纱线的吸浆性能和对浆液的亲和能力。因此,浆液温度应根据纱线的特性、浆料及工艺特点而定。习惯上把上浆温度分为三类:高温上浆(90 ~ 100℃)、低温上浆(45 ~ 85℃)和室温上浆(45℃以下)。

棉纱用淀粉浆时一般采用高温上浆,浆槽温度 98℃左右。因为棉纤维表面含有的棉蜡,影响棉纱的吸浆性能,棉蜡在 76 ~ 81℃时才能溶化;而淀粉需在高温下长时间加热才能充分糊化,获得黏度适当、浸透性良好的浆液。涤棉纱既有高温上浆,也有低温上浆,一般认为,高温上浆对提高浆液质量有利,浆液的浸透性好,浆膜坚牢,特别是棉含量高、细特高密的品种(如府绸),以高温上浆为好。

目前,PVA 混合化学浆或 PVA 与淀粉混合浆以高温上浆居多,浆槽温度 98℃以上。使用纯 PVA 浆可采用低温上浆,浆槽温度 55 ~ 65℃,低温上浆时黏度稳定,上浆均匀,操作方便,节约能源,不易结浆皮(因为与室温差异较小),减少了浆斑疵布。

羊毛和粘胶纱不易高温上浆,因过高的浆液温度会使羊毛和粘胶纤维的力学性能下降,浆槽温度以 55 ~ 65℃为宜。各类长丝一般均采用低温上浆,如涤纶丝、锦纶丝的上浆温度为 45 ~ 55℃,但上浆温度过低,易使浆液中的油脂凝聚,浆液流动性差。

(六)浆液黏附力

浆液黏附力综合反映了浆液对纤维的黏附力和浆膜本身强度两个方面的性能,直接影响上浆后经纱的可织性。浆液黏附力可采用粗纱试验法和织物条试验法进行测定。

粗纱试验法是将 300mm 长、一定品种的均匀粗纱条在 1% 浓度浆液中浸透 5min,以夹吊方式晾干,然后测定其断裂强力,以断裂强力间接地反映浆液黏附力。

织物条试验法是将两块标准规格的织物条试样,在一端的一定面积 A 涂上一定量的浆液,以一定压力相互加压粘贴,烘干冷却后进行织物强力测试,织物相互粘贴部分位于夹钳中央,粘贴处完全拉开时的强力 P 与粘贴面积 A 的比值即为浆液黏附力(单位 N/cm^2)。

(七)浆膜性能

测定浆膜性能可以从实用角度来衡量浆料的浆用性能及浆液的质量情况。浆膜制备一般采用刮涂 - 恒温恒湿干燥法,对得到的浆膜可进行断裂强力、断裂伸长、耐磨性、耐屈曲性、吸湿性、水溶速率等测试。

第三节　上浆

一、经轴退绕

(一)经轴退绕方式

在浆纱机上,经纱从若干经轴上引出合并,以达到工艺要求的总经根数。经轴放置于经轴架上,经轴架的形式分为:固定式和移动式、单层和双层(包括山形式)、水平式和倾斜式。移动式经轴架的部分换轴工作可在浆纱机运转过程中进行，能够缩短换轴操作所需的停机时间，因此有利于提高浆纱机的效率。虽然双层经轴架的换轴和引纱操作不如单层经轴架方便，但节省机器占地面积，上下层经纱容易分开，适宜于经纱的分层上浆。

按照经纱从各经轴上引出、合并的方式不同，有三种典型的引纱方式，如图 3－3 所示。

1. 波浪式 其也称互退绕式，如图 3－3 中(1)、(3)所示。波浪式引纱时，经轴间被纱片牵制，因而回转平稳，浆纱机降速时，经轴不易产生惯性回转，此外，上轴等操作较方便。缺点是各经

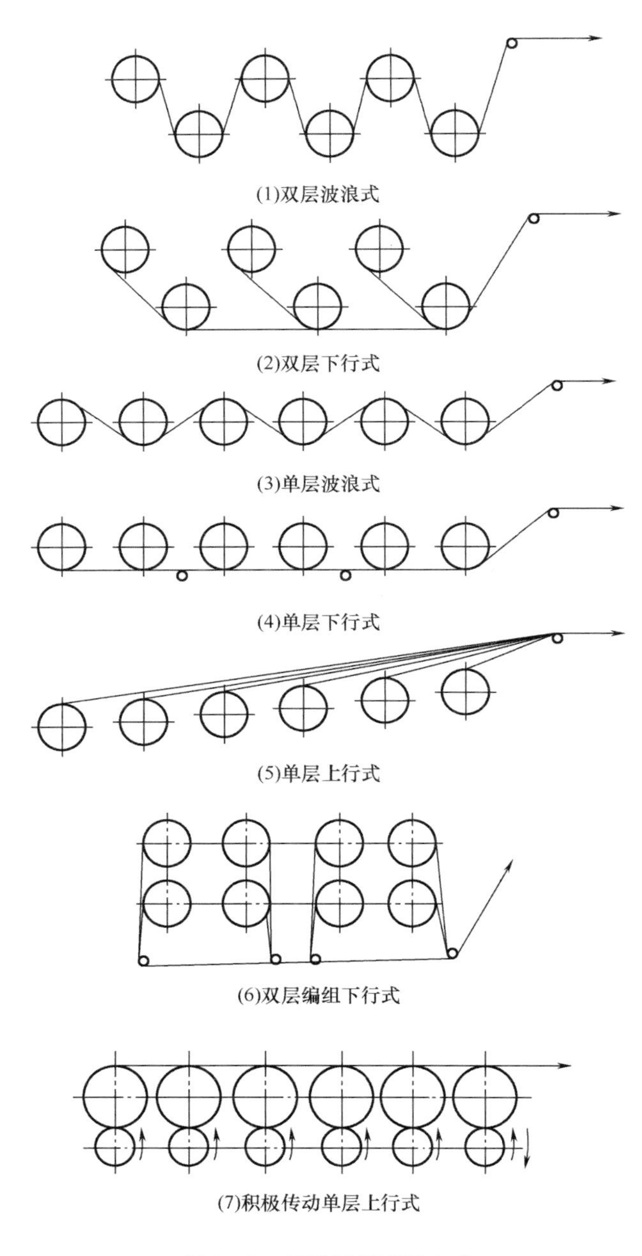

图 3－3　经轴退绕引纱方式

轴上纱片张力不匀,易增加白回丝。其原因一是上绕纱片的张力和下绕纱片的张力对经轴的作用方向相反,因而使各经轴的回转阻力矩不同;二是最后面经轴的纱片除牵引自身经轴回转外,还要参与牵引前面所有经轴的回转。这样,位于前方经轴上的纱片所承担的牵引负荷逐渐减少。

2. 下行式 其又称下退绕式,如图 3-3 中(2)、(4)、(6)所示。下行式引纱,各经轴纱片张力均匀,为防止纱片松弛落地,轴架下方设置托纱辊。其缺点是上轴引纱时操作较为不便。

3. 上行式 其又称上退绕式,如图 3-3 中(5)、(7)所示。上行式引纱张力均匀,无纱片落地和上轴操作不便的问题,但经纱断头不易发现和处理。

(二)经轴制动与退绕张力控制

按经轴回转动力来源分类,经轴架可分为消极式和积极式两种。积极式经轴架采用电动机传动经轴送出经纱,优点是可以减小经纱的牵引张力,可用于弱纱或特种纱上浆。消极式经轴架依靠纱线张力拖动经轴回转,进行纱线退绕。

为了控制退绕张力的恒定,防止车速突然降低时,由于经轴惯性以致经纱过度送出所造成的纱线松弛和扭结,采用了相应的摩擦装置对经轴进行制动。弹簧夹是一种常用的制动方式,随着经轴直径逐渐减小,要经常根据整经时放入的千米纸条信号来改变弹簧夹紧力,以保证纱线退绕张力恒定,各经轴之间张力均匀。但这种控制方法难以及时进行调整,无法满足张力均匀、适度的要求,并且操作也不方便。现代浆纱机常采用气动带方式制动,各经轴的制动气压、制动力基本一致,于是各轴退绕张力基本接近。退绕张力可以预先设定,并由张力自动调节系统控制。当经轴直径变化或某些干扰因素影响引起退绕张力变化时,自动调节系统迅速改变气缸的压力,以调节制动带对经轴的制动力,使其恢复到设定值。

二、浸浆与压浆

经纱上浆是在上浆装置上完成的。经纱被浸没辊浸入浆液中,通过上浆辊和压浆辊的挤压作用,使浆液部分浸入经纱内部,部分被覆于经纱表面,多余的浆液被挤出并流回浆槽,从而获得一定量的浸透和被覆上浆,达到工艺要求的上浆率。

(一)浸压方式

浸没辊、上浆辊和压浆辊的不同配置可组成不同的浸压方式(图 3-4),各种浸压方式各有特点,适用于不同的纤维种类及经纱密度。单浸单压浆槽容积较小,浆液周转及时,浆液新鲜,对稳定上浆率有利,同时纱线受到的张力和伸长都比较小,这对湿伸长大的粘胶纤维特别有利。单浸双压可获得较好的压榨和浸透条件,故上浆较为均匀,浆纱毛羽较少,纱身光洁,在织机上开口清晰,“三跳”疵点减少,断头率降低,可提高生产效率,但是,浆纱的伸长率有所增加,浆纱槽容积也要增大,对浆液黏度稳定有不利影响。对棉纱上浆采用单浸双压工艺利大于弊,特别对中粗特棉纱更为有利。对于合成疏水性纤维混纺纱和一般高密织物,则以采用双浸双压方式为宜,这更有利于浸透和被覆。近年来,出现了浸没辊对上浆辊侧向加压的单浸三压和双浸四压方式,加压点的增加对疏水性纤维和高经密织物更为有利,在这种情况下浸没辊也可称之为浸压辊。粘胶长丝上浆还经常采用图 3-4(e)所示的沾浆方式,由上浆辊的转动将浆液带到上浆辊与压浆辊之间,使经纱沾上浆液。

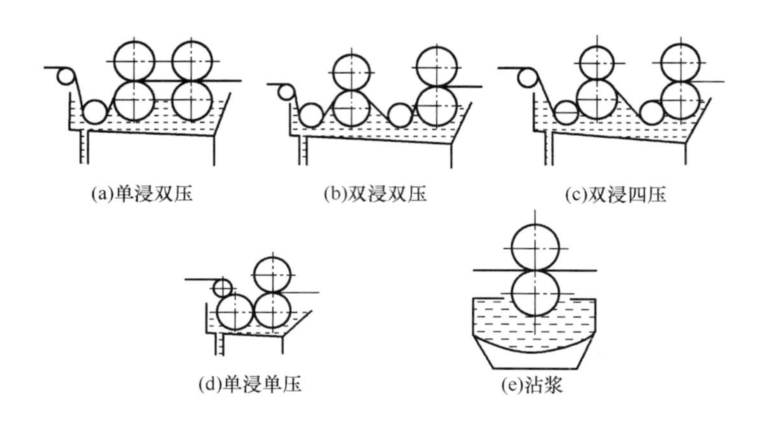

图3-4　浸压方式

经纱进入浆槽后，由浸没辊把经纱浸入到浆液中，浸没辊的直径和高低位置决定了经纱的浸浆长度。浸没辊直径大、位置低，则浸浆长度大，反之浸浆长度小。在其他条件相同的情况下，浸浆长度影响上浆率的大小和浆纱质量，浸浆长度大，浆液浸透条件好，上浆率相应高一些。但是在生产中一般不通过升降浸没辊的方法来调节上浆率，这是因为浸没辊位置的变化会使经纱张力和吸浆条件都发生变化，而且浸没辊位置过低时，浆槽底部蒸汽管喷射出的蒸汽易把浆纱吹成柳条状排列，恶化浆纱质量。因此，在浆纱机运转过程中，浸没辊位置应保持不变，以稳定上浆条件。

由于穿纱路线不同，以及压浆辊压力和弹性改变，同一套上浆装置可以获得多种不同的浸压方式。以双浸四压的设备而论，在具体使用时，可采用单浸单压、单浸三压、双浸双压和双浸四压等不同浸压方式，如图3-5所示。

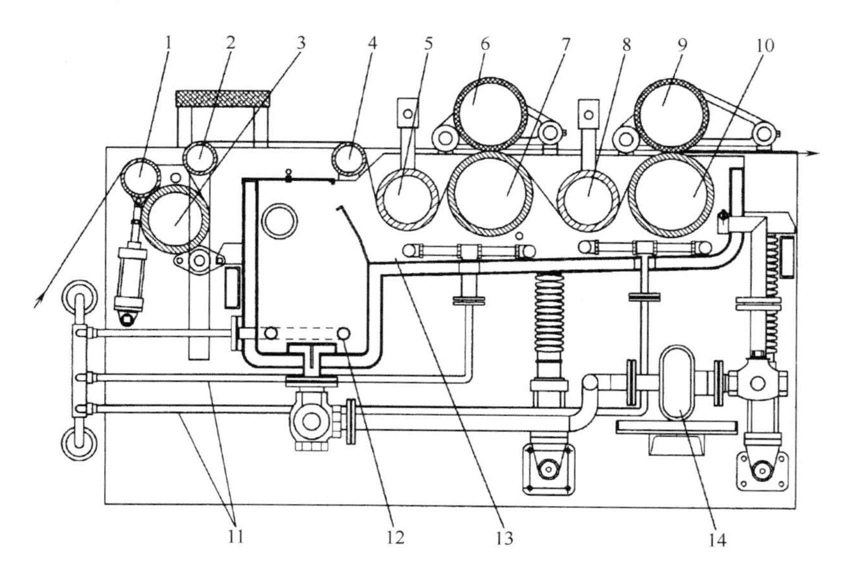

图3-5　上浆装置

1—压纱辊　2—张力辊　3—引纱辊　4—导纱辊　5，8—浸没辊　6—第一压浆辊
7，10—上浆棍　9—第二压浆辊　11—蒸汽管　12—预热器　13—浆槽　14—循环浆泵

(二)压浆过程分析

纱线开始在一定黏度的浆液中浸浆时，主要是纱线表面的纤维进行润湿并黏附浆液，自由状态下浆液向纱线内部的浸透量很小。带有一定量浆液的纱线进入上浆辊 1 和压浆辊 2 之间的挤压区经受压浆作用，上浆辊表面带有的浆液 4、压浆辊表面微孔中压出的浆液和纱线 3 本身带有的浆液在挤压区入口处混合并参与压浆，如图 3 -6 所示。

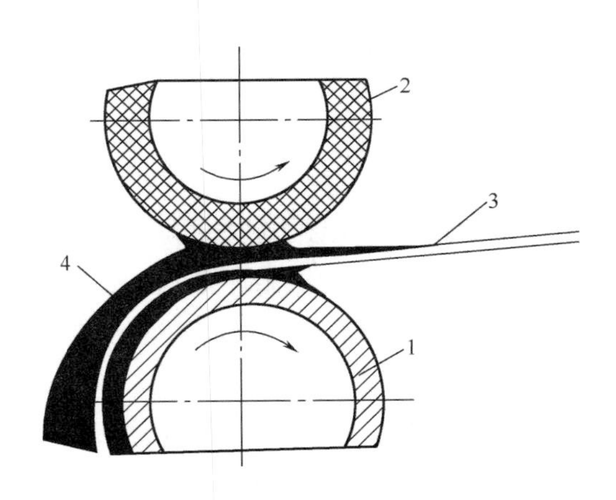

图 3 -6　挤压区浆液示意图

1—上浆辊　2—压浆辊　3—经纱　4—浆液

在压浆区中纱线的上、下存在一层浆液液膜，液膜的厚度决定了挤压区内实际参与挤压过程的浆液量以及纱线经挤压后所带浆液量，它和压浆辊轴线方向单位长度内的压浆力、浆液黏度、浆纱速度有关。压浆力越大、浆液黏度越低、浆纱速度越慢，则液膜厚度越小。因此，浆纱机慢速运行时压浆力要适当减弱，否则液膜厚度过小，尽管挤压区入口处有足够的浆液，但挤压区内参与挤压的浆液量不足，浆纱经挤压后所带浆液量过少，以致纱线上浆过轻。而高浓高黏浆液上浆时，要采用高压上浆，避免液膜厚度过大，上浆过重。

在挤压区内，浆液在压浆力 N 作用下向纱线内部的浸透，可由 Darcy 定律描述：

$$v_s = \frac{KN}{\eta R} \tag{3-3}$$

式中：v_s——浆液浸透速度；

K——浆液对纱线的渗透率；

η——浆液黏度；

R——纱线半径。

式(3 -3)表明：压浆力越小，浆液的黏度越大，浆液对纱线的渗透率越小，则浸透速度越低，浆液对纱线浸透不利。因此，较高黏度浆液上浆时要增大压浆力(采用高压上浆)，增大压力梯度，以维持合理的浆液浸透速度。应当指出，压力增大时浆液的动态黏度会有所增加，纱线受压密作用渗透率会有所减小，从而产生降低浸透速度的反作用，但是，这种反作用所造成的影响不如压力增加的正作用强烈。

经过挤压之后，纱线的毛羽倒伏、粘贴在纱身上，高压上浆尤为明显地表现出毛羽减少的效果。从微观角度分析，吸有浆液的经纱通过强有力的挤压之后，浆液以更快速度向纱线内部渗透，浆液与纤维的分子距离更加接近，分子间力与氢键缔合力增强，并加速分子的相互扩散，结果浆液对纤维的润湿性能、黏附强度得到提高。

纱线离开挤压区时，发生了第二次浆液的分配，压浆力迅速下降为零，压浆辊表面微孔变形恢复，同时吸收浆液。由于这时经纱与压浆辊尚未脱离接触，故微孔同时吸收挤压区压浆后残剩的浆液和经纱表面多余的浆液。如微孔吸浆过多，则经纱失去过量的表面黏附浆液，使经纱表面浆膜被覆不良；相反，经纱表面黏附的浆液过量，以致上浆过重。

（三）单浆槽与多浆槽

浆槽是贮存浆液和进行上浆的装置，通常与预热浆箱联接使用。由供应桶输送来的新鲜浆液首先注入预热浆箱，与回流浆液混合加热，再由循环浆泵送入浆槽维持浆槽液面高度。当浆槽内装液过多时，即由浆槽溢流口流至预热浆箱，溢流口处的溢流板倾斜角度可根据所需浆液液面高度加以调节。

上浆过程中浆液需要保持一定温度，因此浆槽均配备加热装置，以蒸汽作为热源。蒸汽直接通入浆槽加热浆液的方法称为直接加热，这种方法效率高，多用于高温上浆，但蒸汽中的凝结水往往会冲淡浆液，降低其浓度和黏度。将蒸汽通入设在浆槽夹层内的管路中，使介质升温来加热浆液的方法称为间接加热，加热效率低但质量好，多用于低温上浆。在某些新型浆纱机中，浆槽具有直接加热和间接加热两种设备，视生产需要而选用。

经过上浆辊的经纱对上浆辊的覆盖程度，称为经纱覆盖系数，用 CB 表示：

$$CB = \frac{nd_0}{B} \times 100\% \qquad (3-4)$$

式中：n——总经根数，根；

d_0——经纱直径，mm；

B——片纱宽度，mm。

经纱覆盖系数反映的是经纱排列的紧密程度，影响浸浆和压浆的均匀程度。当纱线排列密度太大时，纱线浸浆不匀，压浆后易发生侧面“漏浆”，导致上浆率不匀，分纱时浆膜易破碎，影响浆纱质量。经验证明，覆盖系数不应大于50%，最好掌握在40%左右。合理的排列密度应使相邻两根经纱之间留有一个经纱直径的间隙，以减少相邻浆纱之间的粘连。

当经纱覆盖系数过大时可采用分层上浆的方法，经纱分层进入浆槽，如图3－7所示，可使矛盾部分解决，“漏浆”现象有所减少。也可采用轴对轴上浆然后再并轴，以降低每次上浆时的经纱覆盖系数。采用双浆槽（或多浆槽）上浆可以从根本上解决经纱覆盖系数过大的问题，适应高经密织物品种的要求。

三、湿分绞

在浆槽与烘房之间安装湿分绞棒，其作用是在湿浆纱进入烘房前预先分纱，分成数层后平

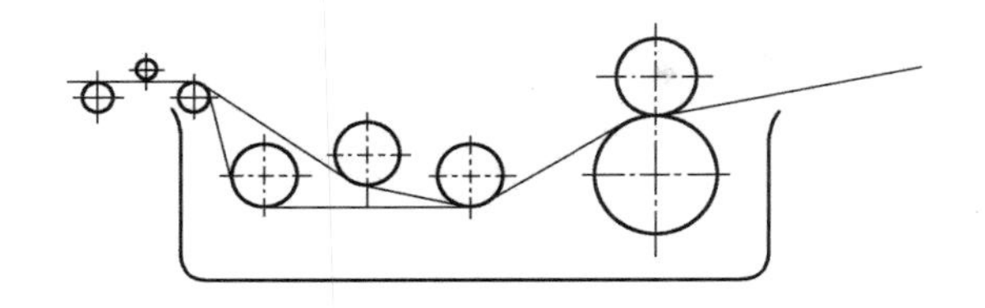

图 3－7　分层上浆示意图

行进烘房，初步形成浆膜后再合并，这样可以避免烘燥后纱线之间互相粘连，对于保护浆膜完整、降低落浆率、提高浆纱质量极为有利。同时，湿分绞棒作主动慢速回转，其线速度与浆纱速度之比以 1∶20～1∶30 为宜，利用两者速度差，起贴伏纱身毛羽的作用。湿分绞棒中还可以通入循环冷却水，使分绞棒表面结露以防止形成浆皮及短暂停车时纱线粘结分绞棒。湿分绞棒根数一般为 3～5 根。

四、烘燥

经过浸浆、压浆的湿浆纱，通过湿分绞棒后进入烘燥装置，去除多余水分烘至工艺要求的回潮率。烘燥过程中随着水分的蒸发，黏附在纱线表面上的浆液逐渐固化形成浆膜。

湿态浆纱中的水分可归结为两种：一种是附着于纱线表面或存在于纤维间较大空隙中的水分，称为自由水分；另一种是渗入纤维内部与之呈物理性结合的水分，称为结合水分。大部分自由水分可以用机械力的方法，如压浆辊的压浆力去除。压榨剩余的水分（包括剩余的自由水分和结合水分）必须通过烘房装置用汽化的方法去除，这部分水分的多少会影响烘燥装置的负荷，在烘燥装置的烘燥能力一定时，将影响浆纱机的运行速度和生产效率。

（一）烘燥方式

从烘燥原理来看，烘燥方式可分为物体表面加热和内部加热两类。表面加热是利用温差引起的热传导、对流、辐射的作用或者这三种作用结合使用，把外部热源的热能传递到物体表面来达到烘燥的目的。内部加热是采用高频电流，在交变电磁场作用下，含水物质的分子发生周期性的变形或运动，内部热能增加，水分借此从物质内部转移至表面，并汽化散布到周围空气中。目前浆纱机的烘燥装置主要采用热对流、热传导烘燥方式，包括热风式、烘筒式和热风烘筒联合式三种。

1. 热风式烘燥　利用高压蒸汽作热源，通过散热器加热空气，将热空气以一定速度吹到浆纱纱片上，靠对流方式对纱线进行烘燥。所形成的浆膜比较完整，浆纱横截面形状规整。烘燥效率低，能耗大，纱线易出现意外伸长是其缺点。

2. 烘筒式烘燥　纱线在烘筒表面绕行，烘筒内通入高压蒸汽，高温烘筒壁以热传导方式对纱线传热。优点是烘燥效率高、能耗小、有利于高速。缺点是浆膜容易粘贴烘筒，破坏浆膜的完整性，高密时浆纱易粘连。

3. 热风烘筒联合式烘燥　先以对流的方式使纱线初步形成良好浆膜，然后再以热传导方法强化烘干，并使纱线毛羽贴伏。

(二)烘燥过程

在烘燥中根据浆纱回潮率的变化,可将烘燥过程分为三个阶段,如图3-8所示。

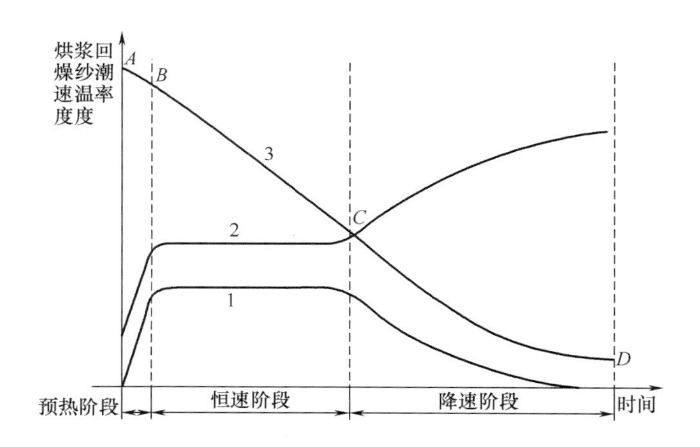

图3-8　烘燥曲线图

1—烘燥速度变化　2—浆纱温度变化　3—浆纱回潮率变化

烘燥开始后一段比较短的时间为预热阶段,在这个阶段内烘燥速度很快地从零增加到某一个最大值。由于浆纱本身受到预热,温度随之升高,直到浆纱所吸收的热量和用于汽化水分的热量之间达到平衡为止。这个阶段在曲线3上A、B两点的纵坐标相差不大,即浆纱的回潮率变比很小。

当烘燥速度达到最大值后,就进入恒速烘燥阶段,这时浆纱温度已经稳定,它和周围空气的湿球温度相接近,这样的温度一直保持到相当于曲线3上的C点。在这个阶段,浆纱表面水分大量汽化,其情况与液体从自由表面的汽化相似。汽化的是自由水分,它通过毛细管作用,不断向表面转移,使浆纱表面能继续保持饱和状态,所以浆纱回潮率呈直线迅速下降。

当回潮率下降超过C点,即超过临界回潮率时,就进入降速烘燥阶段。在此阶段内,随着浆纱温度的提高,浆纱中各种结合性水分,按其结合的牢固程度以及克服温度差的阻力,逐步由内部向表面移动并汽化,因此烘燥速度逐步减慢。同时浆纱表面水分已大部分汽化,逐步形成浆膜,而纱线和浆料又都具有一定的绝热性,也阻碍了内部水分向外表扩散,故烘燥速度愈来愈慢。当到达D点,即平衡回潮率时,浆纱表面的水汽压力与周围热空气中水汽分压相平衡,汽化即停止。

(三)烘燥原理

1. 对流烘燥原理　物质内水分从温度高、湿度高的部位向温度低、湿度低的部位转移。用加热的空气以一定的速度吹向浆纱表面,以便将热空气中的热量传给湿浆纱,进行热湿交换,使水分汽化而烘燥浆纱。在湿浆纱进入烘房的开始阶段,浆纱内部的温度虽小于表面,但由于浆纱表面的水汽压力大于空气中的水汽分压,故水分不断汽化,烘燥速度较快。在浆纱表面水分汽化后,其表面的水分相对地小于内部,表面的温度仍高于内部,这时热量由外传向内,而水分却由内流向外,温差与湿差成为相反的方向,温差阻碍水分向外扩散,使后一阶段烘燥速度逐渐降低,耗能较多。

对流烘燥方式的热空气既是载热体,又是载湿体,为防止热空气中含湿量过度增加,影响烘燥速度,在热空气循环回用过程中要排出部分热湿空气,并补充一些干燥空气,经混合、加热后投入使用。热湿空气的不断排出不仅带走了水分,同时也带走了热量,引起能量损失。

对流烘燥法在烘房内中穿纱长度大,长片段纱线在行进时缺乏有力的握持控制,因而纱线伸长较大、片纱伸长也不够均匀,断头时处理也比较困难。当纱线排列密度较大时,因热风的吹动纱线会黏成柳条状,以致浆纱分绞困难,分绞后浆膜撕裂,毛羽增多,影响浆纱质量。

但对流烘燥方式的作用比较均匀缓和,纱线与烘房导纱部件表面接触很少,特别是湿浆纱经分绞、分层后烘燥时,纱线相互分离,浆液很少粘贴导纱部件表面,因而相邻浆纱相互粘连情况少,分纱棒分纱容易,落浆和起毛少。为此,对流烘燥常被用作湿浆纱的预烘(特别是长丝和变形纱上浆),预烘到浆膜初步形成即止,在浆膜初步形成之前的等速烘燥阶段,水的汽化速度快,因而对流烘燥法的烘燥速度并不低。

2. 热传导烘燥原理 湿浆纱与高温的金属烘筒表面接触后,从烘筒表面获得热量使浆纱所含水分不断汽化,存在于浆纱纤维间较大孔隙中的水分,由于毛细管作用不断向纱线表面转移,使浆纱蒸发表面能继续保持饱和状态,这一过程与液体从自由表面汽化相似。随着水分的逐步汽化,浆纱的回潮率不断降低,浆纱表面逐步形成浆膜,阻碍浆纱内部水分继续向外转移,导致烘燥速度逐步降低。在降速烘燥阶段,纱线靠近烘筒表面的一侧湿度大、温度高,温差和湿差的方向一致,有利于加快烘燥速度,缩短降速烘燥阶段。

烘燥过程中水分蒸发汽化,在烘筒表面形成积滞蒸汽层使烘燥势下降,阻碍水分的汽化。因此,在烘筒外安装排气罩,及时排走积滞蒸汽层,让干燥空气补充到纱线表面,维持整个烘燥过程中较高的烘燥势。在烘筒内,当加热烘筒的蒸汽进入后,因烘筒内表面温度低,会在烘筒内壁形成冷凝水膜,起隔热作用,阻碍了蒸气热量向烘筒壁的传导,应有装置及时排出烘筒内的冷凝水。

与对流烘燥相比,热传导烘燥的载热体与载湿体分离,导热系数高,烘筒向纱线传递热量快,其烘燥速度明显比热风式高,有利于提高浆纱机速度。

热传导烘燥中,纱线受到主动回转的高温烘筒积极握持,纱线排列整齐有序,穿纱长度短,因此有利于对纱线伸长的良好控制,纱线伸长率小,仅为对流烘燥法的60%左右,并且片纱伸长均匀,伸长率易于调整。烘筒温度容易控制,如将烘筒分成数组,分别控制等速烘燥期和降速烘燥期的温度,可适应不同浆料、不同纱线的烘燥。由于纱线在湿润状态下直接与烘筒表面接触,浆膜容易粘贴烘筒,完整性差,对最先接触湿浆纱的几只烘筒要进行防粘处理。另外,烘筒上相邻纱线之间有粘连现象,特别是纱线排列密度较大时粘连严重,引起浆纱毛羽增加。

目前,部分浆纱机采用热风烘筒联合式烘燥装置,先以热风方式使浆纱初步形成良好的浆膜,再以烘筒法强化烘干,并对纱线熨烫,使毛羽贴服。

三种烘燥方法的浆纱回潮率随时间变化曲线如图3-9所示。

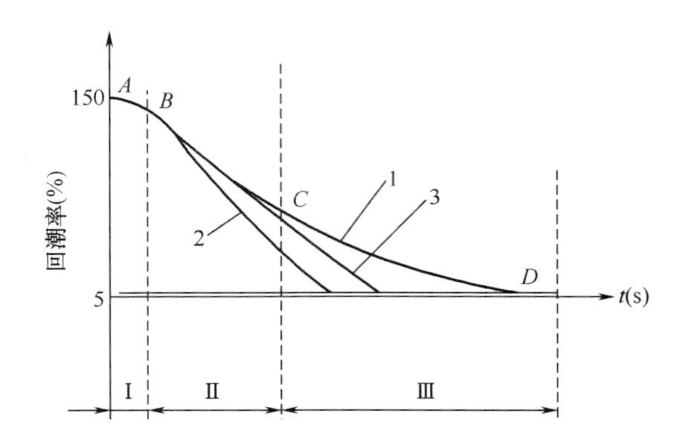

图3－9　不同烘燥方式回潮率变化比较

1—对流烘燥　2—烘筒烘燥　3—热风烘筒联合烘燥

Ⅰ—预热阶段　Ⅱ—恒速烘燥阶段　Ⅲ—降速烘燥阶段

（四）烘燥能力与浆纱机速度

一台浆纱机，其最大的运转速度要视其烘燥能力而定，因此浆纱机的烘燥能力是浆纱机的主要指标之一。衡量浆纱机烘燥能力的技术经济指标有：

1. 耗汽量　烘燥单位重量原纱所需要的蒸汽千克数 B（kg 蒸汽/kg 原纱）。实测方法：一个运转班内加热器排出冷凝水的重量，除以这个班的原纱生产量即得 B。

2. 蒸发量　单位时间内浆纱汽化水分的重量，称为蒸发量 G（kg 水分/h）。

$$G=\frac{P}{1+W_j}(W_0-W_j) \tag{3-5}$$

式中：W_0——浆纱压出回潮率（浆纱出压浆辊进烘房前浆纱的回潮率）；

W_j——浆纱烘燥后回潮率（离开烘燥装置的回潮率）；

P——浆纱机理论产量，kg/h。

3. 汽水比　蒸发 1kg 水分所需要的蒸汽千克数，它表示烘燥装置烘燥效能高低的技术指标。

浆纱机的速度 v 要根据机器性能、纤维、织物品种、上浆率和有关参数等条件而定，但首先要考虑的是浆纱机烘燥装置的蒸发量 G。

浆纱机的理论产量 P（kg/h）为：

$$P=\frac{6vm\mathrm{Tt}(1+W_j)(1+S)}{10^5(1+W_g)} \tag{3-6}$$

式中：Tt——经纱特数，tex；

m——总经纱根数；

v——浆纱机速度，m/min；

W_g——原纱公定回潮率；

W_j——浆纱回潮率；

S——经纱上浆率。

由式(3－5)、式(3－6)得浆纱机最大速度：

$$v_{max}=\frac{10^5G(1+W_g)}{6Ttm(W_0-W_j)(1+S)} \tag{3-7}$$

蒸发量 G 是设计浆纱烘燥装置时就确定的一个重要参数，显然，浆纱机可运转的最高速度，要受到蒸发量的制约。

五、后上蜡、干分绞与测长打印

1. 后上蜡　对干浆纱上蜡，可降低其表面摩擦系数，软化浆膜，减少织造断头数。烘干的纱线离开烘房后尚有余热，一般紧接着进行后上蜡加工。浆纱后上蜡通常采用上蜡液的方法，其装置如图 3－10 所示。后上蜡有单面上蜡和双面上蜡之分，双面上蜡比较均匀，效果较好，但机构较复杂。

2. 干分绞　干分绞棒的作用是分开相互粘连的浆纱，所用分绞棒根数等于经轴数减 1。图 3－11 所示为六个经轴，采用 A、B、C、D、E 五根分纱棒，将各个经轴的纱片互相分开。对细特高密织物的经纱上浆时，每只经轴的纱线还要分绞，称为“复分绞”，主要用于质量要求较高的品种，以减少并头、绞头等疵点。

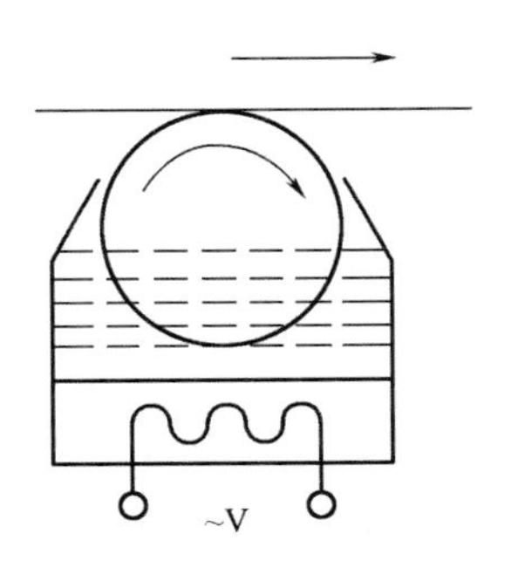

图 3－10　后上蜡装置

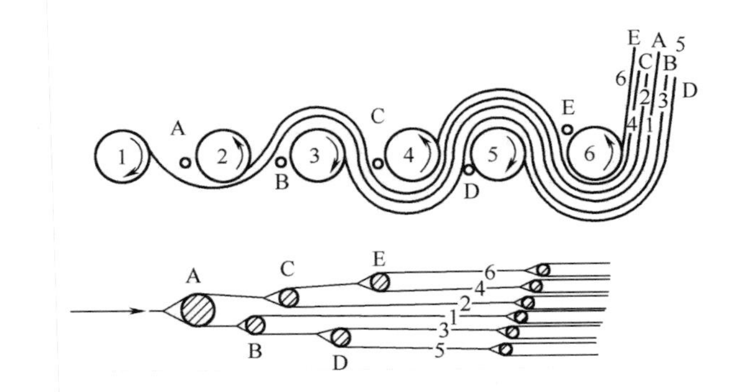

图 3－11　分绞棒的分纱作用

3. 浆纱墨印长度与测长打印　浆纱墨印长度是织成一匹布所需要的经纱长度，是织造落布、整理开剪以及统计产量的依据。墨印长度的计算方法如下：

$$墨印长度(m)=\frac{坯布匹长(m)}{1-经纱织缩率(\%)} \tag{3-8}$$

在浆纱过程中，浆纱机的测长打印装置根据所测得的浆纱长度，以浆纱墨印长度为长度周期，间隔地在浆纱上打上或喷上墨印，作为量度标记。早期的浆纱机都使用差微式机械测长打印装置，这种装置容易产生机械故障，引起墨印长度不准（又称长短码）等浆纱疵点。新型浆纱机一般采用电子式测长装置，在测长辊回转时，通过对接近开关产生的脉冲信号进行计数，从而测量测长辊的回转数，即得浆纱长度。

六、织轴卷绕

织轴卷绕的任务是将拖引辊送出的浆纱以均匀的张力卷绕到织轴上。为此，它应满足如下要求：经纱卷绕张力和卷绕速度恒定；织轴卷绕密度均匀、适当，纱线排列均匀、整齐；织轴外形圆整、正确。在浆纱机上，主要通过织轴恒张力卷绕、压纱辊的加压来满足上述要求。

(一)织轴恒张力卷绕

从拖引辊到织轴卷绕点，该区间的浆纱能经得起较大张力的拉伸作用。为适应织轴卷绕密度均匀、适当的要求，该区纱线卷绕张力应当恒定，并且张力数值稍大，而卷绕速度随织轴直径的增大保持恒定。实现恒张力、恒速度卷绕的方法有很多，主要包括：电磁滑差离合器、重锤式无级变速器、液压式无级变速器、张力反馈调速的 P 型链式无级变速器、PLC 控制的恒张力卷绕等。

图 3－12 是 PLC 控制的恒张力卷绕原理简图，两只变频电动机（M_1、M_2）分别传动织轴和拖引辊。在织轴卷绕的过程中，由变频电动机 M_1 逐渐降低织轴回转的转速，使卷绕速度保持恒定。在织轴和拖引辊之间设置了一套张力检测机构，若卷绕张力发生变化，张力辊受浆纱卷绕张力的作用产生位置变化，带动电位器零点偏移而发出信号，通过 PLC 将输出信号传递给其中的一只变频器，自动调整织轴（拖引辊）的转速，使张力回到设定值，达到恒张力卷绕的目的。

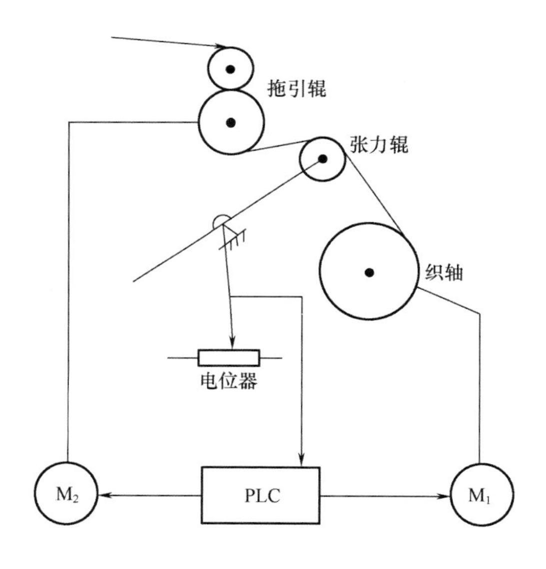

图 3－12　PLC 控制的恒张力卷绕原理

(二)织轴加压

为获得适当而又均匀的织轴卷绕密度，浆纱机和并轴机都要采用压纱辊加压装置对织轴进行加压。传统浆纱机常采用杠杆式加压装置，织轴卷绕过程的加压压力存在波动；新型浆纱机都采用液压或气压的方式进行织轴卷绕加压，操作方便，加压压力的调节比较准确，并且织轴卷绕过程中加压力不变。

（三）平纱机构

传统的浆纱机上装有轴向移动的布纱辊和两根偏心平纱辊，布纱辊作轴向移动布纱，有利于浆纱均匀排列，互不嵌入，使织轴表面平整。平纱辊的工作情况如图3－13所示，它的作用是防止或减少筘齿磨出凹痕的现象，并且使纱片排列更加均匀，还有助于分纱。

新型浆纱机的伸缩筘可作轴向往复移动，部分伸缩箱在往复运动的同时还作筘面的前后摆动，组成周期性的空间运动，兼有布纱辊和平纱辊的功能。

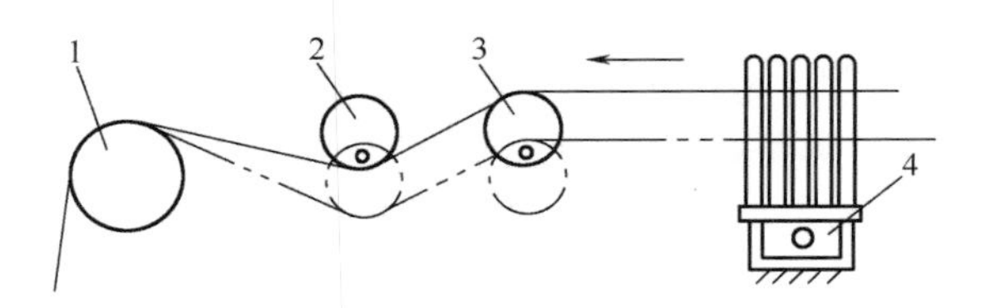

图3－13　平纱辊工作示意图

1—测长辊　2、3—平纱辊　4—伸缩筘

第四节　浆纱质量检验与控制

浆纱的质量直接影响织机的产量和织物的质量，应按时检验，及时控制。浆纱质量指标有：上浆率、回潮率、伸长率、毛羽降低率、增磨率、增强率、减伸率、浸透率、被覆率和浆膜完整率等，为了保证浆纱各项质量指标在运转过程中合格稳定，在新型浆纱机上均装有自动控制装置。常用的自动控制装置如下。

（1）经轴退绕张力自动控制。

（2）压浆辊压力随车速变化自动调节。

（3）浆槽浆液温度、烘房温度和蜡槽蜡液温度自动控制。

（4）浆液液面高度自动控制。

（5）回潮率自动控制。

（6）织轴与拖引辊间的张力自动控制。

（7）织轴压辊压力自动控制。

一、上浆率的控制与检验

上浆率 S 表示经纱上浆后，浆料的干重对经纱干重之比的百分率。

$$S=\frac{Y_1-Y}{Y}\times100\% \tag{3-9}$$

式中：Y_1——浆纱干重，g；

Y——原经纱干重，g。

在计算过程中，若不扣除经纱和浆纱内回潮，计算得到的上浆率叫称见上浆率。

(一)上浆率的确定

浆纱上浆率要适当。上浆率偏低，则纱线强力和耐磨性都不足，织造时纱线容易起毛，增加断头，影响生产。上浆率偏高，虽然浆纱的强力和耐磨性提高，但弹性和伸长率减小，即减伸率增大，在织造中断头将增多，且布面粗糙，影响外观效果，同时浪费浆料，增加生产成本。

上浆率要视纱线特数、织物紧度及织物结构等而定，每一种织物根据其具体条件都具有最佳的上浆率，图 3－14 中的 h 就是某种织物的最佳上浆率。确定新产品的上浆率，通常参考相似品种的上浆率，再结合纤维种类、织物参数、所用浆料和织机等因素进行修正，然后经过多次上机实践，最终制订出合理的上浆率。

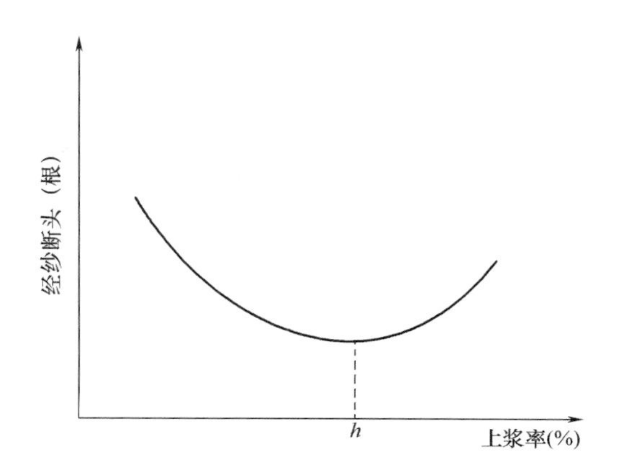

图 3－14　上浆率与经纱断头的关系

也可用下面经验公式计算：

$$S = S_0 \cdot \sqrt{\frac{T_0}{T}} \cdot \frac{x}{x_0} \cdot \sqrt{\frac{\varepsilon}{\varepsilon_0}} \tag{3-10}$$

式中：$S(S_0)$——新品种(相似品种)上浆率；

T——新品种的经纱特数；

x——新品种 10cm 内每片综的提升次数；

ε——新品种经向紧度；

T_0——相似品种的经纱特数；

x_0——相似品种 10cm 内每片综的提升次数；

ε_0——相似品种经向紧度。

“相似品种”选择得当，就意味着纤维、浆料、工艺参数等影响上浆率的因素变化不大，如有较大的变化时应作相应的修正。

(二)上浆率、浆液浸透与被覆的影响因素与控制

不同纤维、纱线对上浆率和浆液的浸透与被覆有不同要求，上浆过程中要根据具体上浆对象严格控制上浆率，合理分配浸透与被覆比例。例如，长丝上浆重在浸透，使纤维抱合；麻纱、毛

纱上浆侧重被覆,让纱身光洁,毛羽贴服;棉纱上浆则两者兼顾,其中细特棉纱上浆率高于粗特棉纱。

浆纱过程中,主要通过以下几个因素来控制上浆率和浆液的浸透、被覆程度。

1. 浆液的浓度、黏度和温度 浆液浓度是决定上浆率的最主要因素,在较大范围内改变上浆率时,需从改变浆液的浓度着手。在浆液温度不变的条件下,浆液的浓度和黏度的关系是:浓度大黏度也大,浆液不易浸入纱线内部,形成以被覆为主的上浆效果,纱线耐磨性增加,但增强率小,落浆率高,织造时容易断头;浆液浓度小时黏度也小,浆液浸透性好而被覆差,浆纱耐磨差,织造时易被刮毛而断头。在浆液浓度相同的情况下,浆液温度低时,则浆液黏稠,浸透性差,造成表面上浆。反之,浆槽温度高,浆液流动性好,浸透性好,但是被覆性差,浆纱的耐磨性和弹性都较差。

可见,欲保证规定的上浆率,必须控制浆液的浓度、黏度和温度。

2. 浸浆长度 见本章第三节浸浆与压浆。

3. 浆槽中纱线张力 经纱进入浆槽中,如张力较大,则浆液不易浸入纱内,上浆偏轻,吸浆也不均匀。为了改善这种情况,设置引纱辊积极拖动经纱输入浆槽,以减少纱线进入浆槽的张力,并稳定浸没辊的位置,从而稳定了经纱在浆槽中的张力。

4. 压浆力和压浆辊表面状态 压浆力系指压浆辊与上浆辊间的单位接触长度上的压力,一般传统浆纱机的压浆力为17.6～35.3N/cm,压浆力在98～294N/cm就属于高压压浆范畴。压浆力对上浆率有明显影响,在浆液浓度、黏度及压浆辊表面硬度一定时,压浆力增大,浆液浸透好,被挤压去的浆液也多,因而被覆性差,上浆率偏低;压浆力减小,浸透少而被覆多,上浆率增大,浆纱粗糙,落浆也多。改变压浆辊的加压重量可以调节上浆率的大小,但调节幅度不宜过大,否则会造成浸透与被覆之间不恰当的分配。

在传统的单浸双压低浓度浆液常压上浆时,压浆辊压力前重后轻,即设计第一压浆辊的压力大,纱线可以获得良好的浆液浸透,第二压浆辊压力小,使挤压区内浆液膜较厚,保证压浆后纱线的合理上浆率及表面浆液被覆程度。用于双浸双压高压(压浆力20～40kN)上浆的浆液浓度和黏度较高,压浆辊压力采用前轻后重的工艺,通过逐步加压,使浆纱获得良好的浸透,同时,因第二压浆辊压力大,使浆液膜不致过厚,以免浆膜过厚上浆过重。

传统的压浆辊表面包覆绒毯和细布,新型浆纱机以橡胶压浆辊替代。橡胶压浆辊外层的橡胶,一种表面带有大量微孔,另一种为光面。一般光面橡胶压浆辊作为第一压浆辊,微孔表面橡胶压浆辊作为第二压浆辊。各种压浆辊都具有吞吐浆液的功能,在挤压区入口吐出浆液,而在挤压区出口吸收浆液。相对而言,光面橡胶压浆辊的吞吐能力较差。

压浆辊的弹性好,受压后变形能力大,故挤压区大,压强小,这样被压入纱线内部的浆液少,挤压掉浆纱上余浆的能力也差,浆纱表面余浆多,这是浆液的第一次分配。当浆纱出了挤压区到达出口时,浆纱和压浆辊都解除了压力,弹性恢复,这样浆液发生了第二次分配。恢复原形便会吸收纱线表面所带的浆液,恢复变形愈大,吸浆愈多。因此,绒毯和细布的新旧、橡胶压浆辊表面微孔状况和老化程度,会对上浆率、浆液的浸透与被覆程度有着重要影响。

5. 浆纱机速度 浆纱机速度的快慢直接影响浸浆时间和压浆作用时间。浆纱速度快,一方面浸浆时间短，上浆率降低；另一方面压浆时间缩短，压去的浆液少，被覆好，上浆率增大。在这对矛盾的因素中，后者起主导作用，因此浆纱速度提高时，若其他条件不变，则上浆率提高，浸透差而被覆好。速度慢时，则获得相反的结果。

为了稳定上浆率，浆纱机速度不宜轻易变动。新型浆纱机均设置了压浆辊自动调压装置，以便根据车速自动调节压浆辊的压力。当车速减慢或爬行时，压浆辊自动减压，以便维持上浆率的稳定。

（三）上浆率检验方法

1. 用计算法求上浆率　把卷绕纱线前、后的织轴称重，得到浆纱的净重 W_j，再除去回潮率 W_c（测湿仪测得）的影响，即可求得浆纱干重 W。然后根据织轴上浆纱总长度、总经根数 m、经纱特数 Tt 和浆纱伸长率 ε，再计算出原纱干重 W_s，即可求得上浆率 S，计算公式为：

$$S = \frac{W - W_s}{W_s} \times 100\% \tag{3-11}$$

而：

$$W = \frac{W_j}{1 + W_c} \tag{3-12}$$

$$W_s = \frac{(nL + L_0)m\mathrm{Tt}}{1000 \times 1000(1 + W_g)(1 + \varepsilon)} \tag{3-13}$$

式中：n——每轴绕纱匹数；

L——浆纱匹长，m；

L_0——织轴上了机回丝长，m；

W_g——原纱公定回潮率。

2. 用退浆法求上浆率　在落轴时，割取全幅约 20cm 的浆纱，迅速置于取样筒内，称取约 10g 重的纱，在 105～110℃的烘箱内烘至恒重，移入干燥皿中冷却，称得 W_0(g)。按规定方法退浆，用指示计显示退净后，再烘至恒重得 W_t，则退浆率为 J_t：

$$J_t = \frac{W_0 - \dfrac{W_t}{1 - B}}{\dfrac{W_t}{1 - B}} \times 100\% \tag{3-14}$$

B 为浆纱毛羽损失率，通过对原纱进行煮练测试并按下式计算：

$$B = \frac{W_a - W_z}{W_a} \times 100\% \tag{3-15}$$

式中：W_a——了机时取原纱试样煮练前干重，g；

W_z——原纱试样煮练后干重，g。

退浆率测试时间较长，操作复杂，但用来估计浆纱上浆率比计算法准确。

(四)上浆率在线自动检测与控制

现代浆纱机通过检测和控制影响上浆率的因素,如浆液含固率、黏度、浆纱机速度、压浆辊压力、浸没辊位置等,来实现上浆率的均匀一致。对上浆率在线检测的方法主要有物质平衡法、微波测湿法等。

1. 物质平衡法　该方法是通过自动测定一段时间内浆液的消耗量及所加工原纱的质量,来计算这段时间内经纱的平均上浆率,原理如图3-15所示。计算所需要的浆液密度、浆液浓度、纱线特数和纱线根数等参数由人工输入。如果计算的上浆率与设定值比较有偏差,浆纱机自动调节压浆辊的压浆力,以达到均匀恒定上浆率的目的。

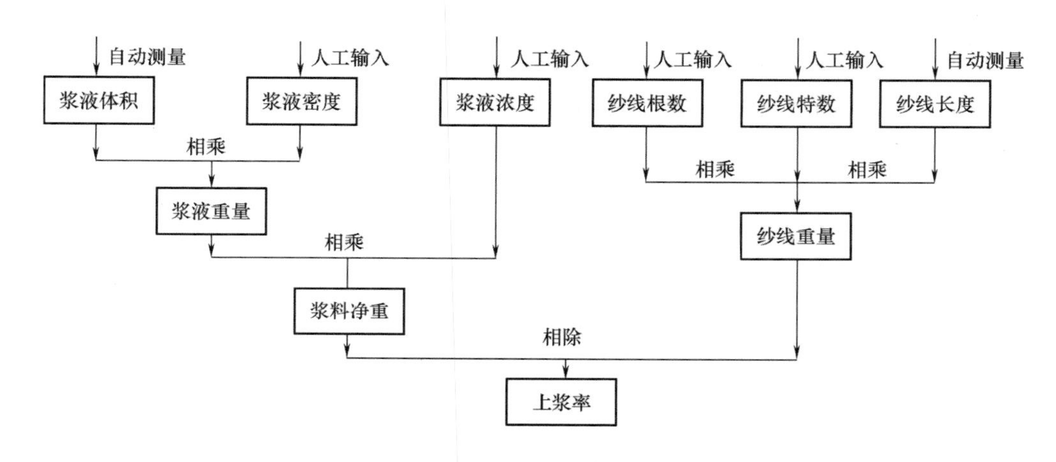

图3-15　上浆率自动检测原理

浆液的消耗量是通过检测浆槽或预热浆箱内的液面高度变化实现,检测方法有多种,例如:用压力传感器连续测量浆槽里的浆液高度;在浆液中通入压缩空气,通过测定其气压的变化反映浆液液位的高度;液面上的浮球随浆液高度升降,带动旋转电位计输出电信号。

2. 微波测湿法　微波测湿的技术成熟、使用比较普遍,该方法利用微波测湿的原理,对浆纱的压出回潮率 W_0 和原纱回潮率 W_g 进行连续测量,仪器根据式(3-16)计算并显示浆纱上浆率 S:

$$S=\frac{D(W_0-W_g)}{1-D(1+W_0)}\times 100\% \tag{3-16}$$

式中:D——浆液浓度(含固率)。

在祖克浆纱机的全自动上浆率监控系统(TELECOLL)中,纱线出浆槽后从高湿量微波测湿仪的测试板间隙中通过,以检测浆纱的压出回潮率,同时,由折光仪连续测量浆液浓度(含固率),再由系统实时计算实际的上浆率,并予以显示。实际值与设定值比较的差值,经PLC控制,改变气动加压的压浆辊压力,从而调节压出回潮率,直至上浆率达到设定值。

二、伸长率控制与检验

经纱在上浆过程中,受到的张力和伸长应控制在适当的范围内。伸长率为浆纱的伸长与原纱长度之比,用百分数表示。通常纯棉纱和涤棉纱的上浆伸长率应分别控制在1%和0.5%以内,粘胶纤维纱的伸长允许稍大,控制在3.5%以内,这样可避免纱线在织机上松弛,并能保持纱线有足够的弹性。

(一)伸长率的控制

浆纱机将全机分成退绕区、浆槽区、烘燥区、干分绞区和织轴卷绕区等几个区间,分别控制纱线的张力和伸长。传统浆纱机的主电动机通过边轴传动引纱辊、上浆辊、烘筒和拖引辊,采用差微变速等方式调整有关机件的速度,不仅机构复杂,速比的调整也难以精确。现代浆纱机分别在引纱辊、上浆辊、烘筒、拖引辊和织轴卷绕等处用变频电动机单独传动,每个单元有速度反馈系统,运用同步控制技术,实现各单元之间的精确同步和速度调整,为浆纱过程中张力与伸长的实时控制创造了条件。

1. 经轴退绕区张力 经纱退绕时所受的张力,其值要尽量小,通常小于整经张力,使经纱的伸长少,弹性和断裂伸长得到良好维持。各经轴之间退绕张力要均匀一致,以保证片纱张力恒定、均匀。

2. 浆槽区张力 经纱在高温高湿情况下受到张力,会产生较大的塑性伸长,浆槽区的张力应比退绕区小,使经纱的伸长在浆槽区得到部分恢复,称为负伸长。浆槽区可能达到的负伸长量与浸压次数有关,浸压次数多经纱受到的拉伸作用就大,可能达到的负伸长量就小,甚至出现正伸长。

3. 烘燥区张力 此区是浆纱机上伸长产生的主要区段,要尽可能减少,否则会明显损伤浆纱的弹性。在保证烘燥的情况下,缩短浆纱在烘房内的长度,减少浆纱的曲折,各导辊要灵活并相互平行。采用链条摩擦传动烘筒的方式,使其既能主动回转,又不会对经纱产生强制的牵伸作用。

4. 干分绞区张力 在此区段应具有一定的张力,以利于分纱并减少浆纱断头。

5. 织轴卷绕区张力 为了使织轴紧密平整,应有一定的张力,其张力值在各区段中为最高,因而伸长也较大。现代浆纱机在拖引辊与织轴之间设有张力检测机构,自动调节经纱张力。

(二)浆纱伸长率的检验

检查浆纱伸长率常用方法有两种。

1. 在线测定法 伸长率测定仪的两只传感器,分别测定一定时间内经轴退绕下来的纱线长度和车头拖引辊引过的纱线长度,然后依定义公式计算伸长率。这是一种在线测量的方法,测量精度比较高,有助于浆纱质量的及时控制。

2. 计算法 浆纱机每浆完一缸浆轴,根据织轴卷绕的浆纱长度、浆回丝长度和白回丝长度进行计算。了机时各经轴上残余的白回丝,因长短不等,不便测量长度,可称重再折合成长度。浆纱伸长率ε按下式计算:

$$\varepsilon=\frac{[M(NL_p+L_0)+N_mL_p+L_0+L_w]-(L_y-L_b)}{L_y-L_b}\times100\% \tag{3-17}$$

而：

$$L_b = \frac{W_b \times 1000 \times 1000}{\mathrm{Tt} \times m} \tag{3-18}$$

式中：N——每轴匹数；

L_p——浆纱匹长，m；

L_0——织轴的上了机回丝长，m；

M——每缸浆纱满织轴只数；

N_m——最后一只织轴上浆纱匹数；

L_w——每缸浆纱浆回丝长，m；

L_y——整经轴原纱长，m；

L_b——整经轴上剩余的白回丝长，m；

W_b——整经轴上剩余的白回丝重，kg；

m——总经纱根数；

Tt——经纱线密度，tex。

三、回潮率的控制与检验

浆纱所含的水分对浆纱干重之比的百分率称为浆纱回潮率。浆纱回潮率过大，会引起浆膜发粘，浆纱易粘连在一起，织造时经纱开口不清，易产生跳花、蛛网等疵布；断头增加，影响产品质量；浆纱易发霉，与织轴边盘接触处易生锈迹；还会造成窄幅长码布。回潮率过小，浆膜粗糙、脆硬易产生脆断头；落浆率较大，耐磨性差，浆纱起毛增加断头；易出宽幅短码布。因此浆纱回潮率力求避免过高或过低，在生产中要和织布车间相对湿度配合好，还应根据季节加以调整，梅雨季节适当降低。

浆纱回潮率大小与经纱原料、特数、经密及上浆率等因素有关。回潮率通常掌握在：棉浆纱$(7 \pm 0.5)\%$，粘胶浆纱$(10 \pm 0.5)\%$，涤棉混纺浆纱$2\% \sim 3\%$。

检测回潮率的方法主要有电阻法、电容法、微波法、红外线法，回潮率测湿仪可以连续地检测纱片出烘房后的浆纱回潮率。

在浆纱生产过程中，影响回潮率的因素包括以下几个方面。

1. 烘房温度　温度高则回潮率小。改变蒸汽压力、调节烘房温度是控制浆纱回潮率的关键。

2. 浆纱速度　在烘房温度不变的情况下，调快浆纱速度，会因烘燥不足而使回潮率变大；反之则小。用改变浆纱速度的办法来调整浆纱回潮率，简便快捷，但会影响浆纱的上浆率及浆液的浸透和被覆，因此压浆辊压力应随车速变化而自动调节，在没有自动调压装置的浆纱机上不宜采用。

3. 排风量　排风量大时，烘房内的空气湿度低，浆纱回潮率小；排风小则回潮率大。但排风量过大会降低烘房温度，耗能多且不易烘燥，故排风量应适当。

4. 上浆率 上浆率大时，形成的浆膜阻碍水分蒸发，回潮率易偏高；反之则偏低。上浆率不匀，则回潮率也不匀。

5. 浆纱横向回潮率不匀 要检查压浆辊两端加压是否一致；压浆辊和上浆辊接触状态；烘房内气流是否紊乱、流量不匀或有死角等。

四、增磨率

浆纱摩擦至断裂的次数比原纱增加的次数对原纱磨断次数之比的百分数，称为浆纱增磨率 m。

$$m = \frac{m_f - m_0}{m_0} \times 100\% \tag{3-19}$$

式中：m_j——浆纱磨断的次数；

m_0——原纱磨断的次数。

耐磨性是纱线质量的综合指标，直接反映了浆纱的可织性，是一项很受重视的浆纱质量指标。无梭织机采用大张力、小梭口、强打纬、高速度的织造工艺，与有梭织机相比对经纱可织性的要求明显提高。通过耐磨实验可以了解浆纱的耐磨性能，从而分析和掌握浆液和纱线的黏附能力和浆纱的内在情况，分析断经等原因，为提高浆纱的综合质量提供依据。

五、毛羽降低率

10cm 长纱线内单侧长达 3mm 毛羽的根数称毛羽指数。浆纱毛羽指数的降低数，对原纱毛羽指数之比的百分率称为浆纱毛羽降低率 d。

$$d = \frac{n_0 - n_j}{n_0} \times 100\% \tag{3-20}$$

式中：n_0——原纱毛羽指数；

n_j——浆纱毛羽指数。

毛羽指数反映了纱线毛羽的状况，毛羽降低率反映了浆纱贴伏毛羽的效果。良好的上浆工艺，可使毛羽降低率在 70% 以上，甚至超过 90%。浆纱表面毛羽贴伏不仅能提高浆纱耐磨性能，而且有利于织机开清梭口，特别是梭口高度较小的无梭织机，有资料表明，喷气织机由于毛羽引起的停台高达 50% 以上。

六、其他浆纱质量指标与检验

（一）增强率

上浆后，单根浆纱断裂强度的增加值与原纱断裂强度的百分比称为浆纱增强率 z。

$$z = \frac{P_j - P_0}{P_0} \times 100\% \tag{3-21}$$

式中：P_j——浆纱断裂强度；

P_0——原纱断裂强度。

浆纱增强率与浆液的浸透有密切关系，浸透率大，增强率大。通常浆纱增强率为15% ~30%。

（二）减伸率

上浆后的纱线断裂伸长率的降低值，对原纱断裂伸长率之比的百分率称为减伸率 J_s。

$$J_s = \frac{\varepsilon_0 - \varepsilon_j}{\varepsilon_0} \times 100\% \tag{3-22}$$

式中：ε_j——浆纱断裂伸长率；

ε_0——原纱断裂伸长率。

浆纱减伸率愈小愈好，一般以不超过25%为宜。

（三）浸透率、被覆率及浆膜完整率

吸附在浆纱上的浆液分两个部分，一部分浸透到纱的内部，一部分被覆于纱的表面形成浆膜。浸透的浆液粘结纤维增加其抱合力，并牢固浆膜，对长丝纱来说，增加了纤维间的集束性。以增强和集束为主的纱线上浆应以浸透为主，但浸透过多则浆纱弹性损失过大，不利于织造。以增加耐磨性为主的纱线上浆应以被覆为主，但是浆膜过厚时，浆纱手感粗糙，织造时落浆增多，同样不利于织造。

1. 浸透率与被覆率　制备浆纱切片，在显微镜下观察并测出浆纱截面积 S_1、浆纱未被浸浆部分的截面积 S_2，原纱截面积 S，如图3-16所示，进而得到浆纱的浸透率 A、被覆率 B：

$$A = \frac{S - S_2}{S} \times 100\% \tag{3-23}$$

$$B = \frac{S_1 - S}{S} \times 100\% \tag{3-24}$$

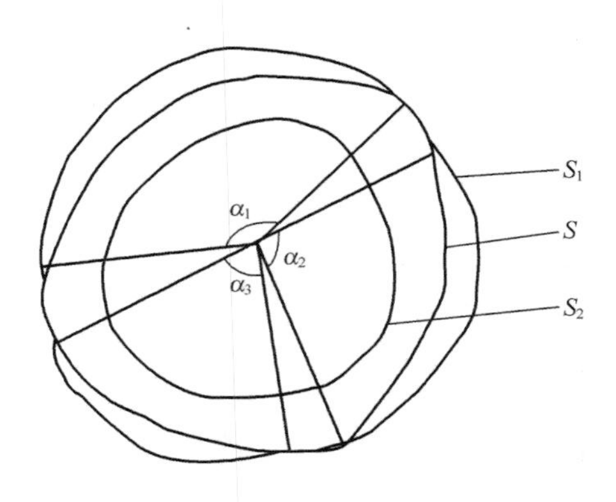

图3-16　浆纱截面示意图

2. 浆膜完整率　用浆膜包覆于浆纱的角度与360°之比值表示浆膜完整的程度，称为浆膜完整率。

$$F = \frac{\sum a}{360°} \times 100\% \quad (3-25)$$

浆膜完整率高,浆纱耐磨性好,断头少。从图 3-16 的浆纱截面示意图上看到的浆膜,是一定长度浆纱上浆膜的投影,显然浆纱切片厚度愈厚,浆膜完整率愈大。因此,同样厚度的浆纱切片,测得的浆膜完整率方能相互进行比较。

第五节 浆纱综合讨论

一、上浆工艺

(一)上浆方式

常见的上浆方式有以下几种。

1. 轴经上浆 若干只经轴经并轴、上浆、烘燥,最终卷绕成织轴的上浆方式。轴经上浆法生产效率高,使用最为广泛。

2. 整浆联合 用一定数量的筒子从筒子架上引出经纱直接喂入浆槽上浆,烘燥后卷成浆轴,然后在并轴机上卷成织轴。此方法已成为长丝上浆的主要方式。新式的热熔上浆,以及毛纱上乳化油(蜡)的办法,实质上是整浆联合机的一种方式。

3. 分条整浆联合机 在分条整经机的机头和筒子架之间加装上浆和烘燥装置,适用于小批量色织物的上浆。

4. 筒子单纱上浆 将染色后的筒子,在倒筒卷绕过程中进行单纱上浆。

5. "轴对轴"上浆 上浆前是一个轴,上浆后仍卷成一个轴的上浆方式,适用于色织物的上浆。

6. 浆染联合机 将染色与浆纱在同一台机器前后两个或多个槽中分别而连续地一步完成。这样不仅可提高效率,而且可以简化以往采用的绞纱、筒子纱或经轴染色的工序,减少染色色差,并减少能耗。

(二)上浆工艺配置

生产中应根据上浆经纱原料、特数、密度等因素合理选配浆纱工艺。

1. 短纤维纱上浆 短纤维纱上浆工艺历史悠久,广泛采用的是轴经上浆方式。

(1)纯棉纱上浆。

府绸类织物:上浆工艺掌握浸透被覆并重的原则。上浆采用"高浓度、低黏度、高温度、强分解、低张力、小伸长、重浸透、求被覆、回潮适中、卷绕均匀"的工艺。

斜纹、卡其织物:上浆率可低于同细度和同密度的平纹织物,上浆工艺偏重于被覆。

贡缎织物:上浆工艺以减磨为主,兼顾浸透,以提高增强作用。

麦尔纱、巴里纱织物:麦尔纱和巴里纱均是稀薄平纹织物,对浆纱要求较高。细特纱应采用小张力、低伸长,并相应地降低蒸汽压力和车速的工艺措施,以利于织造。

防羽绒织物:浆纱工艺一般与府绸织物相同,因比府绸织物的经纱密度大,最好采用双浆槽浆纱机上浆。

灯芯绒织物:上浆工艺要求股线经纱干并或略上轻浆。在并轴过程中,要注意强力、伸长、弹性等纵横向的张力均匀。

(2)涤棉混纺纱上浆。以T65/C35细布和府绸类织物为例:涤纶是疏水性纤维,上浆后要求达到成膜好、耐磨高、伸长小,具有一定的吸湿性,浆纱毛茸贴伏、开口清晰、光滑柔软、减少静电,有利于织造。上浆应采用"低张力、小伸长、低回潮、匀卷绕,浆液高浓低粘,压浆先重后轻、重浸透求被覆、湿分绞、保浆膜、后上蜡"的工艺路线。

(3)粘胶纤维纱。粘胶纤维具有吸湿性强、湿伸长率高、强力低、弹性差、塑性变形大、纤维表面光滑、纤维间抱合力差等特性,上浆工艺中应注意保持纱的强力和弹性。

2. 长丝上浆　长丝种类较多,如天然丝、聚酯、锦纶、醋酸纤维等,性质各异,必须在掌握纤维材料特性的基础上来决定上浆条件和上浆方法。合纤长丝通常采用丙烯酸类共聚浆料,为了克服静电,采取后上抗静电油(蜡)的措施,上浆和烘燥的温度不能太高,以保证并轴的各批浆丝收缩程度均匀一致。

有捻长丝可以采用轴经上浆工艺,即先并轴后上浆,但需要采用湿分绞或分层预烘,再将纱层合并做最后烘燥。

无捻长丝纱的捻度极小,集束性差,且一般生产高经密品种织物,经常采用三阶段加工工艺路线:即先在整经机上加工成经轴,然后在浆纱机上"轴对轴"上浆,最后在并轴机上并合卷成织轴。这种工艺路线的流程长,占用机台多,生产成本较高。采用整经和浆纱相结合的整浆联合机,然后再并轴的两阶段工艺路线,虽然缩短了工艺流程,但由于整经断头引起的停车会影响浆纱质量,故目前国内普遍采用三阶段工艺路线。

3. 色纱上浆　色织物经纱上浆,由于经纱配色比较复杂,又和染色方法有密切的联系,所以上浆技术在某些方面落后于原色纱的上浆技术。在绞纱上浆的基础上,发展成为用轴经式浆纱机上浆和分条整浆联合机上浆。

在整经时,将经纱卷绕成纱层薄而松软的经轴,进行经轴染色,脱水后将一定数量的经轴,在一般的轴经浆纱机上并轴和上浆。对于宽条纹的色织物,需在浆纱机的前筘处,按规定的配色根数将经纱排列好。如为窄条纹,在穿综时,再按所规定的配色根数排列经纱。轴经式浆纱机适用花色简单、大批量生产的织物上浆。

用分条整经轴放在轴经式浆纱机后的轴架上,进行"轴对轴"方式上浆,是色经上浆的常用方法。但经密过高时应采用双浆槽上浆,否则邻纱互相粘连会造成分纱困难。

采用分条整浆联合机上浆,不但缩短工序,还可以使生产工艺合理化。

(三)浆纱工艺参数实例

典型浆纱工艺实例见表3-10。

表 3-10　浆纱工艺参数实例

工艺参数			JC14.5×JC14.5 523.5×393.5 棉防羽布	JC9.7×JC9.7 787×602 直贡	C14.5×C14.5 523×283 纱斜纹
工艺参数	浆槽浆液温度(℃)		95	92	98
	浆液总固体率		14.2	11.5	11.2
	浆液 pH 值		8	8	7
	浆纱机型号		GA308	祖克 423 新机型	HS20-Ⅱ
	浸压方式		双浸双压	双浸四压	单浸三压
	压浆力(Ⅰ)(kN)		8.4	10	7.5
	压浆力(Ⅱ)(kN)		23.6	17	11
	接触辊压力(kN)		—	—	2
	压出回潮率(%)		<100	<100	<100
	湿分绞棒数		1	1	1
	烘燥形式		全烘筒	全烘筒	全烘筒
	烘房温度(℃)	预烘烘筒	120	125	125~135
		并合烘筒	110	115	100~125
	卷绕速度(m/min)		70	65~70	45
	每缸经轴数		由计算确定	由计算确定	由计算确定
	浆纱墨印长度(m)		由计算确定	由计算确定	由计算确定
质量指标	上浆率(%)		12.8	14±1	13.4
	回潮率(%)		7±0.5	6.8±0.8	5.8
	伸长率(%)		1.0	<1	1.2
	增强率(%)		41.5	31.5	50.8
	减伸率(%)		23.6	22.5	18.1
	毛羽降低率(%)		86.1	65	68

二、浆纱机产量计算

浆纱机产量以每小时所加工的浆纱重量表示，理论产量 P(kg/h)和实际产量 P' 为：

$$P=\frac{6vm\mathrm{Tt}(1+W_j)(1+S)}{10^5(1+W_g)} \tag{3-26}$$

$$P'=P\cdot K \tag{3-27}$$

式中：v——浆纱速度，m/min；

m——总经根数，根；

Tt——经纱线密度，tex；

W_g——经纱公定回潮率；

W_j——浆纱回潮率；

S——上浆率；

K——浆纱机效率。

三、浆纱疵点形成原因及影响

1. 上浆不匀　其产生原因：浆液黏度不稳定，浆槽温度忽高忽低，压浆辊、上浆辊表面损坏或不圆整，压浆辊两端压力不一致，浆纱车速时高时低。当上浆不匀时，轻浆易造成织机开口不清，引起断经，产生棉球、折痕、三跳、吊经、经缩等疵布；重浆会造成浆纱粗硬，易脆断，严重时布面会形成树皮皱。

2. 回潮不匀　其产生原因：蒸汽压力不稳定，压浆辊、上浆辊表面损坏或不圆整，压浆辊两端加压不均匀，散热器、阻汽箱失灵，烘房热风不匀或排湿不正常；浆纱车速快慢不一。回潮不匀易造成织造开口不清，增加三跳疵布、长短码或增加断头。

3. 张力不匀　其产生原因：经轴架两端加压不一致，各导纱辊不水平，不平行，车头纱面歪斜，使浆轴卷绕中心与烘房、经轴架中心不一致，各部分张力调节不适当。张力不匀造成经断增多且影响织物风格、质量。

4. 浆斑　其产成原因：浆槽内浆液表面出现凝固浆皮，黏附在浆纱上；停车时间过长，造成横路浆斑；湿分纹棒转动不灵活或停止转动，使湿分纹棒上附有余浆，一旦转动，造成横路浆斑或经纱粘结；压浆辊包布有折皱或破裂，压浆后纱片上出现云斑；蒸汽压力过大，浆液溅在已被压浆辊压过的浆纱上。浆斑会使相邻纱线粘结，导致浆纱机分纱时和布机织造时断头增加。

5. 油污和锈渍　其产成原因：浆纱油脂上浮；烘房内导辊轴承中润滑油融化而淌到纱上；排汽罩内滴下黄渍污水；织轴边盘脱漆，回潮率过高造成锈渍；有油渍部位操作不慎，管理不善造成。油污和锈渍都要增加油污疵布。

6. 粘、并、绞　其产成原因：溅浆、溅水，干燥不足；浆槽浆液未煮透或黏度太大；经轴退绕松弛、经纱横动、纱片起缕、分绞时撞断，或处理断头没有分清层次造成并、绞；挑头（即割取绕纱）操作时，处理不妥善。粘、并、绞会影响穿经操作，增加吊经、经缩、断经、边不良等疵布。

7. 多头少头　其产成原因：各导辊有绕纱，造成浆纱缺头；经纱附有回丝、接头不良等导致浸没辊、导纱辊、上浆辊发生绕纱，至筘齿碰断；整经头分配出错，或多或少；其他情况中途断纱。多头和少头都会产生停台和疵布。

8. 漏印流印　其产成原因：测长打印装置有故障造成漏印，打印弹簧松造成漏印，打印盒绒布损坏，印油加得太多等。漏印流印影响匹长的正确性，增加匹长乱码。

9. 软硬边　其产成原因：伸缩筘位置走动；织轴轴片歪斜；压纱辊太短或转不到头，两端高低不一致；内包布两端太短。以上情况造成织造时有嵌边或松边，易断头，影响织物的外观质量。

上述影响浆纱质量的几种主要疵点,是由机械状态和挡车操作两个方面所引起的,所以必须经常做好浆纱机的维修和对经轴、织轴的检修,使机器保持整洁良好的状态。

四、新型上浆技术

传统的浆纱方式耗能较多,为了降低浆纱能耗、同时也提高浆纱质量,出现了多种新型浆纱工艺,下面仅介绍高压上浆、预湿上浆、干法上浆、泡沫上浆等几种。

(一)高压上浆

1. 高压上浆原理 常压浆纱机的压浆力一般在 17.6～35.3N/cm,压出回潮率为 130%～150%,而烘后浆纱的回潮率随品种的不同而有差异,通常在 2%～7%之间,因此,大量水分必须在烘房蒸发掉,故能耗高、烘房负担重。而高压上浆的压浆力一般认为 92～294N/cm 较为适合,压出回潮率可降低到60%～80%,这就大大减小了烘燥负荷。在上浆率恒定时,水分蒸发量与压浆力的关系如图 3－17 所示。从图中看出,增大压浆力,使浆纱的压出回潮率减小,可以减小烘干纱线所需蒸发的水分。

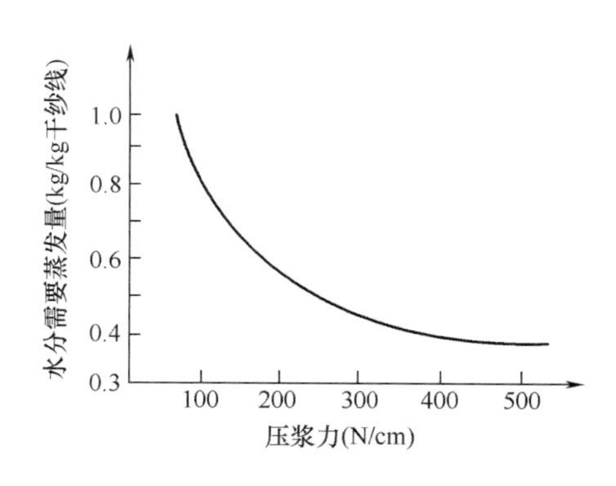

图 3－17 水分蒸发量与压浆力的关系

经纱出浆槽时的带浆量 S_a(压出加重率)和吸水率 W_a,是衡量压浆力高低效果的指标,其定义为:

$$S_a = \frac{\text{压出纱线含浆液重量}}{\text{经纱干重}} \times 100\% \quad (3-28)$$

$$W_a = \frac{\text{压出纱线吸收的水分重量}}{\text{经纱干重}} \times 100\% \quad (3-29)$$

压出加重率和吸水率与上浆率 S、浆液含固率 D 具有关系:

$$S_a = \frac{S}{D} \quad (3-30)$$

$$W_a = S_a(1-D) = \frac{S(1-D)}{D} \quad (3-31)$$

当上浆率分别为 6%、12% 及 18% 时,浆纱吸水率与浆液含固率的关系如图 3－18 所示。由图看出,为了保持恒定的上浆率,随着浆纱吸水率的降低,必须提高浆液的含固率;在浆液含固率较低时,其变化对吸水率影响较大,当含固率超过 40% 时,影响较小。浆纱中水分蒸发量的变化与吸水量的变化大致相同,图 3－19 为西点公司的实验结果。

一般认为,压出加重率≤100% 才被认为达到高压上浆。通常所说的高压上浆压浆力(40～50kN),是指浆纱机在额定速度(100m/min)下的额定压浆力。因压浆力与浆纱速度有关,当浆纱机速度减小时,压浆辊压力也要减低,以保持压出加重率一致,因此,现代浆纱机在较低的浆纱速度下,较低的压浆力也可达到压出加重率≤100%,获得高压上浆的效果。

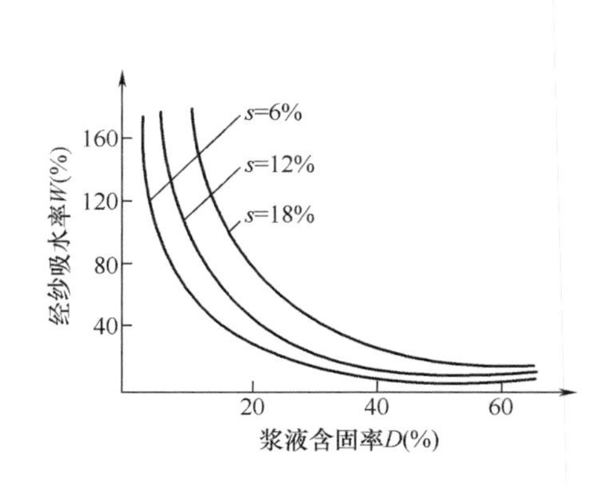

图 3－18 浆纱吸水率与浆液含固率的关系

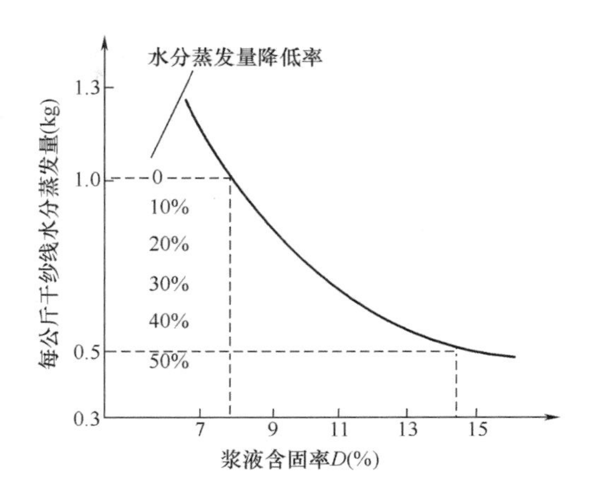

图 3－19 浆液中水分蒸发量与浆液含固率的关系

上浆率、总固体率与压浆辊压力三者关系如图 3－20 所示，曲线表明，高压浆力在挤压出更多水分的同时，浆液中的浆料也会被挤压出来，因此，为了保证恒定的上浆率，浆液的含固率必须增加，即在高压上浆工艺中使用高浓度浆液。

浆液含固率的提高会导致浆液黏度的增加，过高的黏度不利于浆液浸透，受挤压时还容易打滑，因此必须使用低黏度的浆料，如聚合度 1000～1300 的 PVA，或者掺和聚合度为 500 的 PVA，各种变性淀粉等。这是高压上浆采用“两高一低”（高压浆力、高浓度、低黏度）上浆工艺的原因。但黏度过低会使浆纱被覆不够，毛羽贴伏不好，所以黏度应低的恰当。传统浆料在高浓度时黏度极高，流动性太差，给煮浆、输浆和上浆都带来困难，不能用于高压上浆。

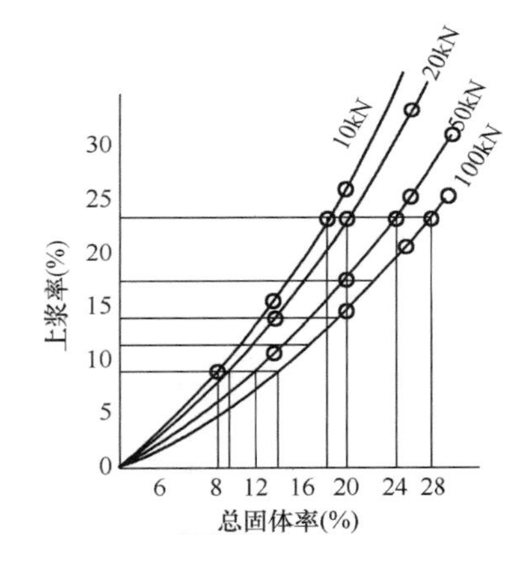

图 3－20 上浆率、总固体率与压浆辊压力的关系

2. 高压上浆的浆纱质量 与常压上浆相比，高压上浆的浆纱质量有明显的改善，主要表现为：纱线表面毛羽贴伏，浆液的浸透量明显增加。良好的浆液浸透不仅使纤维之间黏合作用加强，而且为浆膜的被覆提供了坚实的攀附基础，浆纱耐磨性能大大改善。比较浆纱的断裂强度和断裂伸长，高压上浆与常压上浆之间无明显差别，说明纱线的纤维未受到高压轧浆的损伤。

3. 压浆辊 压浆辊是高压上浆的关键部件，压浆辊表面的形状及硬度直接影响着浆纱的质量。常压上浆时，压浆辊表面的硬度为肖氏 65°左右。在高压上浆时，如果压浆辊表面硬度低，由于变形使挤压区增加，浆纱被挤压的时间过长，受压后的变形不能完全恢复，纱的横截面变扁，纱线也容易彼此粘连。因此，一般高压上浆时压浆辊表面硬度为肖氏 80°～88°。

高压上浆中，由于对压浆辊的压力施于辊的两端，使压浆辊产生弯曲变形，造成压浆辊不能与上浆辊充分吻合。于是边部经纱承受的压力大，中部经纱承受的压力较小，从而引起上浆率的横向不匀。为了使压浆辊在两端受压变形后能与上浆辊均匀接触，辊芯被设计成枣核状，如图 3－21 所示，通过对压浆辊材料和形状的设计，获得压浆辊与上浆辊之间呈均匀分布的压浆力，使经纱片的上浆率能够横向均匀。

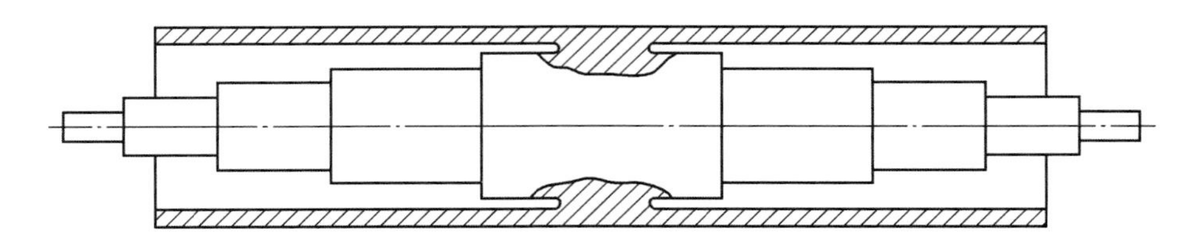

图 3－21　压浆辊结构示意图

(二)预湿上浆

预湿上浆的工艺过程如图 3－22 所示。从经轴上退绕下来的经纱首先进入高温水槽，经水洗、高压挤压后，再进入浆槽上浆。

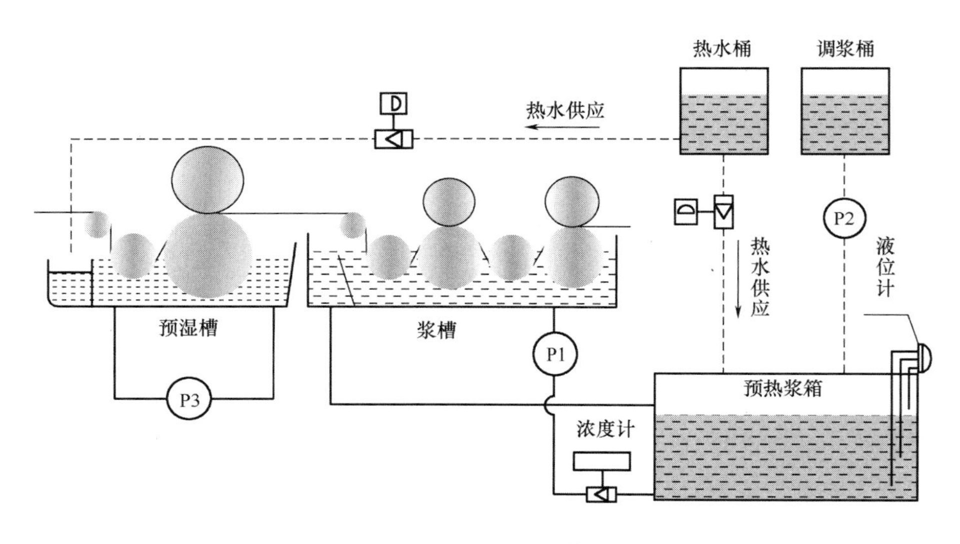

图 3－22　预湿上浆

纱线在上浆前先通过高温水洗，去掉纱线上的部分棉蜡、油脂、杂质等，有利于浆液的浸润、吸附。因纱线含有水分上浆，浆液在浆纱截面的分布更趋合理，由纱芯向表面浆液浓度逐步增大，形成更为合理的浆纱结构。浆纱烘干后，浆料在纱线截面的分布由中心向外围均匀地逐渐增加，因而有利于浆纱的柔软性和耐屈曲性，浆纱的可织性提高。预湿上浆比传统上浆的上浆率低，浆料用量少。

但预湿上浆也给浆液浓度的控制带来困难。预湿后经纱回潮率在 30%～40%，上浆中不断带入浆槽的水分，会引起浆液浓度的下降，使上浆率降低，因此，要采用不断补充高浓度浆液的办法，以稳定上浆率。设预湿经纱带入浆槽的水分完全置换到浆槽里，单位长度经纱上浆所消耗的浆液量应与带入的水分重量、补充的高浓度浆液量相平衡，则：

$$\frac{1}{D_b}=\frac{1}{D}-\frac{W_y-W}{S} \tag{3-32}$$

式中：D_b——补充浆液的浓度；

D——浆槽设定的浆液浓度；

S——经纱上浆率；

W_y——纱线预湿回潮率；

W——纱线的回潮率。

由于预湿纱线上的水分不可能全部置换到浆槽中，式（3－32）计算的补充浆液浓度偏大，需乘以小于1的系数 k 进行调整，系数 k 受纤维品种、纱线特数、纱线密度、压浆条件、浆液组分、浆液黏度等因素影响。为确保浆槽含固量不致波动太大而影响浆纱质量，一种实际可行的方法是，第一桶浆让浆槽的浆液浓度达到设定值，在浆纱开始后补充的高浓浆液按式（3－32）确定，浆纱过程中经常检测浆液浓度的变化，用热水调节到设定值，并确定出下一桶浆的补充浆液浓度。

（三）溶剂上浆

采用有机溶剂（一般为三氯乙烯、四氯乙烯）溶解浆料（聚苯乙烯浆料）进行上浆的方法。有机溶剂易挥发，汽化热比水低很多，因此大大降低了浆纱的能耗。由于上浆和退浆不使用水，从而避免了日益严重的废水处理和环境污染问题。但溶剂上浆也对上浆装置与烘房的密闭性提出更高要求，加之溶剂回收设备费用高、浆料价格贵等缺点，限制了其大面积推广。目前，在分条整浆联合机上，对长丝进行干法上浆，已投入生产。

（四）热熔上浆

在整经机头与筒子架之间加装一根回转的罗拉，其上有许多沟槽，每根经纱按排列次序经过一个沟槽。热熔型固体浆料以一定的压力压在沟槽罗拉上，罗拉加热到120～150℃使浆料熔化，充满于沟槽底部。纱线从沟槽底部通过时，浆料就涂布于经纱表面。当经纱卷到轴上时，熔融浆料已冷凝在纱线表面，因此，既不需要浆槽也不需要烘燥，比传统浆纱机节能约85%，并且取消了浆纱机。热熔上浆缩短了浆纱生产流程，涂抹作用使浆纱表面毛羽贴伏，织造性能得到提高，热熔浆料容易回收，退浆容易。这种方法适合于长丝上浆，可以增加丝的集束性，具有减磨、防静电作用。

近年来对热熔浆料做了大量研究，主要解决凝固速度慢、上浆后纱线粘连、熔融浆流动性能差、上浆不匀等问题，从而推动了热熔上浆技术的迅速发展。

（五）泡沫上浆

选用一种易成泡沫的较浓的浆液，将空气导入该浆液中，加以机械搅拌而形成泡沫，再把这种泡沫浆上到经纱上，这种方法称为泡沫上浆。它和普通上浆方法的区别是，以少量的水分来容纳浆料分子，以泡沫为介质将浆料传送到经纱上。泡沫上浆方法简单，若用老机改造进行上浆，只需在普通浆纱机上加装一套泡沫发生器和一套相应的上浆装置即可。

泡沫上浆所用的发泡比在（5～20）∶1之间，泡沫直径在50μm左右为宜。泡沫要有一定的稳定性，即要求泡沫在施加到经纱上以前要稳定，加到纱上后能迅速破灭。由于浆液浓度大，需采用高压压浆，浆纱的压出回潮率很低，在50%～80%之间，因此，该上浆方法在节能、节水、提高车速、降低浆纱毛羽等方面具有明显的优势。

五、浆纱技术发展趋势

浆纱技术的发展方向可以概括为：阔幅、大卷装、高速高产、低能耗、产品的高质量、生产过程的高度自动化和集中方便的操纵与控制。

1. 阔幅大卷装 为了适应阔幅织物的需要，浆纱工作幅宽也应相应的增大，有的浆纱机能浆3.2m的织轴，并且采用直径为800mm的大卷装。一般2.2m以上幅宽的浆纱机，设有同时卷装两个织轴的“双织轴”设备，即阔幅浆纱机若浆狭幅织轴时，可提高产量约一倍。

2. 高速高产 轴经式浆纱机目前设计速度多为100～120m/min，最高可达240m/min，但一般适用速度为50～80m/min。发展趋势是以提高浆纱质量为主，而不是追求更高的速度。因为浆纱质量对后继工序影响很大，适当高速必须以提高自动化和提高烘干效能为前提，即提高浆纱机速度必须有相应的自动控制装置和高效能的烘燥装置。

3. 高压上浆得到推广 使用高浓低粘浆液上浆，采取了高压或中压上浆技术，压浆力随浆纱速度自动调节。

4. 高质量 经线张力分区自动控制及显示，使浆纱伸长率得到有效的控制，特别是经轴架区域的气动式退绕张力调节装置，能有效地控制经纱片的张力均匀程度，减少回丝损失。普遍应用烘筒式（多用于短纤纱加工）或热风烘筒联合式（常作无捻长丝加工）烘燥装置，经纱采用分层预烘方式，这对于提高烘燥速度和烘燥效率、保护浆膜完整性、增加浆纱耐磨次数起到明显作用。使用链轮积极传动及链条摩擦盘传动的烘筒式烘燥装置，可使浆纱伸长率降低到最小。浆纱及浆液质量的在线检测和自动控制，保证了浆纱的高质量，也减轻了工人的劳动强度。

5. 自动化 除继续提高与完善已有的一些自动控制装置（如卷绕张力、浆纱伸长、压浆辊压力、经纱退绕张力、浆纱回潮率等）外，上浆率更需要有完善的自动检测与控制装置。

6. 通用化 考虑到一台浆纱机浆出的织轴，能供应300～400台织机，所以在织厂中设置的浆纱机台比较少。但织物品种在不断改变，为了适应多品种的需要，浆纱机应有较强的通用性，其轴架、浆槽、烘燥、卷绕和传动等部件均需标准化和系列化，以便根据产品种类和工艺要求，选择组合、构成各种用途的浆纱机。如通用性的浆槽应使导纱辊、浸没辊和压浆辊的排列可随意改变，通过变更穿纱方法，得出不同的上浆效果，使之适应各种类型纱线的上浆工艺。通用性的烘燥装置，在拆装少量的部件后，即能将烘筒式、热风式、联合式相互转换，以适应不同纱线的上浆。

7. 低能耗 新型浆纱机附有热能回收装置。高压上浆、泡沫上浆、热熔上浆等的研究，在很大程度上也是以节能为主要出发点。

☞ 思考题

1. 名词解释：浆料，黏着剂，助剂，黏度，糊化，糊化温度，浆液含固率，耗汽量，蒸发量，汽水比，上浆率，浆纱伸长率，浆纱增强率，浆纱减伸率，浆纱耐磨增加率，浆纱毛羽降低率，浆纱浸透率，浆纱被覆率，浆膜完整率，高压上浆，预湿上浆。

2. 浆纱工序的任务是什么？

3. 现代织造对浆纱工序的要求有哪些？

4. 上浆后对经纱可织性提高反映在哪些方面？

5. 简述浆纱的工艺流程。

6. 浆纱用黏着剂的类型？

7. 淀粉的结构、成分、性质。

8. 淀粉的糊化过程。

9. 试述淀粉的浆用性能，天然原淀粉作为主浆料的优缺点。

10. 何为变性淀粉？常用变性淀粉的上浆性能。

11. 何为PVA的醇解度？完全醇解PVA和部分醇解PVA在上浆工艺性能上有何不同？

12. 常用的丙烯酸类浆料有哪些？其上浆特性如何？

13. 浆液中的常用助剂和作用。

14. 确定浆料配方时选择浆料组分的依据是什么？

15. 浆液的质量指标有哪些？简述各自的主要检测方法。

16. 常用的上浆浸压方式和特点。

17. 何为经纱覆盖系数？经纱覆盖系数大小对上浆的影响？

18. 浆纱烘燥的过程，烘燥的方式和特点。

19. 评价浆纱机烘燥能力的指标有哪些？烘燥能力与浆纱机速度之间的关系。

20. 检验浆纱质量的指标有哪些？

21. 影响浆纱上浆率的因素有哪些？

22. 浆纱工艺过程中的张力与伸长控制方法。

23. 影响浆纱回潮率的因素和调节方法。

24. 浆纱主要疵点及成因。

25. 高压上浆的原理，对浆料及浆液有哪些要求？

26. 预湿上浆中如何稳定浆液的黏度？

27. 试述制订浆纱工艺的主要原则，浆纱工艺设定的主要内容。

28. 浆纱机产量计算。

29. 浆料、浆纱机、浆纱工艺发展的趋势。

第四章　穿结经

本章知识点

1. 穿经与结经的方法、特点。
2. 停经片的作用、类型和有关的工艺参数（重量、排列密度）。
3. 综框的作用与结构形式，综丝的类型和有关的工艺参数（长度、排列密度）。
4. 钢筘的类型、筘号与计算。

穿结经是穿经和结经的统称，是经纱织前准备的最后一道工序。它的任务是根据织物上机图的要求，把织轴上的经纱按一定的规律穿入停经片、综丝眼和筘齿，以便织造时形成梭口，引入纬纱，织成所需要的织物，并在经纱断头时能及时停车而不致造成织疵。

穿结经是一项细致的工作，其质量的好坏直接影响织造能否顺利进行和织物的质量，严重时将织不出所需要的花纹、经密和幅宽。因此，必须严格地按照要求进行穿经，不仅次序应当正确，而且使用的综、筘和停经片应良好，不应有锈斑及磨损，以免污损经纱或增加织造断头。

第一节　穿结经方法

一、穿经

穿经的方法有手工穿经、半自动穿经和自动穿经。

1. 手工穿经　在穿筘架上由人工将经纱逐根穿过停经片、综丝眼和钢筘，使用的工具为穿综钩和插筘刀。手工穿经劳动强度大，生产效率低，每人每小时最多可穿 1000 ~ 1500 根，但手工穿经灵活，适用于任何织物组织。目前，除少数因经纱密度大、线密度小、织物组织比较复杂的织物还保留手工穿经外，纺织厂里大都采用自动和半自动穿经。

2. 半自动穿经　在半自动穿经机上完成穿经工作。穿经机具有自动分纱、自动吸停经片和自动插筘三种自动功能，可以代替手工穿经的部分操作，减轻了工人的劳动强度，提高了劳动生产率，每人每小时可穿经 1500 ~ 2500 根。半自动穿经机目前在生产中应用较广。

3. 自动穿经　自动穿经也称机械式穿经，分纱、分停经片、分综丝、引纱（穿停经片、综丝眼)和插筘五个动作全部由穿经机完成。自动穿经机有两大类型:一类是主机固定而纱架移动;另一类是纱架固定而主机移动。两种类型的机械都包括有传动系统、前进机构、分纱机构、分停经片机构、分综机构、穿引机构、钩纱机构和插筘机构。

自动穿经机极大地减轻了工人的劳动强度,提高了生产效率。操作工只需监视机器的运行状态,做必要的调整、维修及上下机的操作,每小时可穿经纱6000根左右,综框数可达28片,适用于棉纱、混纺纱、毛、丝、竹节花式纱等。

二、结经

结经是将新织轴上的经纱与了机织轴上的经纱逐根对结起来,然后将新织轴的经纱一同拉过停经片、综丝和钢筘,从而完成穿经工作。结经只能用于相同的织物品种,有手工结经和自动结经两种方式。

1. 手工结经　用手工打结的方法将了机后的纱尾与新织轴的纱头依次连接起来。这种方法多数在织机上操作,适用于复杂提花组织的织物,效率比较低,仅在少数丝织、麻织厂有使用。

2. 自动结经　自动结经机有固定式和活动式两种。固定式自动结经机安装在穿经车间,结经工作在穿经车间完成。活动式自动结经机可以移至布机车间的织轴通道内,直接在织机上结经,钢筘、综框和停经片不需要从织机上卸下。两种结经机的机头结构都比较复杂,它主要由挑纱机构、聚纱机构、打结机构、前进机构和传动机构五部分组成。

自动结经每小时可打结24000根经纱,劳动生产率高,工人劳动强度降低,只有经纱的梳理与定位仍由人工完成。但当织物品种翻改时,就不能采用结经;受停经片、综丝、钢筘的维修保养影响,结经次数也受到限制。

第二节　穿经工艺

一、停经片

停经片是织机经停装置感知经纱断头的元件。在织机上,每根经纱穿入一片停经片,经纱断头后,停经片靠自重落下,断经自停装置(机械式或电气式)使织机停车。有梭织机一般采用机械式断经自停装置,无梭织机大多采用电气式断头自停装置。

停经片的外形如图4-1所示,有闭口式和开口式两种。图4-1(a)、(b)是闭口式停经片,经纱穿在停经片的圆孔内;图4-1(c)为开口式停经片,经纱在上机时插放到经纱上,使用比较方便。

根据纤维原料、纱线线密度、织机种类和车速等条件选择停经片的尺寸、形式和重量。一般纱线线密度大、车速高,选用较重的停经片,反之则用较轻的停经片。毛织用较重的停经片,丝织用较轻的停经片,大批量生产的织物用闭口式停经片,品种经常翻改、批量较小的织物可用开口式停经片。停经片重量与纱线线密度的关系见表4-1。

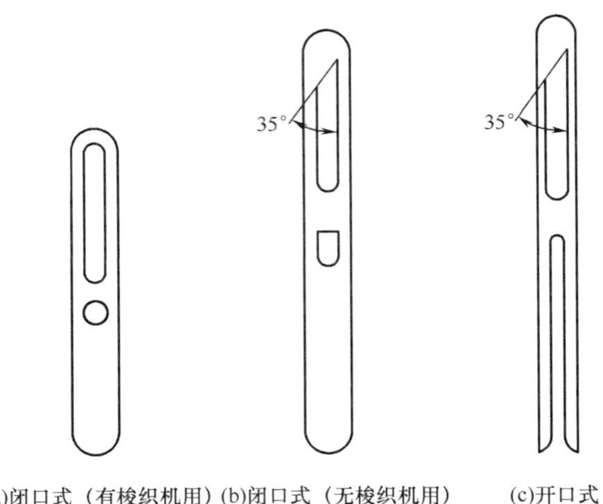

图 4－1　停经片

表 4－1　停经片重量与纱线线密度的关系

纱线线密度(tex)	9 以下	9～14	14～20	20～25	25～32	32～58	58～96	96～136	136～176	176 以上
停经片重量(g)	1 以下	1～1.5	1.5～2	2～2.5	2.5～3	3～4	4～6	6～10	10～14	14～17.5

每根停经杆上的停经片密度 P(片/cm)可按下式计算：

$$P = \frac{M}{m(B+1)} \tag{4-1}$$

式中：M——总经根数；

m——停经杆排数；

B——综框上机筘幅，cm。

停经片在停经杆上的允许密度，与经纱特数、停经片的厚度有关。经纱特数小、纱线细，或者采用薄的停经片，停经片的密度可大些，否则密度应适当降低。表 4－2 所示为无梭织机上，停经片最大允许密度与停经片厚度的关系。表 4－3 为棉织机常采用的 0.2mm 厚度停经片，停经片的最大排列密度与纱线线密度的关系。

表 4－2　停经片最大排列密度与停经片厚度的关系

停经片厚度(mm)	0.15	0.2	0.3	0.4	0.5	0.65	0.8	1.0
停经片最大排列密度(片/cm)	23	20	14	10	7	4	3	2

表 4－3　停经片最大排列密度与纱线线密度的关系

纱线线密度(tex)	48 以上	42～21	19～11.5	11 以下
停经片最大排列密度(片/cm)	8～10	12～13	13～14	14～16

织机一般采用四或六排停经杆，如果停经片密度过大，可以适当增加停经杆的排数。停经片的穿法分为顺穿法、飞穿法和重复穿法三种。

二、综框与综丝密度

1. 综框　综框是开口机构的一个部件，综框的升降通过综丝带动经纱上下运动形成梭口。目前常见的综框是金属综框，如图4－2所示。有梭织机综框有单列式和复列式两种，单列式综框每页只挂一列综丝；复列式综框每页挂2～4列综丝，用于织制高经密织物。无梭织机基本都是单列式。

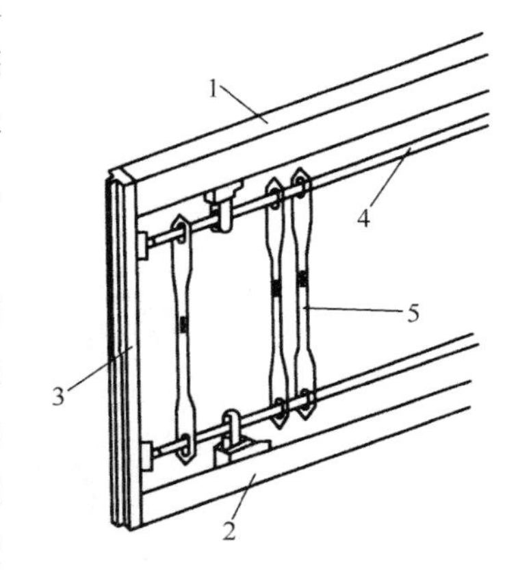

图4－2　无梭织机综框示意图

2. 综丝　综丝有钢丝综和钢片综两种。钢丝综由两根细钢丝焊接而成，两端有综耳，中间有综眼，为了减少综眼与经纱的摩擦，综眼与上下综耳平面成45°倾角，有梭织机通常采用钢丝综。无梭织机采用的钢片综由薄钢片制成，比钢丝综耐用，综眼形状为四角圆滑过渡的长方形，对经纱的磨损较小。钢片综有单眼式和复眼式两种，复眼式钢片综的作用类似于复列式综框。

综丝的规格包括长度和直径。综丝的直径取决于经纱的粗细，经纱细，综丝直径小。综丝的长度随织机类型及梭口高度而定，棉织常用的综丝长度为260～330mm，丝织、绢织常用的综丝长度为330mm、280mm。

3. 综丝密度　综丝密度指织物上机后，综丝杆上每厘米内的综丝根数。综丝杆上的综丝密度P（根/cm）可按下式计算：

$$P=\frac{X}{B} \tag{4-2}$$

式中：X——每排综丝杆上的综丝根数；

B——综框的上机幅宽，cm。

每排综丝杆上的综丝数可根据总经根数、综框的页数、每页综框上的综丝杆排数求出。综丝密度过大，会增加综丝同经纱之间的摩擦；综丝密度过小，会增加前后综之间的经纱张力差异。综丝的允许密度随经纱的特数而异，参考数据见表4－4。织制高经密织物时，为了降低综丝密度，可采用采用复列式综框或增加综框页数。

表4－4　棉织综丝密度与经纱特数的关系

纱线特数（tex）	36～19	19～14.5	14.5～7
综丝密度（根/cm）	4～10	10～12	12～14

三、钢筘

钢筘按制作方法不同，可分为胶合筘和焊接筘两种；按外形的差异，可分为普通筘和异形筘（又称槽形筘）。普通筘使用广泛，异形筘仅用于喷气织机。图4－3(a)所示为胶合筘，它是用胶合剂和扎筘线3把筘片1固定在扎筘木条4上，筘的两边用筘边2和筘帽5固定。图4－3(b)为焊接筘，筘片1用钢丝绕扎后用锡铅焊料焊牢在筘边2和筘梁6上。图4－3(c)所示为异形筘片7。

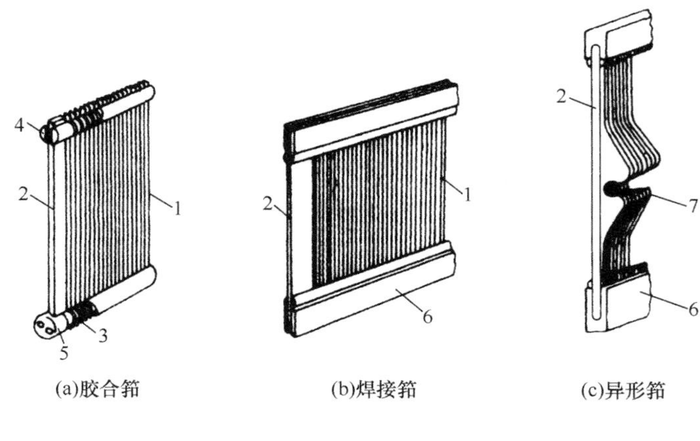

图4－3　钢筘

钢筘的规格用筘号表示，筘号有英制和公制两种。公制筘号是指10cm钢筘长度内的筘齿数；英制筘号是以2英寸钢筘长度内的筘齿数表示。公制筘号N的计算公式为：

$$N = \frac{P_j \times (1 - a_w)}{b} \tag{4-3}$$

式中：P_j——经纱密度，根/10cm；

a_w——纬纱缩率；

b——每个筘齿内穿入的经纱根数，根。

每筘齿穿入的经纱根数，应根据织物的结构和织造条件而定。织造平纹织物时，每筘穿入2～4根；斜纹、缎纹可根据经纱循环合理确定，如三枚斜纹每筘穿3根、四枚斜纹每筘穿4根。在织制高经密织物时，每筘齿中穿入经纱根数少，织物外观匀整，但必然采用较大的筘号，从而筘齿密，经纱会因摩擦增加断头。因此，有些工厂使用双层筘织制高密织物，较好地解决了这一问题。同时也可以解决某些织物如方平组织的板丝呢，在织造时相邻两根纱线容易发生“换位”的现象。双层筘的穿法如图4－4所示。

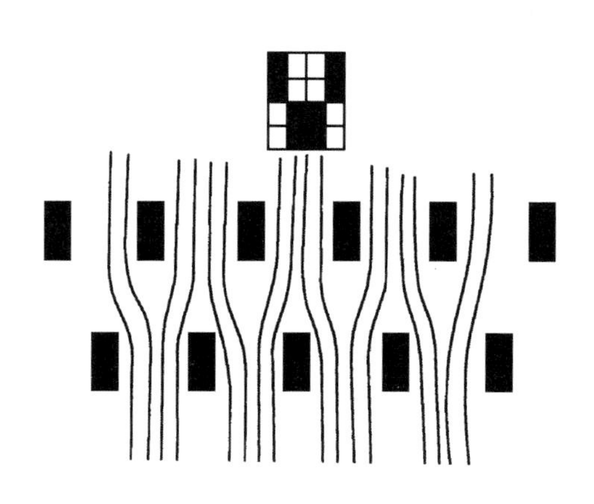

图4－4　双层筘的筘片排列及经纱穿法

思考题

1. 穿结经工序的任务是什么？对此工序有何要求？
2. 穿经和结经的方法和特点？三自动穿经机的自动内容？
3. 停经片、综框的作用是什么？为什么对停经片和综丝有最大密度的要求？
4. 什么是筘号，筘号如何计算？

第五章 纬纱准备

本章知识点

1. 直接纬与间接纬，纬管纱的卷绕成形运动。
2. 热湿定捻的目的、方法与定捻效果的检测。

根据使用的织机不同，纬纱卷装有筒子和管纱（俗称纡子）两种形式。无梭织机采用大卷装的筒子作纬纱，有梭织机使用管纱作纬纱的卷装，有直接纬和间接纬两种准备方法。在细纱机上直接将纬纱卷绕成管纱，称为直接纬；将细纱机落下来的管纱再经过络筒、卷纬加工而成管纱，称为间接纬。直接纬的工艺流程简单，生产成本低；间接纬的管纱质量高，纬纱疵点少，织物质量好，因而被丝织、毛织和高档棉织的有梭织机生产采用。

纱线加捻后纤维的内应力会使纱线产生扭应力，特别是强捻纱或弹性好的纱线，当纱线张力较小时或处于自由状态下，会发生退捻、扭结起圈，为了防止这种现象的发生，方便后道加工的顺利进行，常采用热湿定捻的方法来稳定纱线的捻度。

第一节 纬管纱的成形

一、纬管纱的卷绕成形

纬管的形式与有梭织机的补纬方式有关，图 5－1（a）、（b）、（c）分别是手工换梭、自动换纬、自动换梭织机的纬管；图 5－1（d）为半空心的纬管，常用于粗纺毛纱的卷装。纬管的管身上有深浅、疏密不等的槽纹线，分别用于不同的纱线，如表面没有槽纹或槽纹浅而疏的纬管，适用于纤细长丝。

纬纱管是在卷纬机上卷绕完成的，卷纬机的种类很多，但无论哪种卷纬机，必须包括三个基本的运动。

（1）将纱线卷绕在纬管上纬管的旋转运动。

（2）使纱圈均匀地分布在纬管表面的导纱器往复运动。

（3）使纱层自管底向管顶徐徐移动的导纱器前进运动。

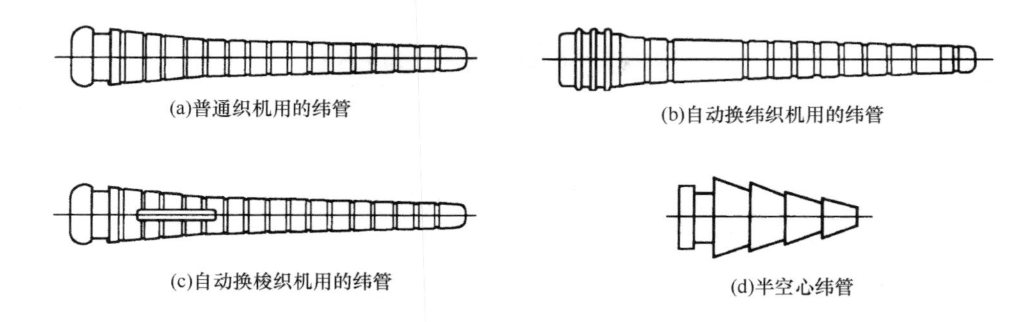

图 5－1　几种纬管

纬纱管如图 5－2 所示，卷纬时，先在纬管底部卷绕一定长度的备纱（备纱是防止自动补纬织机从检测出纬纱用完，到完成补纬动作期间内产生缺纬疵布），此时纬管回转绕纱，导纱器不动。然后在纬管旋转过程中，导纱器做往复运动，于是纬纱沿纬管圆周方向绕成纱圈，沿纬管长度方向形成纱层。由于导纱器在往复运动的同时，又作前进运动，这样就使第二纱层相对于第一纱层移动一个距离 ΔL。如此继续卷绕，直至形成如图 5－2 所示纬管纱。

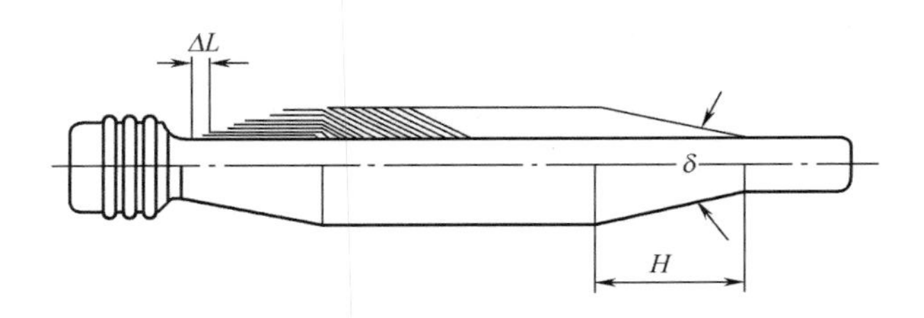

图 5－2　纡子的形成

纡管纱的顶端是一个锥体，锥顶角 δ 大，则退解阻力小，但易脱圈，一般棉织用纡子的锥顶角为 20°～24°，丝织为 12°～13°。导纱距离 H 和级升距离 ΔL 影响纡子的成形。H 已定，ΔL 越大，纡子底部的锥顶角就越小，纡子直径也小，则卷绕容量小。ΔL 一定，H 越大，纡子直径也大，卷绕容量增大，但纱圈形成的锥顶角 δ 也小，纬纱退绕时的阻力会增大。

二、卷纬张力与卷纬密度

卷纬过程中，纬纱应具有一定的张力，即卷绕张力。适当的卷纬张力可以保证合适的卷绕密度和良好的成形。张力过小会使管纱松软，退绕时易产生脱纬；张力过大则退绕困难，而且会损伤纱线。

纬纱的卷绕密度主要由卷纬张力决定，也与卷装形式、卷纬速度、纱线特数、纱线原料等因素有关。在不损伤纱线物理力学性能、保证顺利退绕的前提下，为了增加管纱容量，应尽量采用大的卷绕密度。一般卷绕密度介于 0.40～0.75g/cm^3 之间。

第二节　纱线的热湿定捻

定捻是根据不同的纤维原料、不同捻度，对纬纱进行给湿与加热，稳定其捻度。有时根据需要，经纱也应给湿加热，以稳定捻度。

一、自然定捻

自然定捻就是把加捻后的纱线在常温常湿环境下放置一段时间，纱线在放置过程中纤维内部的大分子相互滑移错位，纤维的内应力逐渐减小，从而使捻度稳定。自然定捻适用于捻度较小的纱线，比如1000捻/m以下的人造丝在常态下放置3～10天，就能达到定捻目的。

二、给湿定捻

给湿法是使水分子渗入到纤维大分子之间，增大彼此之间的距离，从而使大分子链段的移动相对比较容易，加速松弛过程的进行，从而使捻度稳定。同时，由于湿度的增加，使纱层间的附着力增加，减少了脱纬和纬缩现象。

1. 喷雾法　将棉纱放置在相对湿度80%～85%的室内，经过12～24h后取出使用；低捻度的天然丝线在相对湿度90%～95%的给湿间内存放2～3天，也可得到较好的定捻效果。若是低捻人造丝，则相对湿度控制在80%左右。

2. 水浸法　将纬纱置于竹篓或钢丝篓内，放在热水中浸泡40～60s（特数高的纱线时间可短些，特数低的纱线时间应长些），然后取出在纬纱室放置4～5h即可使用。热水温度在35～37℃，应及时换水，保持水的清洁，以免污染纱线。

3. 机械给湿法　机械给湿法有多种方式，一种是用毛刷将水直接喷洒于纬纱；另一种是用普通摇头喷雾器来给湿；也有用喷嘴给湿机的方式。喷嘴给湿机给湿均匀，占地面积小，它主要由半封闭给湿仓、喷水嘴和纬纱运输帘子三部分组成。

如果在水中添加渗透剂，可以加快水向纤维内部的渗透作用。

三、热湿定捻

热湿定捻常用于涤棉或化纤纱线，在热和湿的共同作用下，可以大大提高纱线的定捻速度。

1. 低温高湿定捻　在定捻室内，使待定捻的纱线与蒸汽直接接触，吸收水分和热量。定捻的温度较低，一般为42～45℃，定捻时间在4～8h，纱线移出定捻室后稳定15～20min即可使用。

2. 真空定捻　为了减少大卷装的内外层纱线受热湿空气作用的时间差，加快高温蒸汽渗透到纱线内层的速度，常采用热定捻锅。定捻时，先用真空泵把装有管纱或筒子的容器抽真空，产生负压，再通入蒸汽，让热、湿充分作用到纱线内部，定捻效果较好。如涤/棉混纺纱、化纤纱等，定捻温度在80～85℃，管纱保温20～30min、筒子纱40～50min。

四、定捻效果的测定

定捻后纱线的物理性能会起相应的变化，例如涤/棉混纺纱，定捻后的强力有下降的趋势，且定捻温度越高，强力下降的幅度也越大，同时还发生热缩现象。

定捻质量的好坏主要看捻度稳定的情况和内外层纱线稳定的程度是否均匀一致，通过定捻时间和温度来调节，定捻不足或过度都不符合要求。定捻效果的测定方法如下。

1. 定捻效率法　两手执长为50cm的纱，一端固定，另一端缓慢平行移近直至出现扭结时为止，测量其长度，定捻效率 P 可由下式计算：

$$P = (1 - \frac{S_1}{S_2}) \times 100\%$$

式中：S_1——纱线开始扭结时的长度；

S_2——纱线试验长度（50cm）。

定捻效率一般在40%～60%便能满足织造的要求。

2. 目测法　双手拉直100cm长的定捻后纱线，然后慢慢靠近至两手距离为20cm时，看下垂纱线的扭结转数，一般以不超过3～5转为标准。

思考题

1. 什么是直接纬，什么是间接纬？
2. 纬管纱卷绕成形的基本运动有哪些？
3. 为什么要热湿定捻？热湿定捻有哪几种方法？定捻的效果如何检测？

第六章 开口

本章知识点

1. 梭口的形成方式、梭口的清晰度。
2. 开口过程中经纱的拉伸变形及其影响因素，梭口高度的确定。
3. 梭口形成的三个时期及其分配，综框的运动规律及要求。
4. 凸轮开口机构的类型、工作原理。
5. 多臂、提花开口机构的类型、工作原理。
6. 纬向多梭口与经向多梭口的概念。

在织机上要实现经、纬的交织构成机织物，必须按照织物组织要求的规律，把整幅经纱分成上、下两层，形成能供引纬器（梭子、片梭、剑杆、气流或水流等）通过的通道——梭口，以便引入纬纱，与经纱交织。待纬纱引入梭口后，两层经纱再上下交替，形成新的梭口，如此反复循环。这种使经纱上下分开的运动即为经纱的开口运动，简称开口。在织机上，完成经纱开口运动的机构称为开口机构。

开口机构不仅要使经纱上下运动，形成梭口，同时还应根据上机图所决定的提综顺序，控制综框（经纱）升降的次序，以获得所需要的织物组织结构。开口机构一般包括提综和回综装置、综框（综丝）升降次序控制装置，分别完成经纱的升降和升降次序的控制。在织制不同类型的织物或织机速度不同时，应采用不同类型的开口机构。如织制简单的平纹、斜纹、缎纹等组织织物，可采用凸轮和连杆开口机构，适合较高的织机转速。凸轮和连杆兼有把经纱分成上下两层和控制综框升降次序的作用，凸轮控制的综框页数不超过 8 页，连杆专用于织造平纹织物。织制比较复杂的小花纹织物，要采用多臂开口机构，控制的综框页数一般不超过 24 页，最多可达 32 页。当织制更复杂的大花纹织物时，如大花纹被面、提花毛毯、景像织物等，则要采用提花开口机构，以直接控制每根经纱做独立的升降运动。在多臂、提花开口机构中，一个装置专门控制综框（或经纱）的升降运动，另一装置控制其升降的次序。

开口运动是直接参与织物形成的主要运动之一，在开口过程中，经纱反复的承受拉伸、摩擦和弯曲等机械作用，对每一单位长度的纱段来说，上述负荷的作用次数可达几百次甚至几千次之多，如果处理不当，则会导致经纱疲劳和结构松散而断裂。因此，必须很好地研究开口运动，提高开口机构的技术水平，改善开口运动的工艺条件，以提高织机的产量和织物的质量。

第一节　梭口

一、梭口的形状和尺寸

织机上的经纱，是沿织机的纵向配置的，如图6－1(a)所示。经纱从织轴引出，绕过后梁E及停经架中导棒D，穿过综丝眼C及钢筘，在织口B处与纬纱交织形成织物，然后绕过胸梁A卷绕在卷布辊上。在开口时，经纱从综平位置BCD出发，随综框上下运动被分成上下两层，形成一个棱形的通道$BC_1D\ C_2$，这就是梭口，上层BC_1D是梭口的上层经纱，下层BC_2D是梭口的下层经纱。梭口完全闭合时，两层经纱又返回到综平位置。

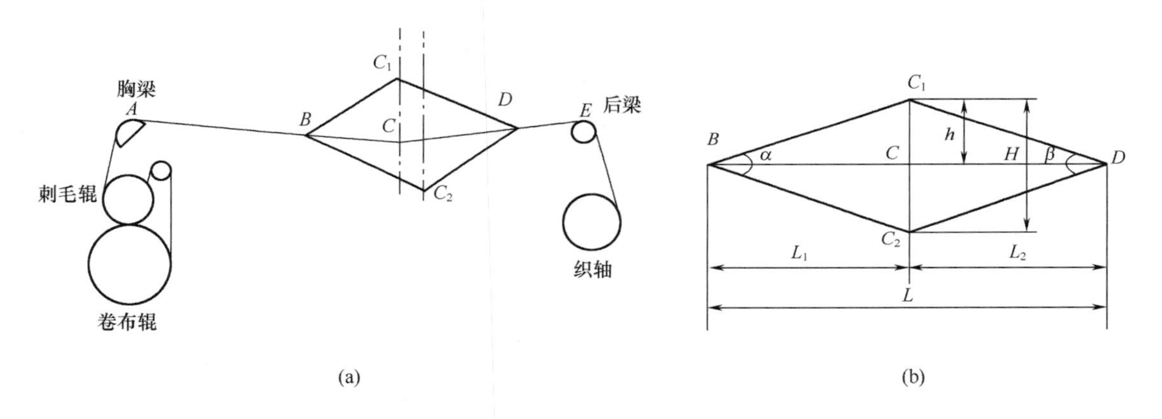

图6－1　经纱配置和梭口形状和尺寸

梭口的尺寸通常以梭口高度、长度和梭口角等衡量，如图6－1(b)所示。梭口满开时，经纱的最大升降动程C_1C_2称为梭口的高度H。从织口B到经停架中导棒D的水平距离为梭口的长度L，梭口长度又分为前部梭口长度L_1和后部梭口长度L_2。因为织机上的综框均在两页以上，各页综框到织口的距离各不相同，所以L_1与L_2只是代表一个平均尺寸。L_1与L_2的比值称为梭口的对称度，用m表示。当$m=1$时，称为对称梭口，$m<1$或$m>1$时，称为不对称梭口。BC_1C_2B空间区域是梭口的前部，上下层经纱在织口B处形成的夹角α称为梭口前角；DC_1C_2D空间区域是梭口的后部，上下层经纱在中导棒D处形成的夹角β称为梭口后角。

梭口的前部是梭口的工作部分，梭子或其他引纬器从这里通过并引入纬纱，打纬时钢筘对经纱的反复摩擦以及经纬纱的交织也在这个区域进行。因此，前部梭口的大小和状况至关重要。通常，在梭口高度相同的条件下，为了得到比较大的梭口前角和筘前梭口高度，以利于引纬，常采用前部梭口长度小于后部梭口长度的不对称梭口。但这样会引起开口过程中前后部经纱的拉伸变形量不等、经纱在综眼中摩擦增大的问题。

二、梭口的形成方式

不同类型的织机，在开口过程中形成梭口的方式也不完全相同。按开口过程中经纱的运动特征，可将梭口分为三种。

（一）中央闭合梭口

在每次开口运动中，全部经纱都由综平位置出发，分别向上、下运动到满开位置，形成梭口；在梭口闭合时，所有上下层经纱都要回到综平位置。这样的开口方式称为中央闭合梭口，如图6－2(a)所示。图6－2(d)是织物的组织图。这种开口方式，对下一次梭口来说，不论经纱是否需要保持在原来位置，都必须回到综平位置，然后再根据下一次梭口的要求，由综平位置出发形成下一次梭口。因此，在每次形成梭口的过程中，总有一部分经纱做不必要的运动，经纱变位频繁，既影响了梭口的稳定性，对引纬不利，又增加了经纱受拉伸和磨损的次数，经纱断头可能增加。

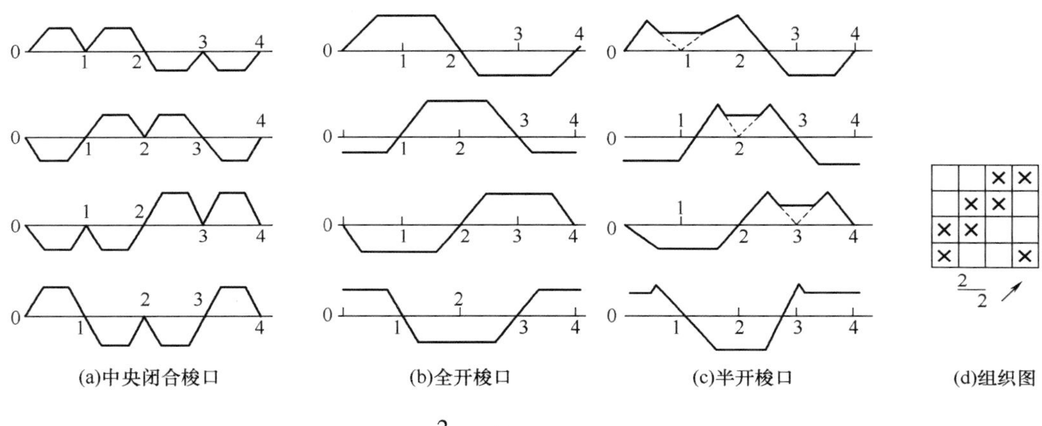

图6－2 $\frac{2}{2}$↗斜纹组织的三种梭口

中央闭合梭口的优点是：由于所有经纱的运动规律相仿，经纱张力变化规律一致，可以采用摆动后梁来调节开口和综平时的经纱张力差异。而且每次梭口闭合时，全部经纱都能回到综平位置，便于挡车工处理经纱断头，而无需增加另外的平综装置。这种开口方式一般不能用于凸轮开口机构，在一些毛织机和丝织机的多臂或提花开口机构上有采用。

（二）全开梭口

在每次开口运动中，按照织物组织要求的经纱沉浮规律，只有需要改变位置的经纱上下运动，即需要提升的经纱从下层上升，需要下降的经纱从上层下降，而不需要改变位置的经纱则保持在原位置（上方或下方）不动，这种开口方式称为全开梭口，如图6－2(b)所示。

全开梭口的优点是：在每次开口运动中，经纱没有不必要的运动，因此经纱磨损小，有利于降低经纱的断头。同时，由于经纱变位次数少，梭口稳定，对引纬有利，且消耗于开口运动的动力也较少。但全开梭口的缺点是：除平纹织物外，全部经纱不能同时到达综平位置，不便于处理经纱断头，需要设置专门的平综装置。由于各片经纱张力不同，尤其在部分经纱处于综平位置时，张力差异更大，对织物结构与外观平整有不良影响；同时，由于部分经纱在梭口满开、张力大的情况下，停留时间较长，因而容易受到损伤，发生断头。凸轮、多臂和提花三种开口机构均可采用全开梭口。

（三）半开梭口

在开口过程中，按照织物组织的要求，需要继续留在下层的经纱保持不动，这与全开梭口的经纱运动方式相同，而需要留在梭口上层的经纱，则需稍微向下降一段距离，然后在下次开口时再随其他上升的经纱上升至原来的位置。这样的开口方式叫半开梭口，如图6－2(c)所示。其优缺点与全开梭口大致相同。需要留在上层经纱的运动状况，是由开口机构的结构特点所决定的。有些多臂开口机构属于半开梭口。

三、梭口的清晰度

织机采用多页综框织造时，为使各页综的升降运动不相互干扰，彼此之间需有一定间距，因而各页综至织口的距离各不相同。各页综框开口高度的不同配置，使梭口满开时形成不同清晰程度的梭口。梭口的清晰度，对能否顺利引纬以及降低经纱断头等有重要影响。

1. 清晰梭口　在梭口满开时，梭口前部的上层经纱处在同一平面中，下层经纱处在另一平面中，这种梭口称为清晰梭口，如图6－3(a)所示。显然，清晰梭口的条件是：各页综框的梭口高度 H_i ($i=1$、2、…) 与它们到织口的距离 L_i ($i=1$、2、…) 必须成正比。

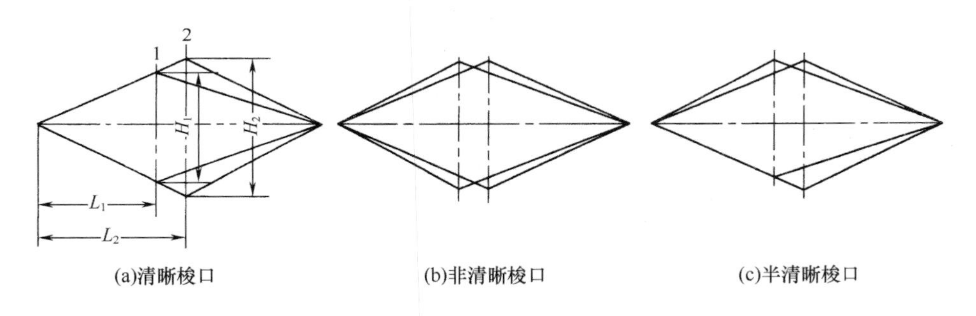

(a)清晰梭口　(b)非清晰梭口　(c)半清晰梭口

图6－3　梭口的清晰程度

在其他条件相同的情况下，清晰梭口的前部具有最大的有效空间，引纬条件最好，适用于任何引纬方式，对喷射引纬尤为重要。但是当综框页数较多时，前后页综框的梭口高度差异大，以致经纱张力差异大，后页综的经纱易产生断头。因此，弹性、强力较差的经纱或交织频繁的经纱，在穿综时应尽量穿在前综。织机上一般多采用清晰梭口。

2. 不清晰梭口　在梭口满开时，梭口前部的上层经纱不在同一平面内，下层经纱也不在同一平面内，这样的梭口叫不清晰梭口，如图6－3(b)所示。很显然，这种梭口的前部有效空间最小，梭口不清晰，对引纬不利，容易造成经纱断头、跳花、轧梭以及飞梭等织疵或故障，故在实际生产中一般不采用这种梭口。但各页综框的动程差距小，经纱张力比较均匀。

3. 半清晰梭口　梭口满开时，下层经纱处于一个平面内，上层经纱不处在一个平面内的梭口，这样的梭口称为半清晰梭口，如图6－3(c)所示。由于下层经纱完全平齐，且经纱张力较均匀、梭口较清晰，因而有利于平稳引纬。

4. 小双层梭口 在织制细特高经密平纹织物(如府绸、羽绒布等)时,通常采用小双层梭口,它实际上属于不清晰梭口,但不清晰程度受到了控制。吊综时,不论在上层或下层,总是第三页综的经纱高于第一页综的经纱 δ,第四页综的经纱高于第二页综的经纱 δ,如图 6-4 所示。其目的是把第一、第三页综框与第二、第四页综框的综平时间错开,相当于经纱交错时密度减小一半,从而减轻经纱与经纱之间、经纱与综丝之间的摩擦,有利于开清梭口和减少断头。

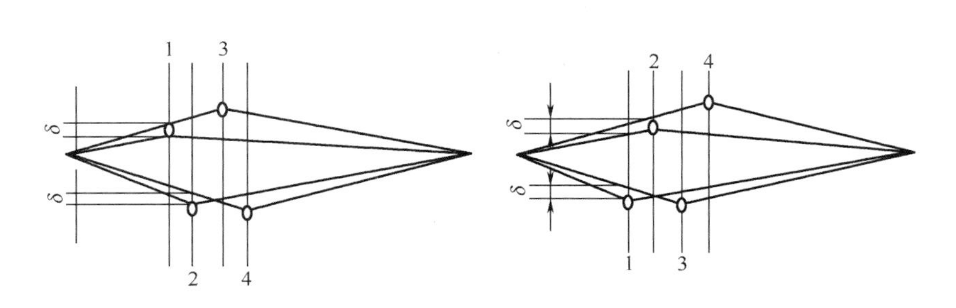

图 6-4 小双层梭口
1、2、3、4—综框

第二节 开口过程中经纱的拉伸变形

一、经纱的拉伸变形

织机在静态下,把综平时经纱所受的张力称为上机张力。开口时,随着综框的上下运动,经纱由原来的伸直状态被拉成曲折状态的梭口,由于拉伸使经纱受到一定附加张力的作用。在开口过程中,经纱所受的张力为上机张力与附加张力之和。织机每回转一次,随着开口、打纬等运动的进行,经纱的张力发生着周期性的变化。织造的不断进行,梭口一次次形成,经纱反复受到拉伸变形作用,如开口张力处理不当,则会导致经纱疲劳而断头。

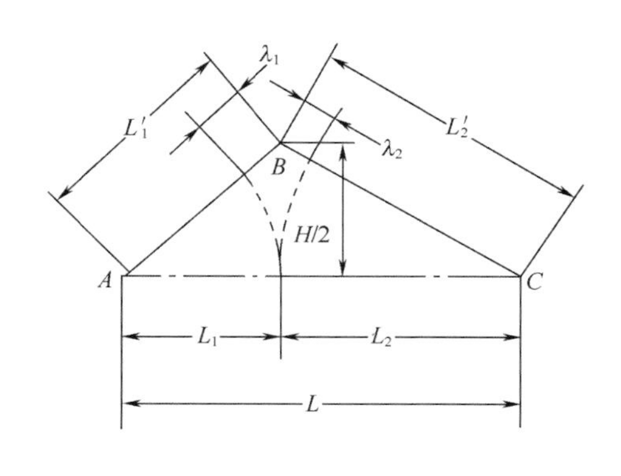

图 6-5 开口时经纱的拉伸变形

开口过程中,经纱的伸长是比较复杂的。为了简化起见,假设经纱在织口和停经架中导棒处是固定的,并且梭口的上半部与下半部开口高度相等,即梭口上下对称。这些假设条件,虽然与经纱在织机上的实际状态有所不同,但仍能近似说明,经纱在开口过程中拉伸变形的规律和影响变形的主要因素。

由图 6-5 所示的梭口几何形状,可求得前、后部梭口经纱因开口而产生的伸长 λ_1、λ_2 和总拉伸变形 λ:

$$\lambda_1=\frac{H^2}{8L_1};\lambda_2=\frac{H^2}{8L_2}$$
$$\lambda=\lambda_1+\lambda_2=\frac{H^2}{8}(\frac{1}{L_1}+\frac{1}{L_2}) \tag{6-1}$$

式中：H——梭口高度；

L_1——前部梭口长度；

L_2——后部梭口长度。

二、影响拉伸变形的因素

在织机正常运转情况下，开口过程中，经纱所受拉伸负荷的作用时间极其短促，故可以认为经纱的张力与拉伸变形的大小成正比。而在梭口满口情况下长时间的停车，则经纱会产生塑性变形。为了减少塑性变形，织机停车时应该处于经纱张力较小的综平位置。从式（6－1）来看，开口时经纱的拉伸变形与梭口高度和梭口前后部长度等因素有关。

（一）梭口高度对经纱伸长的影响

式（6－1）表明，在梭口前后部长度一定的情况下，经纱由于开口而产生的伸长变形与梭口高度的平方成正比。也就是说，梭口高度的少量增加会引起经纱张力的明显增加。生产实践证明，不适当的增加梭口高度，会导致经纱断头率急剧增加。工艺上应控制梭口高度，并把交织频繁的经纱放在前综，在保证引纬顺利进行的条件下，应尽量降低梭口高度。

合理的确定梭口高度，涉及因素很多，既要考虑引纬器的尺寸，又要考虑到引纬运动与筘座运动的合理配合，同时与织物的结构、经纱性质和织物品种等因素也有关系。通常是当钢筘处于最后位置时，根据引纬器的结构尺寸来确定梭口的合理高度。现以梭子引纬为例来说明，如图6－6所示。

当筘座处于最后位置时，自织口引走梭板最高点的切线作底层经纱的位置，为使梭子前壁处与梭口上层经纱不发生摩擦，并保持$x$mm的距离，由此确定上下层经纱的位置，这两个位置线与综框运动轨迹的两个交点，它们之间的距离即为该页综框的梭口高度。这是由于梭子进入梭口时，筘座还没有达到最后位置，而当筘座由最后位置开始向前摆动时，梭子尚未完全飞出梭口。因此，当梭子进出梭口时，梭子前壁处的梭口高度都要比筘座在最后位置时的梭口高度小，留有一定空隙x，其目的是避免梭子在进出梭口时同经纱发生过大的挤压摩擦，以保证梭子顺利通过和减少经纱断头及织疵。

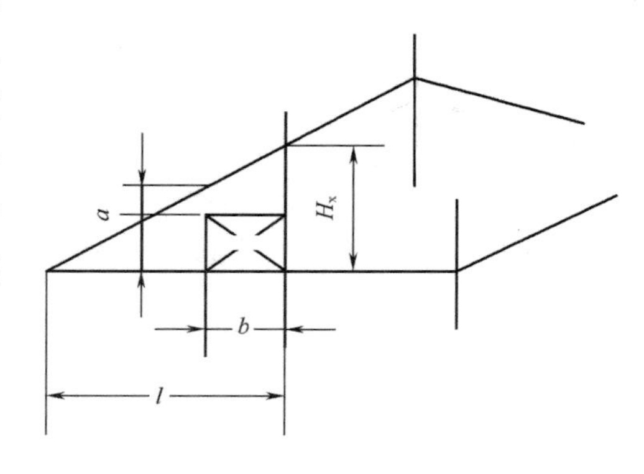

图6－6　梭口高度的确定

由图6－6可以看出，钢筘处的梭口高度为：

$$H_x=\frac{l(a+x)}{l-b} \tag{6-2}$$

式中：H_x——筘座在最后位置时钢筘处梭口高度；

l——筘座在最后位置时织口到筘的距离；

a——梭子前壁高度；

b——梭子的宽度。

上式表明，在梭子尺寸和筘座位置确定后，x 值决定了梭口高度的大小。根据经验，一般棉织物 x 为 6～10mm，丝织物 x 为 2～6mm，毛织物 x 为 15mm。

在梭子进出梭口时，允许梭子与边经纱有一定程度的挤压摩擦，经纱对梭子的挤压程度用挤压度 P(%)表示：

$$p=\frac{a-h_0}{a}\times 100\% \qquad (6-3)$$

式中：a——梭子前壁高度；

h_0——梭子前壁处的梭口高度。

挤压度的大小随织物品种和经纱条件等因素而有所不同，如丝织物不允许有挤压，高档织物和高经密低号数纱线织物，挤压度应适当减小。对棉织机，梭子进出梭口时的挤压度一般为25%～30%和60%～70%。

(二)梭口对称度对经纱伸长的影响

因为梭口长度 $L=L_1+L_2$，由式(6－1)及梭口对称度的定义可得：

$$\lambda=\frac{H^2}{8L}(2+m+\frac{1}{m}) \qquad (6-4)$$

此式即为在梭口高度 H 与梭口长度 L 恒定时，经纱伸长变形 λ 与梭口对称度 m 的函数关系式。当 $m=1$ 时，即为对称梭口时，经纱因开口而产生的伸长变形 λ 最小。但是，在梭口高度和筘座摆动动程不变的情况下，将会使筘前梭口有效高度减小，因而对梭子顺利通过不利。因此，实际生产中都采用 $m<1$ 的不对称梭口，λ 与 m 的关系如图 6－7 所示。从图 6－7 中曲线看出：梭口对称度越小，则经纱在开口过程中的伸长变形越大；而当 m 在 0.5 与 1 之间变化时，对经纱伸长的影响明显减小。因此，在实际织造时，多采用 $0.5<m<1$ 的对称度。

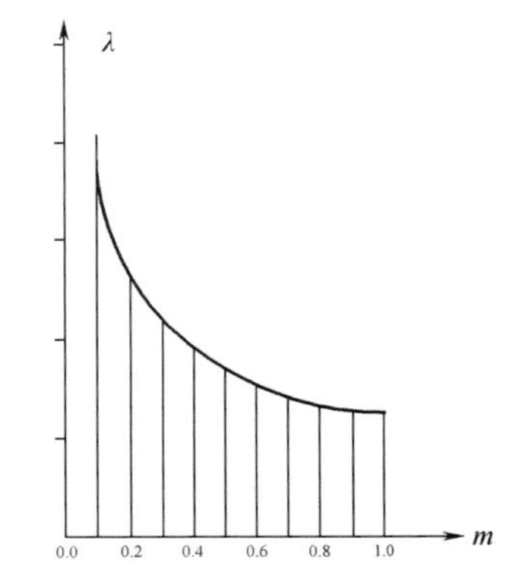

图 6－7　梭口对称度与经纱伸长量的关系

(三)梭口长度对经纱伸长的影响

由式(6－4)，可得经纱单位长度的伸长，即相对伸长 ε：

$$\varepsilon=\frac{\lambda}{L}=\frac{H^2}{8L^2}(2+m+\frac{1}{m}) \qquad (6-5)$$

即当梭口高度 H 与梭口对称度 m 恒定时，经纱的相对伸长 ε 与梭口长度 L 的平方成反比。因此，为了减少经纱开口时的相对伸长和张力，在织机上应力求采用较长的梭口。对某种具体的织机来讲，梭口前部长度主要由筘座摆动的动程来决定，不能改动，可以改变的只是梭口的后部长度，但也受到织机结构尺寸的限制。在实际生产中，梭口后部长度的调整，应视加工纱线原料与所制织织物品种的不同灵活掌握。如在丝织机上，为了减少经丝的伸长变形和张力，可将梭口后部长度适当放长。如果制织高密织物时，为了开清梭口，可将梭口后部长度适当缩短，以增加经纱张力。

（四）后梁位置对经纱张力的影响

在实际生产中，梭口的上半部高度与下半部高度是不对称的，因此，梭口上下层经纱的张力也不相等。如图 6－8 所示，经纱由织轴引出，绕过后梁 E 及停经架中导棒 D，穿过综丝眼 C 及钢筘，在织口 B 处与纬纱交织形成织物，然后绕过胸梁 A 卷绕在卷布辊上。$BCDE$ 为综平时由织口到后梁经纱所处的位置，称为经位置线。为了减少对经纱的摩擦，通常 C、D、E 三点被配置在一条直线上。如果 D、E 两点在 BC 直线的延长线上，则经位置线将是一条直线，称为经直线。经直线是经位置线的一个特例。

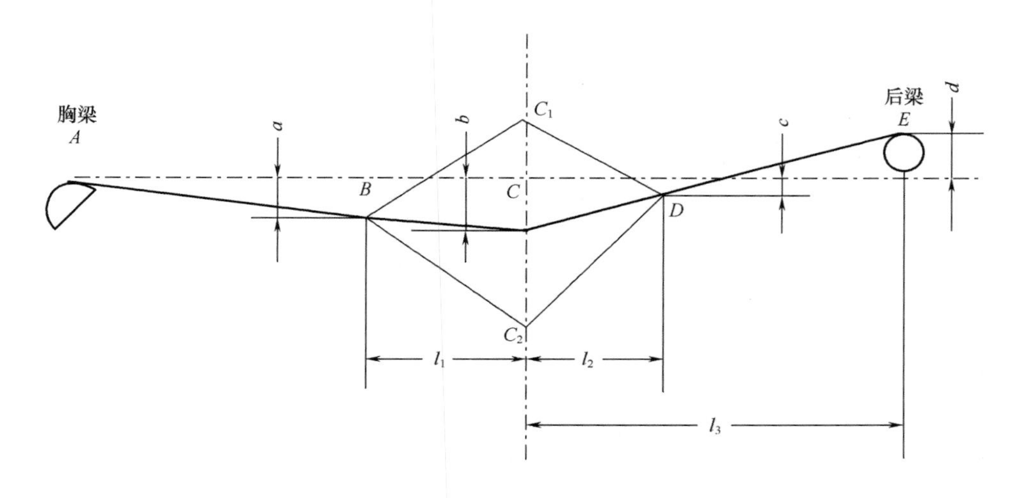

图 6－8　后梁位置

在不考虑卷取和送经的条件下，由图 6－8 梭口的几何形状，可求得开口过程中上下层经纱的拉伸变形 λ_1、λ_2：

$$\lambda_1 = \frac{H^2}{8}\left(\frac{1}{l_1}+\frac{1}{l_2}\right) - \frac{H}{2}\left(\frac{b-a}{l_1}+\frac{b+d}{l_3}\right) - \Delta l \qquad (6-6)$$

$$\lambda_2 = \frac{H^2}{8}\left(\frac{1}{l_1}+\frac{1}{l_2}\right) + \frac{H}{2}\left(\frac{b-a}{l_1}+\frac{b+d}{l_3}\right) - \Delta l \qquad (6-7)$$

式中：l_1——梭口前部的长度；

l_2——梭口后部的长度；

H——梭口高度；

a——织口低于胸梁水平线的距离；

b——综平时综眼低于胸梁水平线的距离；

c——停经架中导棒表面低于胸梁水平线的距离；

l_3——综眼到后梁之间的距离；

d——后梁高于胸梁水平线的距离；

Δl——织口移动和后梁摆动所产生的补偿。

从上式可以看出，开口过程中经纱的绝对伸长，不仅取决于梭口的高度和梭口前部、后部长度，而且还取决于综眼到后梁握纱点的水平距离，以及织口、综眼和后梁握纱点间的相对位置。改变后梁及停经架中导棒的高低位置，将影响梭口上下层经纱伸长和张力的变化。

梭口满开时，上下层经纱的伸长变形差为：

$$\Delta\lambda = \lambda_2 - \lambda_1 = H(\frac{b-a}{l_1} + \frac{b+d}{l_3}) \tag{6-8}$$

当 $\Delta\lambda = 0$ 时，后梁位于经直线上，为上下层经纱张力相等的等张力梭口。

当 $\Delta\lambda > 0$ 时，后梁位于经直线上方，为下层经纱张力大于上层经纱张力的不等张力梭口。

当 $\Delta\lambda < 0$ 时，后梁位于经直线下方，为上层经纱张力大于下层经纱张力的不等张力梭口，但这种梭口在实际生产中极少应用。

在生产工艺中，通常是用改变后梁位置的高低来调整梭口的上下层经纱张力。如果配置合理，可起到改善织物结构，提高织物质量的作用。

第三节　综框运动规律

在开口过程中，经纱由综框带动作升降运动形成梭口，综框运动的性质对经纱的张力和经纱的断头有着很大的影响。在梭口的形状和尺寸确定后，综框运动规律就成为影响开口运动效果的根本因素，对保证织造顺利进行和提高织机生产率及织物质量有着重要意义。

一、梭口形成的时期

织机主轴每一回转，经纱形成一次梭口，其所需要的时间，称为一个开口周期。在织机主轴圆周图上标注各个主要机构运动时间的参数，称为织机工作圆图。在完成一次梭口的过程中，按照经纱的运动状态，将梭口的形成过程分为三个时期，即开口时期、静止时期和闭口时期，各个时期的起止时间表示在织机工作圆图上，如图 6-9 所示。图中箭头表示主轴回转的方向，筘座摆动到达最前和最后位置 e、f 时，主轴所在的位置分别称为前止点（前死心）和后止点（后死心），一般把前止点的主轴位置定义为 0，作为度量基准。a、b、c、d 四个主轴的特征位置，分别称为前心、下心、后心和上心。

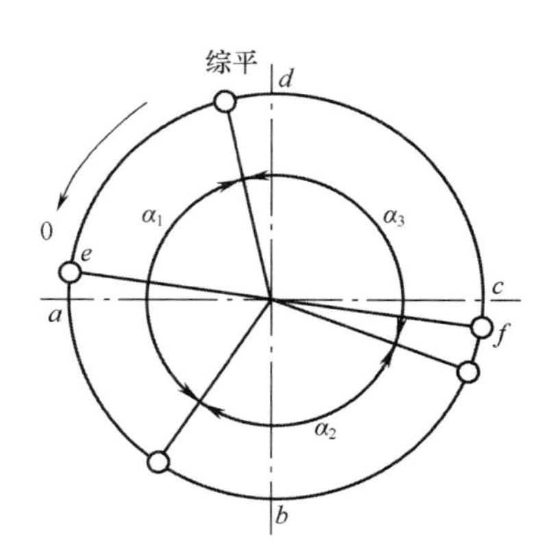

图 6-9　综框运动的三个时期

1. 开口时期 α_1　经纱离开经位置线即综平位置到梭口满开为止，称为开口时期。这个时期经纱处于运动状态，经纱张力由小到大逐渐增加。

2. 静止时期 α_2　梭口满开后，经纱在梭口上下两个极端位置上处于静止状态，以便于引纬器通过梭口，这个时期称为静止时期。

3. 闭口时期 α_3　梭口开始闭合，经纱由静止进入运动状态，直至综平位置，这个时期称为闭口时期，经纱张力逐渐减小。

在织机运转过程中，主轴每一次回转，经纱运动都要经历以上三个时期，完成一次开口运动。即每引入一根纬纱，梭口按照开口、静止、闭合的规律，一次次形成新的梭口。三个时期的长短，可用在织机主轴一转中所占的角度来表示，如图 6 – 9 所示。在闭口和开口时期内，综框处于运动状态，所以，开口角和闭口角之和即为综框的运动角。

在织机主轴一回转中，开口角、静止角和闭口角的分配，既要为引纬提供良好的条件，又要使经纱在开口过程中不受到过分的损伤，随织机筘幅、织物种类、引纬方式和开口机构形式等因素而异。其分配原则是：$\alpha_1+\alpha_2+\alpha_3=360°$；在经纱张力逐渐递增的开口时期，综框运动的速度应适当小些，而在经纱张力逐渐递减的闭口时期，综框运动速度可以适当大些，从而有利于减少断头，因此，大多数织机的开口角 α_1 大于闭口角 α_3。这样开口时间长，综框运动速度较慢，经纱张力增加的梯度比较缓和；闭口时间短，综框运动速度快，使经纱迅速脱离紧张状态，从而有利于减少断头。在有梭织机上织制一般平纹织物时，为了兼顾梭子运动和综框运动，往往使开口角、静止角和闭口角各占主轴的 1/3 转，即 120°。随着织机筘幅的增加，纬纱在梭口中的飞行时间也将增加，因此综框的静止角应适当加大，而开口角和闭口角则相应减小。在采用三页以上综框织制斜纹和缎纹类织物时，为了减少开口凸轮的压力角，改善受力状态，常将开口角和闭口角增大，而使静止角减小。在喷气织机上采用连杆开口机构时，由于这种机构的结构关系，开口角和闭口角较大，而静止角较小，几乎为零。对于剑杆织机，为了保证交接纬运动的准确性，静止角应适当加大。高速织机的开口凸轮，为使综框运动平稳和减少凸轮的不均匀磨损，常采用开口角大于闭口角。

梭口形成过程也可以用开口周期图来表示，如图 6 – 10 所示。它是以主轴回转角度为横坐标，梭口形成过程中的高度为纵坐标，在直角坐标系中绘出梭口在织机主轴一回转时间内的变化。图中将经纱运动作为等速运动，梭口上下高度作对称处理。上下交替运动的综框相互平齐的瞬时，即为综平时间，也称为开口时间，可用综平时主轴曲柄所处位置的度数来表示。开口时间的早晚，对织造工艺和织物结构以及质量等有着重要影响，要根据织造条件和织物品种的不同，合理确定。

二、综框运动规律

（一）对综框运动规律的工艺要求

从开口运动的工艺方面考虑，综框的运动规律应符合以下要求。

（1）在开口时期，经纱张力由小到大逐渐增加，综框运动的速度应由快到慢逐渐减小，接近满开时速度最小；在闭口时期，经纱张力由大到小逐渐降低，综框运动的速度则应相应的由慢到

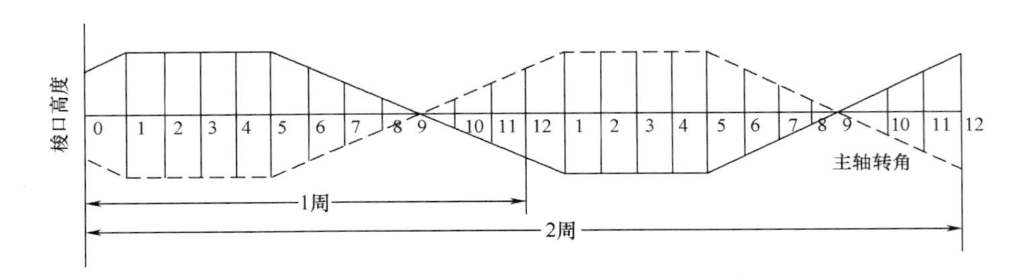

图 6－10　开口周期示意图

快逐渐增大，综平时速度最大。

（2）在开口终了及闭口开始的瞬间，也就是综框由运动到静止和由静止到运动时，加速度应该尽可能小，其余时间内，速度的变化要均匀缓和，以避免综框产生跳动和冲击，从而使经纱张力的波动较小，断头的可能性降低。

（3）开口、静止、闭合三个时期的时间分配要合理，并要与织机的其他运动相协调。在满足引纬顺利进行的前提下，综框运动的动程应该尽量小。

（二）常用的综框运动规律

1. 简谐运动规律　一个动点在圆周上绕中心作等角速度转动时，此点在直径上的投影点的运动即为简谐运动。取综框在最低位置刚刚开始闭合时为坐标原点，则作简谐运动的综框位移 S 与织机主轴回转角的关系可由下式表示：

$$S=\frac{H}{2}\left(1-\cos\frac{\pi\omega t}{\alpha}\right) \tag{6-9}$$

式中：H——任一页综框动程；

ω——织机主轴角速度；

α——综框运动角，$\alpha=\alpha_1+\alpha_3$。

对上式求导一次和二次，可得出综框运动速度 v 和加速度 a 的方程。在 $H=110\text{cm}$，$\alpha_1=\alpha_3=120°$，织机主轴转速为200r/min条件下，综框的位移 S、速度 v、加速度 a 曲线如图 6－11 中曲线 A 所示。

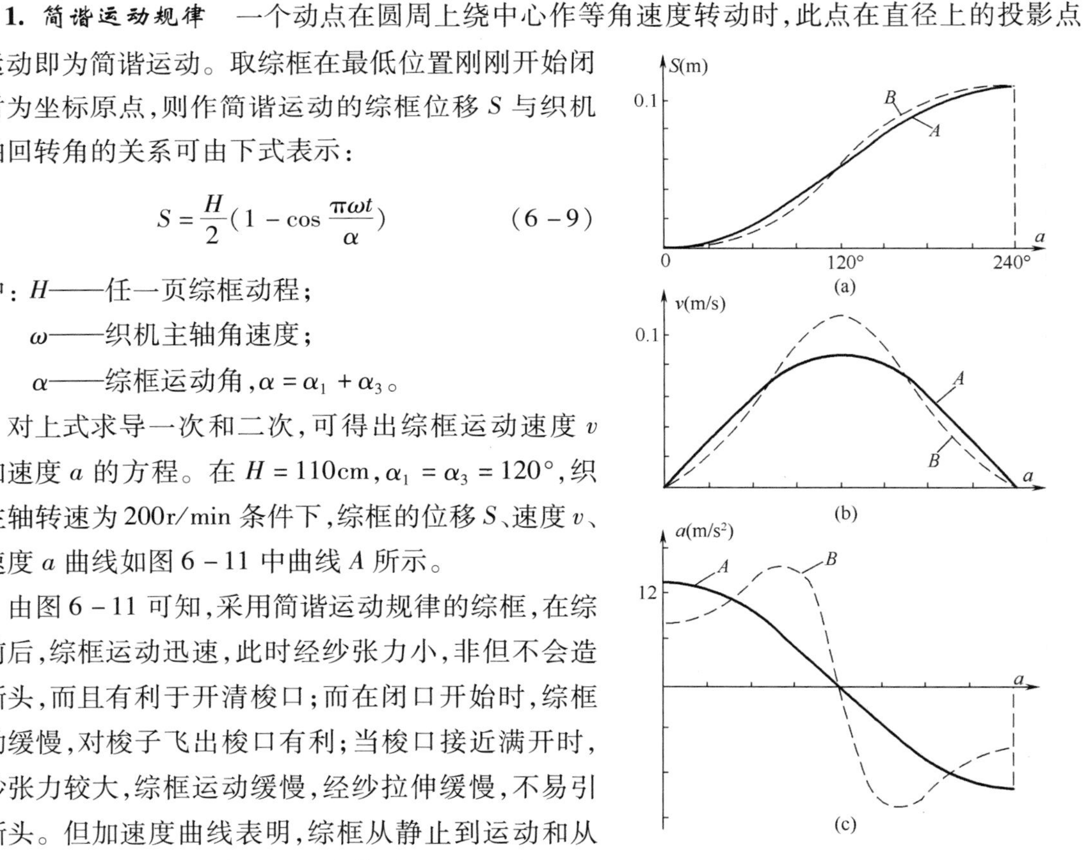

图 6－11　简谐和椭圆比运动规律比较

由图 6－11 可知，采用简谐运动规律的综框，在综平前后，综框运动迅速，此时经纱张力小，非但不会造成断头，而且有利于开清梭口；而在闭口开始时，综框运动缓慢，对梭子飞出梭口有利；当梭口接近满开时，经纱张力较大，综框运动缓慢，经纱拉伸缓慢，不易引起断头。但加速度曲线表明，综框从静止到运动和从运动到静止之间过渡时的加速度值较大，从而使综框产生较大的振动，对织机高速不利。因此，简谐运动规律一般用于低速织机(如有梭织机)的开口机构。

2. 椭圆比运动规律　一个动点在椭圆上绕中心作等角速度转动时，此点在椭圆短轴上的投影点的运动即为椭圆比运动规律。当椭圆的长、短半轴之比为1时，即为简谐运动规律。采用椭圆比运动规律的综框，其位移S、速度v、加速度a曲线如图6－11中曲线B所示。从图中可以看出，椭圆比运动规律也能够满足开口运动的工艺要求，与简谐运动相比，在综平前后经纱张力小时，椭圆比运动规律的综框运动速度更快，更有利于开清梭口；在闭口开始后的一个时期，综框运动更缓慢，更有利于梭子飞出梭口；梭口接近满开时，经纱张力较大，综框运动速度更缓慢，对经纱的不利影响更小；综框从静止到运动和从运动到静止之间过渡时的加速度值较小，从而综框产生的振动小。因此，椭圆比运动规律也被普遍采用。

3. 多项式运动规律　为了适用于织机的高速，避免综框振动，出现了多种新的综框运动规律，如多项式运动规律、正弦加速度、任意比运动规律等。综框的多项式运动规律有多种，其中一种的位移方程为：

$$S=\frac{H}{2}\left[35\left(\frac{\omega t}{\alpha}\right)^4-84\left(\frac{\omega t}{\alpha}\right)^5+70\left(\frac{\omega t}{\alpha}\right)^6-20\left(\frac{\omega t}{\alpha}\right)^7\right] \qquad (6-9)$$

从二阶导数的加速度方程可知，该运动规律可使综框在运动开始和运动结束的瞬时加速度都为零。

第四节　开口机构工作原理

一、凸轮开口机构

(一)综框联动式凸轮开口机构

图6－12是有梭织机织制平纹织物时的开口机构。该开口机构的综框下降由凸轮积极驱动，而综框上升依靠两页综框的关联作用。此时，对应的凸轮对上升综框只起约束作用，因此是消极式凸轮开口机构。

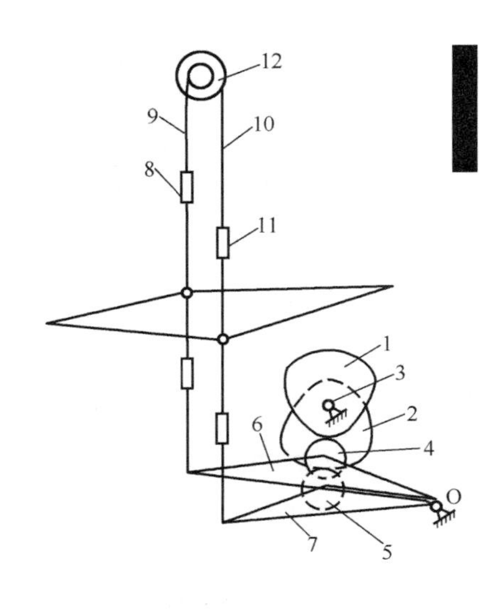

图6－12　联动式凸轮开口机构

1、2—凸轮　3—中心轴　4、5—转子　6、7—踏综杆　8—前综　9、10—吊综皮带　11—后综　12—吊综辘轳

梭口的高度由凸轮的大小半径之差及踏综杆作用臂的长度决定，而综框升降次序和运动规律则由凸轮外廓曲线形状决定。凸轮每一回转，对应一个梭口的变化周期，经纱依次形成织物的纬向组织循环R_w所对应的所有梭口(对于平纹组织$R_w=2$，而对于$\frac{2}{2}$斜纹组织$R_w=4$)，因此织机主轴与凸轮轴的传动比为R_w，即主轴每回转一周形

成一次梭口,凸轮转过的角度为:$\beta = 360°/R_w$。

综框联动式凸轮开口机构结构简单,安装维修方便。但是吊综皮带在使用过程中易变形,故必须周期性地检查梭口位置;综框在运动中会前后摆动,增加经纱和综丝的摩擦,容易引起经纱断头,不适应织机高速;吊综装置安装在织机的上梁上,影响采光,不利于挡车工检查布面,同时还有可能造成油污疵布。因此,新型织机都不采用这种开口机构。

(二)弹簧回综式凸轮开口机构

这种开口机构如图 6-13 所示。每页综框对应一个开口凸轮,当凸轮 1 由小半径转向大半径时,综框 6 受凸轮驱动下降,在综框下降的同时回综弹簧 9、9′被拉伸,积蓄能量。当凸轮由大半径转向小半径时,依靠弹簧的恢复力使综框回复到上方位置,因此也属于消极式凸轮开口。

弹簧回综式凸轮开口机构适用的织机转速可高达 1000r/min,各页综框的开口凸轮可以互换。弹簧恢复力的调节通过增减弹簧根数来完成,根据织物品种不同,综框每侧可选择 7~15 根拉伸弹簧。改变铁鞋 4 在提综杆 3 上的位置,即可调节综框动程,而各页综框的最高位置则通过初始吊综来设定。弹簧回综的缺陷是拉伸弹簧长期使用后会产生疲劳现象,以致恢复力减弱,造成开口不清,产生三跳织疵。弹簧回综式凸轮开口机构常用于轻薄、中厚织物的加工。

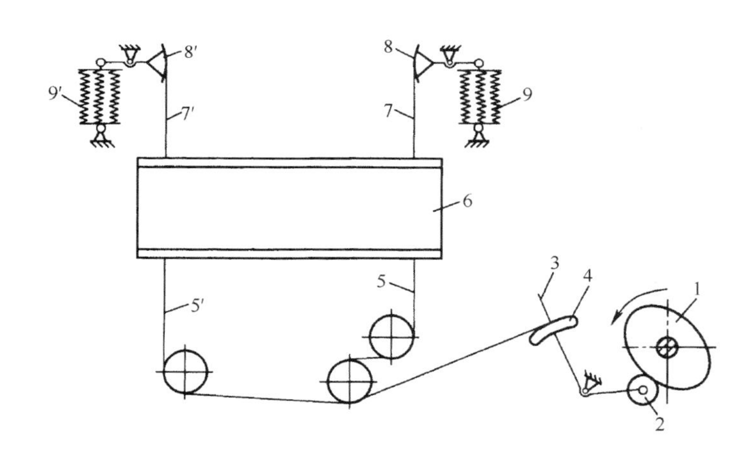

图 6-13 弹簧回综式凸轮开口机构

1—凸轮 2—转子 3—提综杆 4—提综杆铁鞋 5、5′、7、7′—钢丝绳 6—综框 8、8′—吊综杆 9、9′—回综弹簧

(三)共轭凸轮开口机构

共轭凸轮开口机构是一种积极式凸轮开口机构,它利用主、副双凸轮积极地控制综框的升降运动,如图 6-14 所示。因为不需吊综装置,故避免了消极式凸轮开口机构在回综过程中,由于不依靠开口凸轮的驱动所导致的综框运动不稳现象,能够适应织机高速。

由图 6-14 可见,凸轮 2、2′控制一页综框的升降。当凸轮 2 从小半径转至大半径时(此时凸轮 2′从大半径转至小半径)推动综框下降,凸轮 2′从小半径转至大半径时(此时凸轮 2 从大

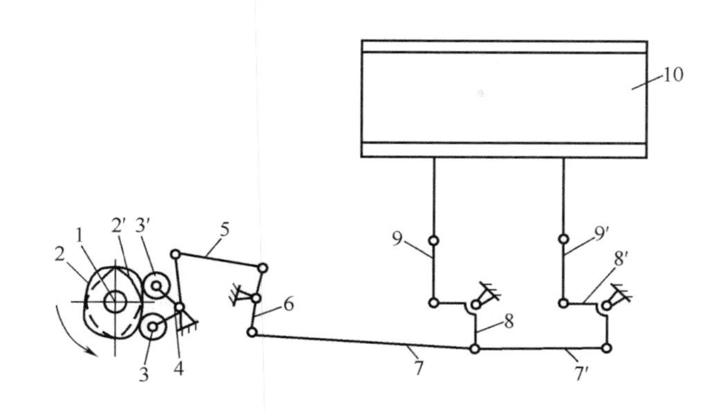

图 6 – 14 共轭凸轮开口机构

1—凸轮轴 2、2′—共轭凸轮 3、3′—转子 4—摆杆 5—连杆 6—双臂杆

7、7′—拉杆 8、8′—传递杆 9、9′—竖杆 10—综框

半径转至小半径)推动综框上升,两只凸轮依次轮流工作,因此综框的升降运动都是积极的。由于共轭凸轮装于织机外侧,能充分利用空间,可以适当加大凸轮基圆直径和缩小凸轮大小半径之差,达到减小凸轮压力角的目的。另外,共轭凸轮开口机构从摆杆一直到提综杆都是刚性连接,提高了综框运动的稳定性和准确性。但共轭凸轮的加工精度要求很高。

(四)沟槽凸轮开口机构

沟槽凸轮开口机构为另一种积极式凸轮开口机构,其传动过程如图 6 – 15 所示。在凸轮轴 1 上装有沟槽凸轮 2,转子 3 嵌在沟槽中,其运动受沟槽曲线所控制。当凸轮从小半径转向大半径时,通过一系列的杆件传动使综框上升,此时沟槽内侧受力;反之,凸轮从大半径转向小半径时,综框下降,此时沟槽外侧受力。

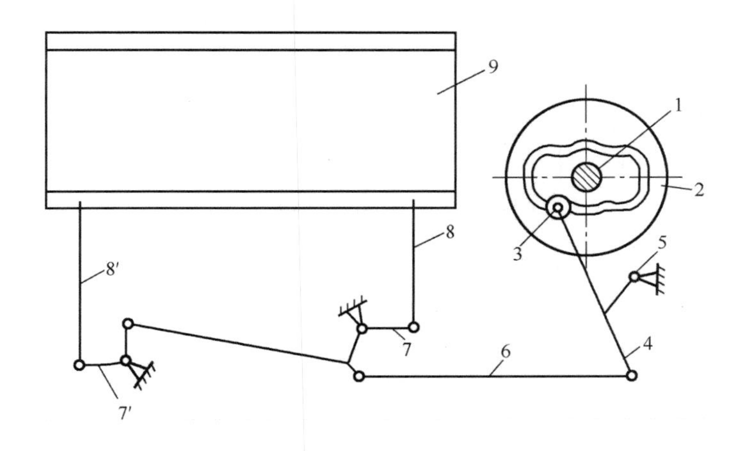

图 6 – 15 沟槽凸轮开口机构

1—凸轮轴 2—沟槽凸轮 3—转子 4—摆杆 5—支点

6—连杆 7、7′—提综杆 8、8′—传递杆

二、多臂开口机构

凸轮开口机构由于受到凸轮结构的限制,只能用于织制纬纱循环较小的织物。当纬纱循环数大于8时,一般就要采用多臂开口机构,它所控制的综框页数,一般在24页以内,多的可达32页,因此能在较大范围内改变织物组织。

(一)往复式多臂开口机构工作原理

如图6-16所示,为最简单的往复式多臂开口机构示意图,通过拉刀1的往复运动提升综框6,形成梭口。拉刀1由织机主轴上的连杆或凸轮传动,作水平方向的往复运动。拉钩2通过提综杆4、吊综带5同综框6连接。由纹板8、重尾杆9控制的竖针3按照纹板图所规定的顺序上下运动,以决定拉钩是否被拉刀所拉动,从而决定与该拉钩连接的综框是否被提起。7为回综弹簧。

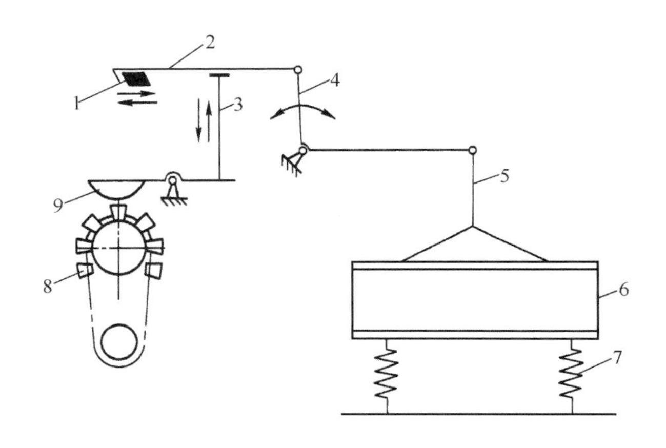

图6-16 往复式多臂开口机构的工作原理

1—拉刀 2—拉钩 3—竖针 4—提综杆 5—吊综带
6—综框 7—回综弹簧 8—纹板 9—重尾杆

环形纹板链的每一块纹板控制一次梭口,纹板上有纹订孔,分别对准重尾杆,纹订孔可按织物组织的要求植纹钉或不植纹钉,如图6-17所示,图中黑点表示植有纹钉,圆圈表示不植纹钉的孔眼。当某块纹板转至工作位置时,纹孔中所植纹钉抬起所对应的重尾杆,使竖针下降,则下一次开口时其对应的综框上升。反之,纹孔中不植纹钉,则相应的综框保持在下方位置不动。为保证拉刀、拉钩的正确配合,纹板翻转应在拉刀复位行程中完成。

图6-17 纹板与纹钉孔

根据拉刀往复一次所形成的梭口数,往复式多臂开口机构分为单动式和复动式两种类型。单动式多臂开口机构的拉刀往复一次仅形成一次梭口,每页综框只需配备一把拉钩(图6-16),拉动拉钩的拉刀由织机主轴按1∶1的传动比传动,因此主轴一转,拉刀往复一次,形成一次梭口。由于拉刀复位是空程,造成动作浪费。

在复动式多臂开口机构上,每页综框配备上、下两把拉钩,由上、下两把拉刀拉动。拉刀由主轴按2∶1的传动比传动,因此,主轴每两转,上、下拉刀相向运动,各作一次往复运动,可以形成两次梭口。图6－18是复合斜纹的纹板图,每块纹板上有两排错开排列的纹钉孔,分别对准弯头重尾杆和平头重尾杆,因此一块纹板控制两次开口。若干块纹板串联成环形纹板链,由花筒驱动。因为花筒是八角形的,故纹板的总数应不小于8块(控制16纬),所以图6－18的复合斜纹,虽用4块纹板即可构成一个纬纱循环,但需重复两次,使用8块纹板才能织造。

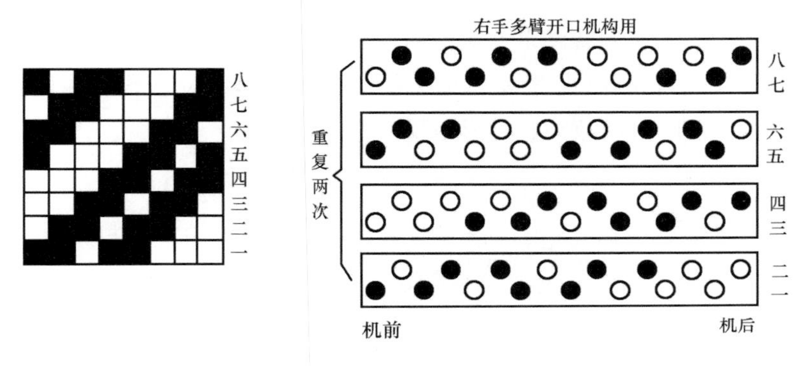

图6－18　$\frac{2\ \ 2}{1\ \ 3}\nearrow$复合斜纹纹板图

单动式多臂开口机构的结构简单,但动作比较剧烈,织机速度受到限制,因此仅用于织物试样机、织制毛织物和工业用呢的低速织机上。相对而言,复动式多臂开口机构动作比较缓和,能适应较高的速度,因而获得了广泛的应用。

从多臂开口机构的工作原理可以看出,它由选综装置、提综装置和回综装置组成。选综装置是根据织物组织来控制综框升降顺序,而提综和回综装置则分别执行提综和回综动作。选综装置包括信号存储器(纹板、纹纸或存贮芯片)和阅读装置,有机械式、机电式和电子式三种类型。机械式选综装置由纹板、重尾杆等实现对综框的选择,进而控制综框的提升次序;机电式选综装置采用穿孔纹纸作纹板,通过光电器件探测纹纸的纹孔信息来控制电磁机构的运动,该电磁机构与提综装置相连,实现对综框升降次序的控制;电子式选综装置由微机和电磁铁等组成,综框的升降信息保存在存储器中,控制系统按顺序从存储器中读取纹板数据,以控制电磁机构的运动。

(二)回转偏心盘式多臂开口机构

拉刀拉钩式多臂开口机构虽然历史悠久,但拉钩是靠自重下落与拉刀啮合的,综框升降时的负荷全部集中于拉刀拉钩的啮合处,局部应力过大,导致拉刀刀口容易变形和磨损,因此这种开口机构不适应高速。回转偏心盘式多臂开口机构依靠偏心盘的回转运动带动综框升降,适于织机的高速运转。这种开口机构主要包括多臂机传动轴的非匀速回转装置、综框升降装置和选综装置等。下面以电子式回转多臂开口机构为例介绍其工作原理。

1. 多臂机传动轴的非匀速回转装置　该装置将织机主轴的匀速回转运动变成多臂机传动

轴的非匀速回转，使综框在运动开始和运动终了时速度缓慢，而在综平时运动速度最大，以满足开口运动的工艺要求，综框在整个运动过程中的速度和加速度无突变。

非匀速回转装置简图如6－19所示，织机主轴通过传动系统以2∶1的速比使大圆盘7匀速回转，共轭凸轮1、2固定在机架上，摆臂3、4及其转子A、B有两组（图中只画出一组），对称安装在大圆盘7上。摆臂3、4的芯轴O_1在随大圆盘转动的同时，转子A、B分别与两个凸轮接触，因此，使滑槽杆O_1C不仅随大圆盘转动，还受共轭凸轮的影响产生摆动。滑块杆6固定在多臂机的传动轴O_2上，顶端通过滑块5与滑槽C连接，于是，在滑槽的带动下，通过滑块使滑块杆6产生绕轴O_2的转动，结果是轴O_2的转速既受大圆盘匀速转动的影响，又受共轭凸轮曲线的影响，实现了从织机主轴的匀速回转到多臂机传动轴非匀速回转的转换。非匀速转动的规律可按工艺要求通过设计共轭凸轮的曲线得到。因多臂机主轴转一转，对应织机主轴转两转，加之综框上升与下降的运动规律相同，故凸轮外形是反对称的。

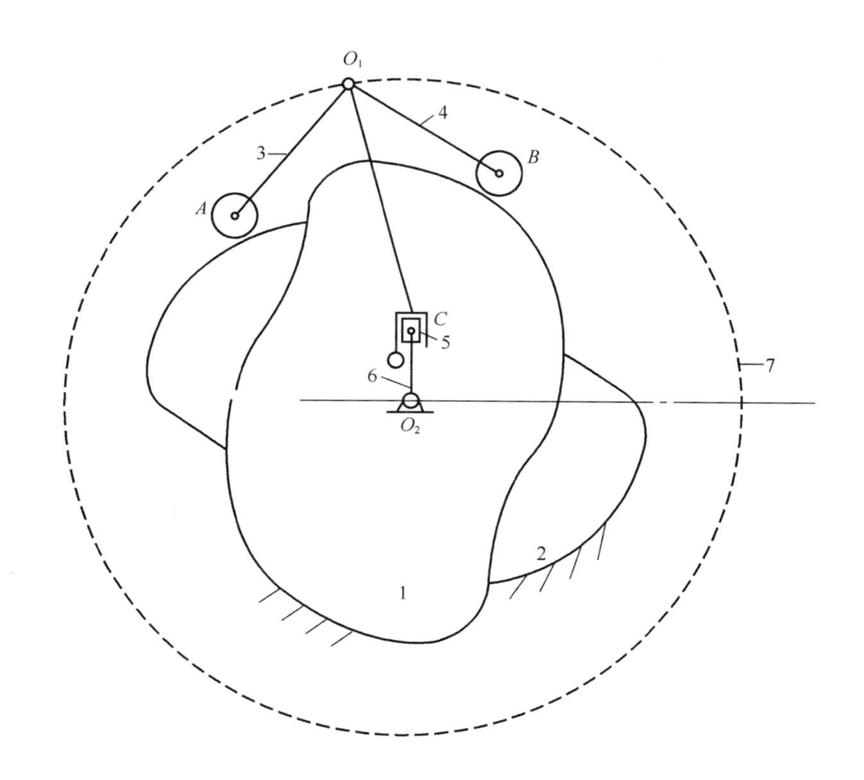

图6－19　多臂机传动轴的非匀速回转

1、2—共轭凸轮　3、4—摆臂　5—滑块　6—滑块杆　7—大圆盘

2. 综框升降装置　如图6－20所示，综框升降的动力来自多臂机的传动轴8，每页综框都有一只驱动盘6、一套偏心盘组件和一只偏心盘外环杆11控制。驱动盘6通过花键固装在传动轴8上，随其非匀速回转，在驱动盘的外廓上有两个缺口，这两个缺口相隔180°，其作用类似于往复式多臂机的拉刀。偏心盘组件活套在传动轴上，包括偏心盘5、凸块杆7、拉簧12等，若偏

心盘回转，凸块杆和拉簧随其一起转动。偏心盘外环杆 11 活套在偏心盘 5 上，另一端与提综臂 9 铰接，因此偏心盘的回转能使提综臂 9 摆动，进而带动综框的上升或下降（提综臂与综框的联接未画出）。受拉簧 12 的作用，凸块杆 7 上的凸块有嵌入驱动盘凹槽的趋势，若凸块嵌入到驱动盘的凹槽内，则偏心盘组件获得驱动盘的动力随之一起转过 180°，综框的位置发生变化；反之，则偏心盘组件保持静止，相应的综框也保持在原位置不动。凸块是否嵌入到驱动盘的凹槽内，是由选综装置根据纹板图所决定的提综顺序控制的。

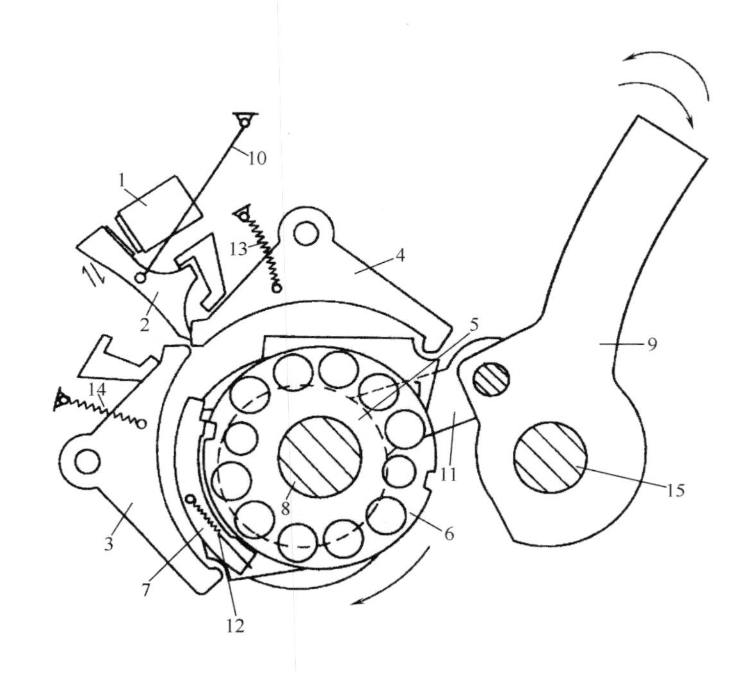

图 6－20　回转式多臂机提综机构

1—电磁铁　2—吸铁臂　3—左角形杆　4—右角形杆　5—偏心盘　6—驱动盘
7—凸块杆　8—传动轴　9—提综臂　10—摆臂　11—偏心盘外环杆
12—拉簧　13、14—右、左角形杆拉簧　15—支点

3. 选综机构　摆臂 10 受另一组共轭凸轮（图中未画出）带动，使吸铁臂 2 作往复摆动，织机主轴回转一转，摆臂往复摆动一次。当摆臂向左摆动时，吸铁臂向电磁铁 1 靠拢，并在最高位置有一段静止时间，以利于电磁铁吸住吸铁臂。

若电磁铁加电，吸铁臂的左端被电磁铁吸引，则右端顶住左角形杆 3 的上端，使其克服弹簧 14 的拉力绕其支点顺时针摆动，左角形杆 3 的下端处于靠左侧位置，而右角形杆 4 静止不动；反之，若电磁铁不加电，则吸铁臂将如图所示顶住右角形杆 4 的左端，使其克服弹簧 13 的拉力绕其支点作逆时针摆动，右角形杆 4 的右端处于上抬位置，而左角形杆 3 保持静止。

当需要提综或保持综框在上方位置形成梭口时，电磁铁应加电。根据上次引纬结束后综框的位置，若综框原来处于下方（即凸块杆 7 的啮合凸块在左侧），因左角形杆的下端在左侧位置，凸块在弹簧 12 作用下嵌入到驱动盘的凹槽中，偏心盘套件将随驱动盘一起转过 180°，综框上升到最高位置(此时啮合凸块转到右侧);若综框原来就在上方(即啮合凸块在右侧),因右角形杆的右端处于较低位置,它将凸块杆上的凸块从驱动盘的凹槽中顶出,偏心盘与驱动盘分离,因而偏心盘套件静止不动,使综框仍保持在上方位置。

当需要降综或保持综框在下方位置时,电磁铁应失电。若综框原来处于上方(即啮合凸块在右侧),因右角形杆的右端处在高位,则凸块能够嵌入到驱动盘的凹槽中,偏心盘套件将随驱动盘一起转过180°,使综框下降到最低位置(啮合凸块转到左侧);若综框原来就在下方,左角形杆的下端处于靠右侧位置,使凸块杆上的凸块不能进入驱动盘的凹槽,偏心盘与驱动盘保持分离,偏心盘套件不转动,综框仍处在下方位置。

总之,电磁铁加电,综框上升(或保持)在最高位置;电磁铁不加电,综框下降(或保持)在最低位置。因此,在翻改品种时,只需简单地通过键盘操作,将纹板图所决定的提综顺序输入到计算机存储单元就可以了。织机在工作过程中,通过阅读每纬的综框信息,控制电磁铁的得、失电状态,从而实现正确地选综。

(三)电动开口机构

电动开口机构是一种新型的开口方法,它的每一页综框都由单独的伺服电动机驱动,如图6-21所示。伺服电动机1经齿轮2传动大齿轮3,驱使与大齿轮3同轴固定的偏心轮4转动,偏心轮4通过开口连杆5使三臂摆杆6摆动,三臂摆杆又通过连杆7推动双臂杆8,与两摆杆相连的综框连杆9驱动综框10作上下开口运动。伺服电动机的旋转方向、转动和静止时间以及转速通过织机主控制CPU和电动开口控制器来控制,使综框按照要求的开口规律运动。

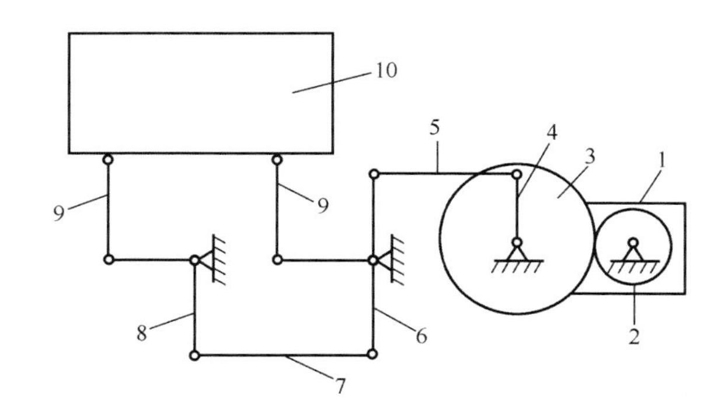

图6-21 电动开口机构简图

1—伺服电动机 2—齿轮 3—大齿轮 4—偏心轮 5—开口连杆
6—三臂摆杆 7—连杆 8—双臂摆杆 9—综框连杆 10—综框

电动开口机构可对每页综框的开口时间和静止角、相位角进行优化,提综顺序在织机的控制面板上进行设定,不仅能应用于由传统凸轮开口机构织造的高密织物和多臂开口机构织造的复杂组织织物,还可用于技术要求较高的织物加工,具有较强的产品适应性。这种开口机构允许综框在梭口上下方有不同的停顿时间,这样打纬条件得到改善。也可使各页综框的开口时间适当错开,防止经纱开口时相互纠缠。

由于在织机的控制面板上设定开口工艺参数,使得小批量织造不同种类的织物时,更灵活快捷,操作简便。目前使用的综框页数达到 16 页。

三、提花开口机构

在提花开口机构上,每一根经纱都由一根可以单独运动的综丝控制,因此经纱同纬纱的交织规律具有相当大的变换灵活性,可以织造大花纹组织织物。同多臂开口机构一样,提花开口机构也由选综装置、提综装置和回综装置组成,只是多臂开口机构控制的是综框,提花开口机构控制的是综丝,两者的控制原理是一致的。在提花开口机构中,提综装置由提刀、刀架传动竖钩,再通过与竖钩相连的首线控制综丝升降形成所需要的梭口;选综装置控制经纱提升的次序,有机械式和电子式两种。机械式通过花筒、纹板和横针实现对竖钩的选择,进而控制经纱的提升次序;而电子式是通过微机、电磁铁实现对竖钩的选择。

(一)机械式提花开口机构

根据提综装置的提刀往复一次所形成的梭口数,也分成单动式和复动式。单动式提花开口机构配备一组竖钩和一个刀架,在主轴一回转期间,刀架升降一次,形成一次梭口。复动式提花开口机构则配备有两组竖钩和两个刀架,在主轴转过两转期间内,两个刀架各升降一次,形成两次梭口。复动式提花开口机构由于机构的运动频率较低,适合织机的高速运转。

1. 单动式提花开口机构　图 6－22 是单动式提花开口的简图。刀箱 8 是一个方形的框架,由织机的主轴传动而作垂直升降运动。刀架内设有若干把平行排列的提刀 9,对应于每把提刀配置有一列直接联系着经纱的竖钩 7。竖钩的下部搁置在底板 6 上,并通过首线 5、通丝 3 与综丝 1 相连,经纱则在综丝的综眼中穿过。每根综丝的下端都有小重锤 2,使通丝和综丝等保持伸直状态,并起回综作用。

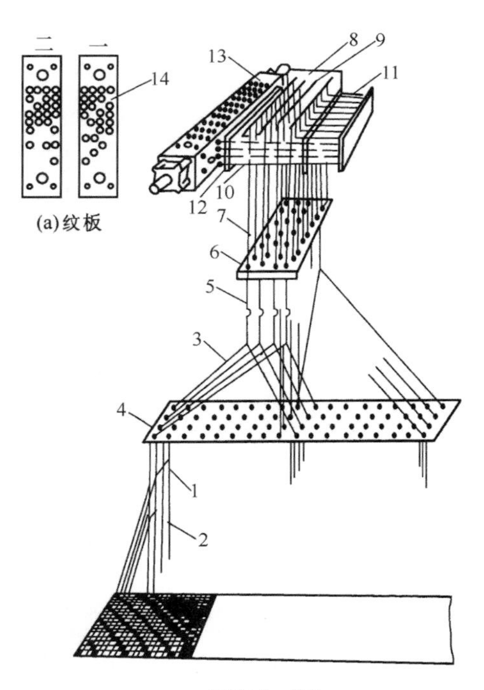

图 6－22　单动式提花开口机构
1—综丝　2—重锤　3—通丝　4—目板
5—首线　6—底板　7—竖钩　8—刀架
9—提刀　10—横针　11—弹簧
12—横针板　13—花筒　14—纹板

当刀架上升时,如果竖钩的钩部在提刀的作用线上,就被提刀带动一同上升,把同它相连的首线、通丝、综丝和经纱提起,形成梭口上层。刀箱下降时,在重锤的作用下,综丝连同经纱一起下降。其余没有被提升的竖钩仍停在底板上,与之相关联的经纱则处在梭口的下层。

选综装置由花筒 13、横针 10、横针板 12 等组成。横针 10 同竖钩 7 呈垂直配置,数目相等,且一一对应,每根竖钩都从对应横针的弯部通过,横针的一端受小弹簧 11 的作用而穿过横针板 12 上的小孔伸向花筒 13 上的小纹孔。花筒同刀架的运动相配合,作往复运动。纹板 14 覆在花筒上,每当刀架下降至最低位置,花筒便摆向横针板,如果纹板上对应于横针的孔位没有纹孔，纹板就推动横针、竖钩向右移动，使竖钩的钩部偏离提刀的作用线，与该竖钩相关联的经纱在提刀上升时不能被提起；反之，若纹板上有纹孔，纹板就不能推动横针和竖钩，因而竖钩将对应的经纱提起。刀架上升时，花筒摆向左方并顺转90°，翻过一块纹板。由于横针及竖钩靠纹板的冲撞而作横向移动，纹板受力大，寿命较短。

每块纹板上纹孔分布规律实际上就是一根纬纱同全幅经纱交织的规律，图6－22(a)画出了第一、第二两块纹板的纹孔分布，这两块纹板代表了第一、第二纬的经纬纱交织状态。

提花开口机构中，竖钩的横向排列称为行，前后排列称为列。图6－23(b)是10行4列的提花开口机构。行数和列数之积即为竖钩的总数，俗称口或针，此数代表了提花开口机构的工作能力。

2. 复动式提花开口机构 图6－23是复动式单花筒提花开口示意图。相间排列的两组提刀1、2，分别装在两只刀架上，织机主轴每回转两转，两组提刀交替升降一次，分别控制相应的竖钩3、4升降，形成两次梭口。竖钩的数量是相同容量单动式提花开口机构的两倍。每根通丝7由两根竖钩通过首线5、6控制，而这两根竖钩受同一根横针8的控制。因此，两只刀架的上升都可使通丝获得上升运动，并能连续上升任何次数。如上次开口竖钩3上升，竖钩4在下方维持不动，则竖钩3下方的首线和全部通丝将随着竖钩3上升；若下次开口中这组通丝仍需上升，则竖钩3下降而竖钩4上升，约在平综位置相遇，继续运动时首线和通丝即随竖钩4再次上升，竖钩3下面的首线将呈松弛状态。

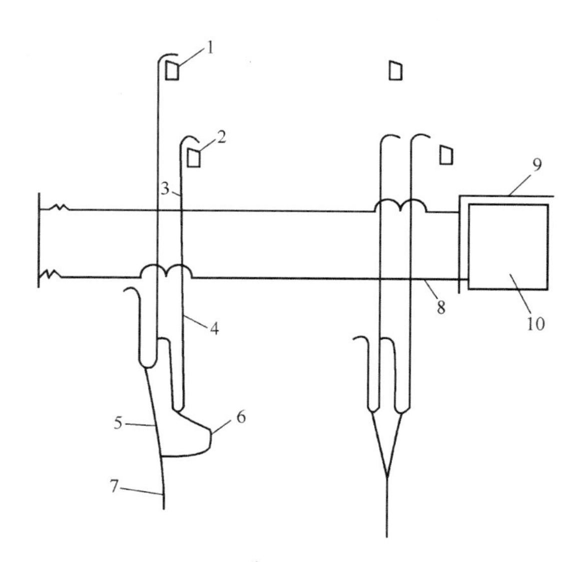

图6－23　复动式单花筒提花开口示意图

1、2—提刀　3、4—竖钩　5、6—首线　7—通丝　8—横针　9—纹板　10—花筒

在另一种复动式双花筒提花开口机构中，所有横针也分成两组，分别由两只花筒控制，每根横针控制一根竖钩。两只花筒轮流工作，通常一只花筒管理奇数纬纱时的经纱提升次序，另一只花筒管理偶数纬纱时的经纱提升次序，使每只花筒的动作减少一半，从而有利于织机的高速

运转。

(二)电子提花开口机构

电子提花开口机构中去掉了机械式纹板和横针等控制装置,采用电磁铁来控制首线的高低位置,省略了制作纹板的大量劳动,大大缩短了翻改品种所需要的时间,显著提高了提花织机的速度和生产效率,已成为提花开口机构的发展方向。

图6-24是以一根首线为提综单元的电子提花开口机构的工作原理简图。提刀6、7受共轭凸轮驱动而作速度相等、方向相反的上下往复运动,并分别带动用绳子通过双滑轮1连在一起的提综钩2、3作升降运动。如上一次开口结束时提综钩2在最高位置,提综钩3在最低位置,首线在低位,相应的经纱形成梭口下层。此时,若织物交织规律要求经纱维持低位,电磁铁8得电,保持钩4被吸合而脱开提综钩2,提综钩2随提刀6下降,提刀7带着提综钩3上升,相应的经纱仍留在梭口的下层,如图6-24(a)所示;图6-24(b)表示提刀7带着提综钩3上升到最高位置,提刀6带着提综钩3下降到最低位置,首线仍在低位;若再次开口要求经纱被提起,则电磁铁不得电,如图6-24(c)所示,上升到最高位置的提综钩3被保持钩5钩住,提刀6带着提综钩2上升,首线被提起;图6-24(d)表示在第三次梭口该经纱仍要求在上层,电磁铁不得电,提综钩2被保持钩4钩住。如果第三次梭口要求该经纱下降,则电磁铁应得电,提综钩2将随提刀6下降,首线也随之下降。

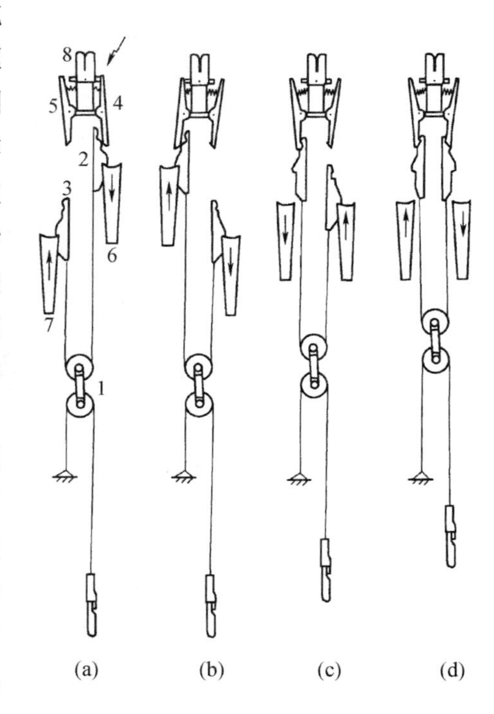

图6-24　电子提花开口机构的工作原理

从工作原理看,这种电子提花开口机构属于复动式。由于提综单元中运动件极少,提花开口机构的高速适应性好,织机转速可达1000r/min。

四、连续开口机构

传统的有梭织机、无梭织机一般每次只能形成一个梭口,引入一根纬纱,织物的形成过程是间断的,它限制着织机产量的进一步提高,为此人们开发出连续开口、能同时引入几根纬纱的多梭口织机。按照梭口形成的方向不同,分为纬向多梭口和经向多梭口两种。

(一)纬向多梭口

常用来加工管状织物的圆形织机,就是纬向多梭口的例子,它是在纬纱方向连续形成多个梭口,有多个载纬器可以连续引纬。

图6-25所示为纬向连续开口所形成的多梭口,梭口沿纬向被分成若干个开口单元,每个单元由一组综框构成。在织制平纹织物时,一组综框为两页,它们由一对开口凸轮1、2控制。

在传动轴 3 上安装控制各组综框的凸轮时，相邻两对之间保持相位差 α。于是织机运动过程中综框运动构成了如图 6－26 所示的波形梭口。图中画出了一个基本的全波波形，它的长度为 $2L$，由 K 组运动规律相同但初相位不等的综框形成，相邻两组综框运动的相位差：

$$\alpha = 360°/K$$

织机沿纬向共有 i 个如图 6－26 所示的全波波形，其中同时移动着 $2i$ 个载纬器。这时，载纬器可以低速运行，从而织机的噪声、振动、零件损耗等将大大降低。

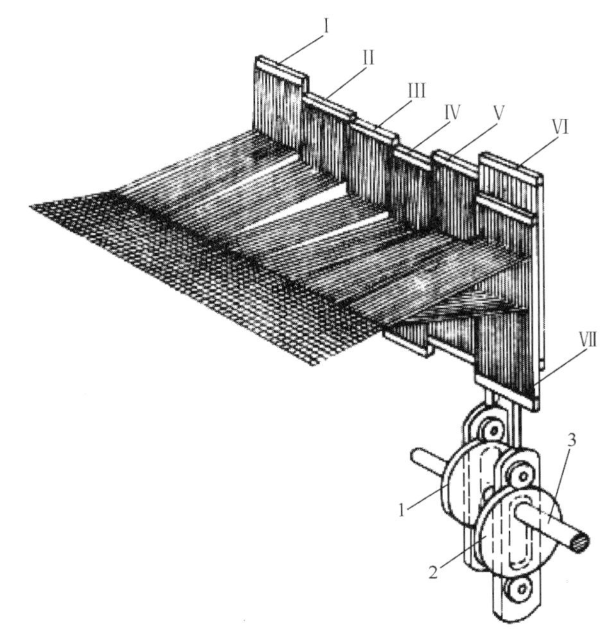

图 6－25　纬向多梭口

1、2—开口凸轮　3—传动轴　Ⅰ、Ⅱ、Ⅲ、Ⅳ、Ⅴ、Ⅵ、Ⅵ′—综框

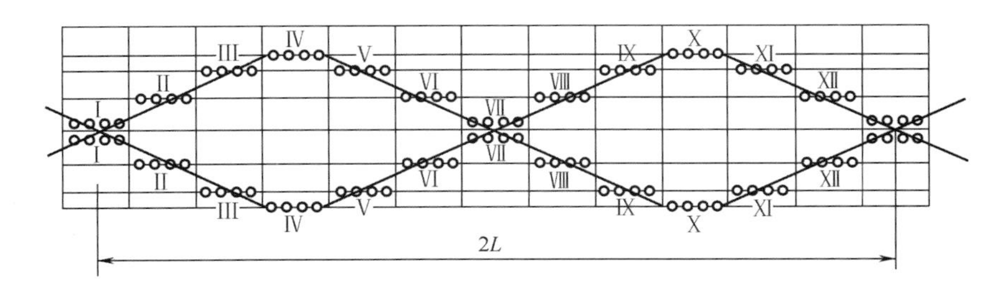

图 6－26　波形梭口

（二）经向多梭口

M8300 型织机是苏尔寿吕蒂公司开发的经向多梭口织机，可以织制平纹、斜纹等简单组织的织物，最大经纱密度为 450 根/10cm。在这种织机上，开口、引纬和打纬是依靠织造滚筒来完成的，其结构如图 6－27 所示，12 组呈梳齿状的开口片 1 和筘齿片 2 均匀安装在织造滚

筒的圆周上,开口片在前,筘齿片在后。经纱引自织机的底部,分别穿过经纱定位杆4的小孔,在织造滚筒的回转中,经纱受开口片1作用按顺序打开梭口,被开口片顶起的经纱5构成梭口的上层经纱,其余的经纱从开口片的间隙穿过构成梭口的底层经纱6。一旦形成一个梭口,由压缩空气牵引纬纱穿过梭口,根据梭口形成的先后,在织造滚筒上同时有4根纬纱正在引入,越接近织物的梭口中引入的纬纱长度越大。当一根纬纱完全引入后,开口片下降逐渐退出底层经纱,梭口闭合后,该纬纱被紧随在开口片之后的筘齿片打紧,完成与经纱的交织形成织物。经纱定位杆起单梭口织机中综丝和综框的作用,根据织物组织规律沿纬向横动,精确控制经纱的位置,经纱密度和织物组织的复杂程度决定了所需经纱定位杆的根数。织造滚筒回转一周引入12根纬纱,经纱定位杆的质量很轻、动程最大只有10mm,十分有利于提高织机的产量。

图6－27　织造滚筒的结构

1—开口片　2—筘齿片　3—织造滚筒　4—经纱定位杆　5、6—上、下层经纱

思考题

1. 梭口的形成方式有哪几种?各有什么特点?
2. 按照清晰度的不同,梭口有哪几种?各有什么特点?
3. 什么是小双层梭口?适用于织造何种织物?
4. 在开口过程中,影响经纱拉伸变形的因素有哪些?如何影响?
5. 什么是经位置线、经直线、综平时间(开口时间)?
6. 什么是梭口挤压度?分析梭子通过梭口过程中挤压度的变化。
7. 在织机工作圆图上表示综框运动的三个时期。如何分配综框运动的三个时间角?

8. 对综框的运动规律有什么要求？常用的综框运动规律各有什么特点？

9. 分析凸轮开口机构的类型、工作原理和特点。

10. 分析多臂开口机构的类型、工作原理。

11. 分析提花开口机构的类型、工作原理。

12. 简述连续开口机构的类型和特点。

第七章　引纬

● 本章知识点 ●

1. 有梭织机引纬的过程，梭子飞行速度计算。
2. 喷气引纬系统的组成与作用，喷气引纬的原理。
3. 剑杆引纬的类型和原理，纬纱的交接过程，多色纬纱的制织。
4. 片梭引纬的过程，投梭机构的组成及其工作原理。
5. 喷水引纬系统的组成和工作原理。
6. 储纬器的类型和特点，无梭织机纬纱张力的变化及控制。
7. 无梭织机常用的布边。

梭口形成之后，通过引纬将纬纱引入梭口，以便与经纱交织形成织物。单位时间引入梭口的理论纬纱长度称为入纬率，是衡量织机生产能力的指标。

按引纬方式不同，织机分为两大类：一类是用传统的梭子作引纬器（因携带纬纱卷装也称载纬器），这类织机被称为有梭织机。另一类是由新型引纬器（或引纬介质）直接从固定筒子上将纬纱引入梭口的织机，因不再采用传统的梭子而被称为无梭织机。

有梭织机造价较低，机械结构简单，织物的布边完整牢固，但织机的投梭和制梭过程，使织机的零部件损耗多，机器振动大，噪声高，入纬率低，这些缺陷使得无梭织机正在逐步取代有梭织机。目前已经得到广泛应用的无梭织机有喷气织机、剑杆织机、片梭织机和喷水织机四种，无梭织机以体积小、重量轻的引纬器，或者以空气或水的射流来代替梭子引纬。由于引纬器或引纬射流具有很小的截面尺寸，因此梭口高度和筘座动程小，织机速度高，幅宽大。

本章先介绍有梭织机引纬，然后介绍四种常用的无梭织机引纬，以及无梭引纬所特有的一些辅助装置。

第一节　梭子引纬

一、梭子引纬的过程

在有梭织机上，纬纱卷装呈管纱形式容纳在梭腔内，织机主袖一转，梭子飞行一次，引入一根纬纱。

在引纬开始时，依靠织机上的投梭机构对梭子加速，梭子加速到最高速度（13m/s 左右）后脱离投梭机构，呈自由飞行状态进入梭口，在飞越梭口后到达对侧的梭箱并同时受到制梭装置的作用，制停在对侧梭箱中，完成第一次引纬。下次引纬则由对侧的投梭机构将梭子发射到梭口中，并在梭子返回到这一侧梭箱的同时受到制梭装置的作用，制停在这一侧梭箱中，完成第二次引纬。通过上述两次引纬过程的重复，梭腔中纬管上的纬纱不断被引入梭口。

梭子的运动过程可分为投梭、飞行、制梭和在梭箱中相对静止四个阶段。一般织机投梭阶段所占的时间为主轴回转角的 40°左右，飞行阶段占 130°左右，制梭阶段约为 50°，其余时间梭子在梭箱中静止。

图 7－1 所示为梭子沿走梭板的飞行速度，即主轴在不同转角时梭子相对于筘座的运动速度。图中 A、B、C、D 分别代表投梭、梭子飞行、制梭及梭子在梭箱中静止四个阶段。在区间 C 中处于横坐标下面的曲线表示在制梭终了时梭子的回跳速度。

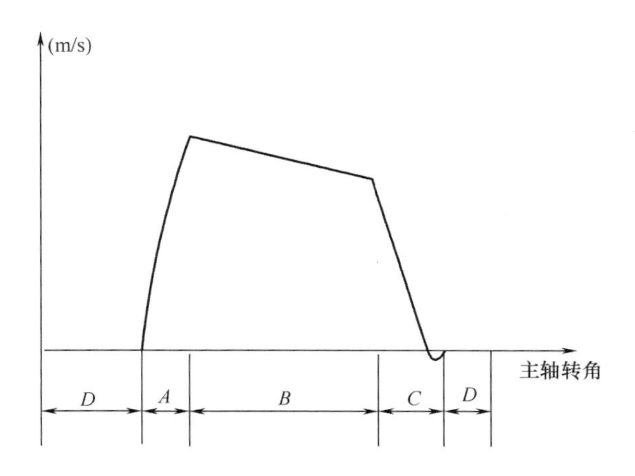

图 7－1　梭子相对于箱座的运动速度

梭子在飞行过程中，由于受到诸如钢筘、走梭板、上下层经纱、空气、纬纱退绕等的阻力，其速度会逐渐降低。一般可以将梭子的飞行过程近似地看成是等减速运动。梭子运动的初速度主要由织物的幅宽及允许梭子飞行的时间来确定。通过调整投梭力的大小，使梭子获得必要的初速度。

二、投梭

图 7－2 是有梭棉织机的投梭机构。在中心轴 1 的两端各装有一只投梭盘 2，投梭转子 3 的芯子固装在投梭盘的一个槽孔中，织机两侧的投梭转子一般呈 180°对称安装。中心轴回转时，投梭转子在投梭盘的带动下，打击投梭侧板 5 上的投梭鼻 4，使投梭侧板前端突然下压投梭棒脚帽 6 的凸嘴，固定在其上的投梭棒 7 绕十字炮脚 10 的轴心做快速摆动击梭。投梭棒摆动时，借助活套在其上部的皮结 8 将梭子 9 射出梭箱，飞往对侧。投梭过程结束后，投梭棒在扭簧 11 的作用下回退到梭箱外侧。可见，投梭过程是指从投梭棒开始带动皮结击梭，到梭子达到最大

速度离开皮结进入自由飞行为止的这一过程。生产工艺要求投梭运动在规定的时间内,使梭子获得准确的运动方向和大小适宜的飞行速度。

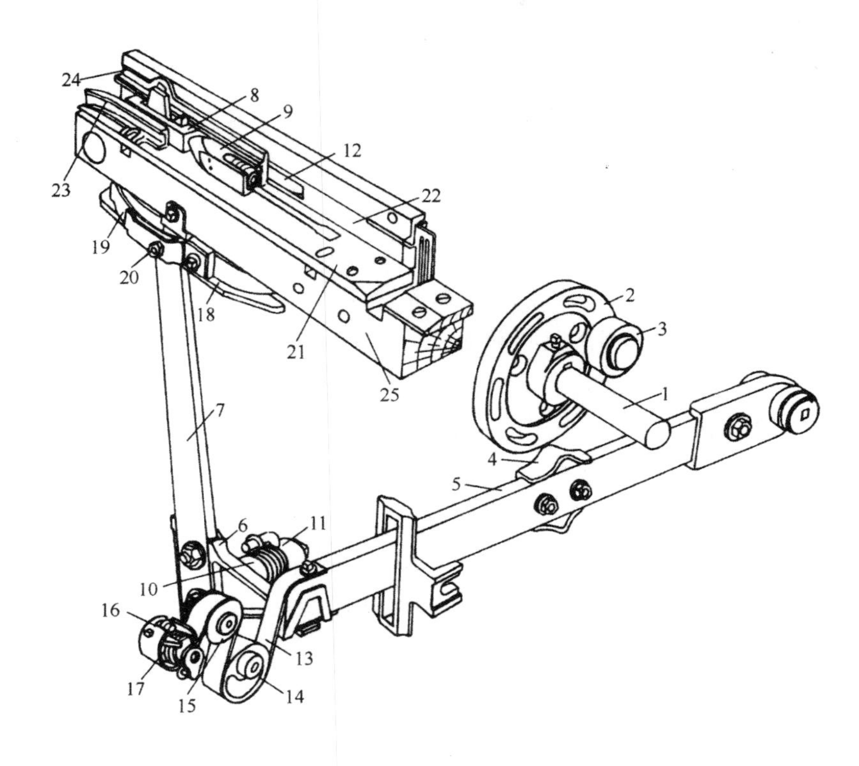

图 7－2　有梭织机的投梭和制梭机构

1—中心轴　2—投梭盘　3—投梭转子　4—投梭鼻　5—侧板　6—投梭棒脚帽　7—投梭棒　8—皮结　9—梭子　10—十字炮脚　11—扭簧　12—制梭板　13—缓冲带　14—偏心轮　15—固定轮　16—弹簧轮　17—缓冲弹簧　18—皮圈　19—皮圈弹簧　20—调节螺母　21—梭箱底板　22—梭箱后板　23—梭箱前板　24—梭箱盖板　25—筘座

织机在静止状态被人工缓缓转动其主轴,皮结推动梭子移过的距离称为投梭动程,也称投梭力。在其他条件不变的情况下,投梭动程越大,梭子能达到的最大速度也越大。在实际生产中,需根据上机筘幅、梭子进出梭口时间以及投梭机构的动态特性确定所需的投梭动程。调节投梭动程的方法是:松开侧板后端的固定螺丝,向上调节侧板的支点,侧板受投梭转子作用的动程将加大,则投梭动程也加大;反之,向下调节侧板支点,则投梭动程减小。

投梭时间是指投梭转子与投梭鼻接触、皮结即将推动梭子时的主轴位置角,也用钢筘与胸梁的距离表示,这是因为钢筘的前后位置与主轴的位置有确定的对应关系。梭子进入梭口的时间受所许可的进梭口挤压度制约,也就是要与开口、打纬(筘座位置)相配合,既不能早进梭口,以免挤压度过大,但也不能迟进梭口。因为进梭口迟,出梭口也迟,会导致梭子出梭口挤压度过大。调节投梭时间的方法是:改变投梭转子固装在投梭盘槽孔中的位置,顺着投梭盘的转动方向前移投梭转子,将使投梭时间提前;反之,投梭时间推迟。应该先调解投梭力,再调解投梭时间,而不能相反。

投梭力和投梭时间是有梭织机引纬的两个重要工艺参数，通过调整投梭力和投梭时间，来调整梭子的飞行速度和进出梭口时间。投梭力过大，既增加能耗与噪声，加速机件的损坏；还造成缓冲机构弹性变形过大而使弹性势能迅速回复，使梭子回跳，结果是投梭时投梭动程不能充分利用，导致实际投梭力的不足。投梭力过小、则梭子不能按时飞出梭口，造成轧梭与边纱断头。投梭时间过早或过晚，则梭子进出梭口时，经纱对梭子的挤压度加大，磨损边纱，容易产生三跳疵点。

三、梭子飞行

梭子进出梭口的时间主要取决于梭子的尺寸、梭口大小、综平时间、经纱运动规律及打纬机构的结构尺寸。当梭子进出梭口的时间确定之后，即可通过调节投梭时间，保证梭子按时飞入梭口；通过调节投梭力，使梭子获得必要的初速度，保证梭子按时飞出梭口，完成引纬。

梭子飞过梭口所用的时间 t 可用式(7－1)计算。

$$t=\frac{\alpha_2-\alpha_1}{6n} \tag{7-1}$$

式中：α_1——梭尖进梭口时的主轴位置角，(°)；

α_2——梭尾出梭口时的主轴位置角，(°)；

n——织机主轴转速，(r/min)。

梭子飞过梭口时的平均速度，参照图7－3，可以表示为：

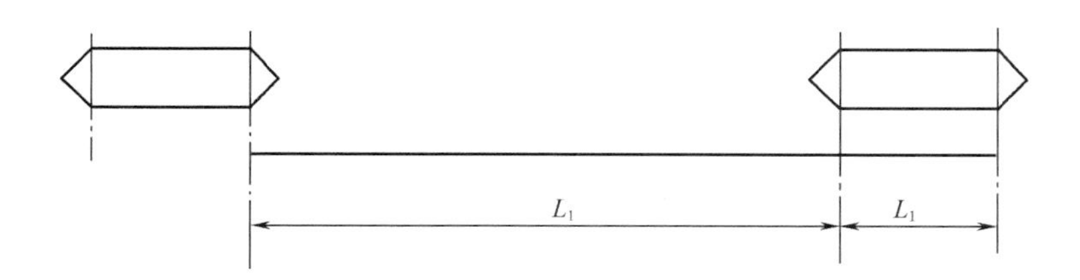

图7－3　梭子的行程

$$v=\frac{L_1+L_2}{t}=6n\,\frac{(L_1+L_2)}{\alpha_2-\alpha_1} \tag{7-2}$$

式中：L_1——织机上机筘幅，(m)；

L_2——梭子胴体长度(m，总体长减去两端圆锥体部分长度)。

由于梭子飞越梭口时做匀减速运动，引入一个系数 ε($\varepsilon=1.02\sim1.15$，窄幅织机取值小，宽幅织机取值大)，则梭尖进梭口时的速度为 v_1 可表示为：

$$v_1=\frac{(L_1+L_2)}{\alpha_2-\alpha_1}6\varepsilon n \tag{7-3}$$

由上式可见,梭子进入梭口的速度 v_1 与织机转速 n 成正比,与梭子出入梭口的主轴位置角间隔 $(\alpha_2-\alpha_1)$ 成反比。为了不使梭子速度过高,$(\alpha_2-\alpha_1)$ 应尽可能大些,即尽可能利用梭口开放时间,让梭子早些进梭口、迟些出梭口。

梭子在飞过梭口期间没有受到积极控制,称之为自由飞行。自由飞行的载纬器有飞离轨道(飞梭),造成人身或机器事故的可能。对自由飞行的梭子进行受力分析和计算表明:梭子主要是依靠筘座摆动引起的切向惯性力使梭子紧压在筘面飞行,依靠梭子重量使梭子沿着走梭板飞行,梭子飞行是安全的。切向惯性力使梭子紧压钢筘的时间约占主轴转角的180°~240°,取决于四连杆打纬机构的尺寸,因此梭子通过梭口的时间应在这一段时间内完成。另外,还由于制梭板将梭末推向机前,投梭力方向又在梭子重心前侧,以及梭箱后板倾斜等原因,使梭子在离开梭箱后能沿钢筘向另一侧安全飞去。

四、制梭

尽管梭子在飞行中遇到种种阻力,但出梭口时的速度并没有明显的降低,一般梭子飞出梭口时的速度约占进梭口时速度的85%左右。梭子出梭口后具有的动能将全部被制梭及缓冲机构吸收,从而转换为机构的变形能、热能和声能。

梭子的制动过程是逐渐完成的,制梭过程可分为三个阶段(参见图7-2)。

(1)梭子碰撞制梭板。梭子进入梭箱后首先撞击制梭板12,碰撞的结果是梭子将部分能量传递给制梭板而速度降低,制梭板因获得这部分能量而作偏转。但这一制梭过程的作用是极有限的,根据弹性碰撞的理论计算,可得出梭子速度仅下降了1%。

(2)制梭板及梭箱前板的摩擦制梭。制梭板在弹簧钢板的弹力作用下紧压在梭子上,向前运动的梭子受到制梭板和梭箱前板23的摩擦制梭作用,这一过程使梭子速度下降约20%。

(3)缓冲制梭。梭子向梭箱底部运动到一定位置后便和皮结撞击,皮结再撞击投梭棒向机外侧运动,投梭棒一方面带动皮圈19滑行,皮圈克服受到的摩擦阻力而制梭,当皮圈滑行到终点后,皮圈还将产生伸长变形;另一方面通过皮带13的拉伸变形,使由偏心轮14、固定轮15、弹簧轮16组成的三轮缓冲机构工作,吸收梭子的剩余动能,最终使梭子静止。缓冲制梭过程中,梭子将多次撞击皮结和投梭棒,这是噪声的产生和皮结等机件损坏的根本原因。

(4)梭子回跳。皮圈的伸长变形在制梭终了时会恢复,从而引起梭子回跳,造成下次投梭动程的减小。梭子回跳过大将影响下次击梭的正常进行,一般回跳应控制在10mm以下。

五、多色纬纱织造

有梭织机织制多色(种)纬纱时,需采用多梭箱装置。按多梭箱的安装位置和梭箱数量,可以分为1×2、1×4的单侧多梭箱和2×2、4×4的双侧多梭箱两类,乘号的两边分别表示两侧梭箱的数目。梭箱的升降运动是由梭箱升降纹板或纹链来控制的。通过梭箱的升降,将装有所需颜色纬纱的梭子移动到与走梭板平齐的位置,准备引纬。

将装有各种纬纱的梭子配置在两侧的梭箱内,称为梭子的配位。按照纬纱配色循环的要求,确定在一个或几个纬纱配色循环中,织造每根纬纱时梭箱的位置及投梭方向,称为梭子的调配。根据梭子调配图,就可以编制梭箱控制纹板或纹链。

在单侧多梭箱织机上织造多种纬纱的织物时,每种纬纱的连续引纬数必须是偶数。载有某种纬纱的梭子从多梭箱侧投向单梭箱后,必须回到多梭箱侧,才能空出单梭箱侧的梭箱,以便引入其他的纬纱。因此,只要列出纬纱配色循环表,就可直接进行梭子调配,梭箱控制纹板或纹链的编制比较简单。

在双侧多梭箱织机上,每种纬纱的连续引纬数可能是奇数,也可能是偶数,梭子的配位和调配比较复杂,并不是任何纬纱配色循环都能进行梭子调配。两侧梭座上的梭箱总数减去所用的梭子数即为空梭箱数,将空梭箱配置在两侧梭座中,必须是对侧连续引纬的梭子数小于或等于空梭箱数,才能进行梭子调配。

第二节　喷气引纬

喷气织机采用压缩空气从喷嘴喷出,产生的高速气流牵引纬纱通过梭口。早期的喷气织机每台都安装一台压气机,供给引纬需要的压缩空气,尽管织机的结构简单,但供气压力波动较大。现代喷气织机普遍采用集体供气方式,空压机将空气压入容量很大的储气罐,经除水和过滤,满足干燥、无油、无杂质的喷气织机用压缩空气要求,然后通过管道输送到喷气织机车间的各个机台。

在喷气织机的发展中,经历了三种引纬方式:单喷嘴 + 管道片,单喷嘴 + 辅助喷嘴 + 管道片,单喷嘴 + 辅助喷嘴 + 异形筘,第三种引纬方式已成为现代喷气织机的主要引纬形式,本节主要介绍这种引纬的原理。

一、喷气引纬的过程

典型的喷气织机引纬系统如图 7 - 4 所示。从筒子 1 上退绕下来纬纱 2 缠绕在定长储纬器 3 的鼓轮上,然后依次穿过固定主喷嘴 4 和摆动主喷嘴 5。在引纬时,压缩空气从主喷嘴的圆管中喷出,纬纱在高速气流的牵引下从储纬器上退绕下来,穿过主喷嘴 5、6 进入异形筘 7 的筘槽中飞行。虽然筘槽有限制气流扩散的作用,但随着纬纱头远离主喷嘴的出口,引纬气流的速度会逐渐降低,辅助喷嘴 8 向筘槽接力补充气流,使引纬气流速度保持在一定水平,使纬纱头从织机左侧的供纬侧飞行到右侧,完成引纬。待钢筘将新引入的纬纱打入织口后,剪刀 6 在主喷嘴 5 的出口与布边之间剪断纬纱,为下次引纬做好准备。

储纬器的作用一是定长供纬,能够随着上机筘幅的变化调整供纬的长度,以满足纬纱引入的长度要求;二是均匀纬纱的张力,避免因筒子退绕半径不同造成的纬纱张力波动。摆动主喷嘴安装在筘座上,喷嘴出口始终对准异形筘的筘槽,喷射的气流使纬纱加速获得要求的飞行速度后,准确地送入筘槽内飞行。为了适应高速引纬的需要,高速喷气织机上还安装固定主喷嘴(或称串联主喷嘴、辅助主喷嘴),用来克服纬纱从储纬器上退绕下来所受的阻力,将纬纱顺利地送往摆动主喷嘴。辅助喷嘴的数量与织机幅宽有关,可达十几至几十个,每 2 ~ 6 个为一组,

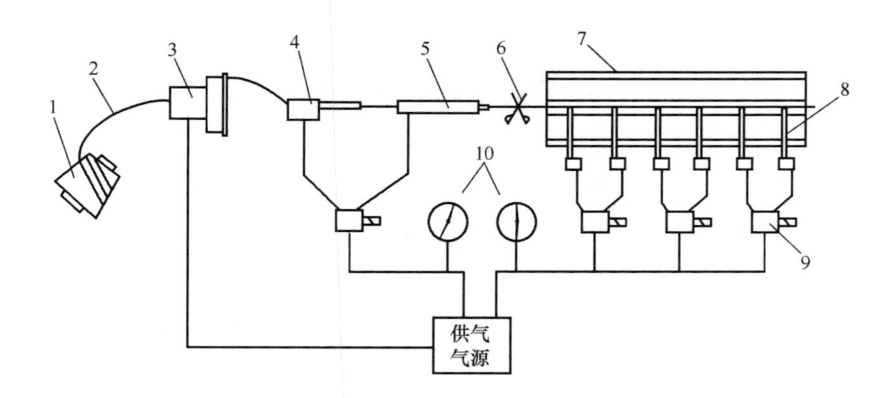

图 7－4　喷气织机引纬系统原理图

1—筒子　2—纬纱　3—定长储纬器　4—固定主喷嘴　5—摆动主喷嘴
6—剪刀　7—异形筘　8—辅助喷嘴　9—电磁阀　10—气压表

全机有多组，每组通过管道连接到一个电磁阀 9 上，由电磁阀控制该组辅喷嘴的喷气与闭合。筘槽具有限制气流扩散的作用，在引纬时，筘槽位于梭口中央，如图 7－5（a）所示，而在打纬时织口与筘槽底部接触，如图 7－5（b）。

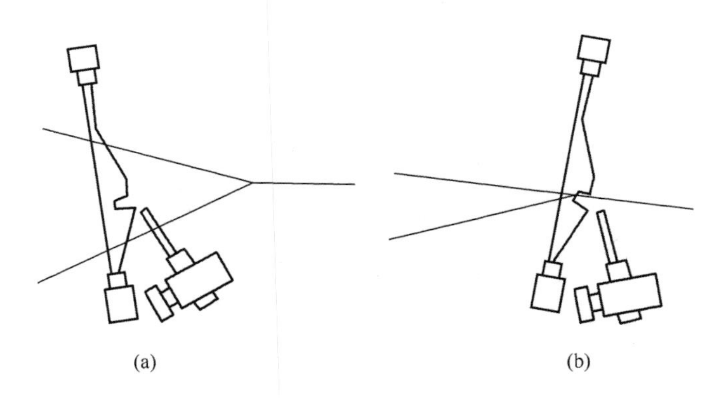

图 7－5　异形筘与辅喷嘴

在出梭口侧还并排安装有两个光电式探纬器（图中未画出），靠近布边的是第一探纬器，远离布边的是第二探纬器。第一探纬器探测纬纱是否通过梭口，当未检测到纬纱通过时，由它发动织机停车；第二探纬器探测纬纱是否断头，正常引入的纬纱不能被其探测到，但断头纬纱会被气流吹出梭口，通过其检测区时被发现，因而发动织机停车。

二、喷气引纬的原理

（一）射流的性质

从圆形喷嘴中喷出的压缩空气流叫作圆射流，它具有“射流成束”的特点，目前喷气织机的主喷嘴和一些辅喷嘴属于圆射流。喷出的射流一旦进入周围的静止空气，由于气体微团的不规则运动，特别是靠近射流边界处气体微团的横向脉动，射流便会与周围的静止空气发生掺杂，引起或带动周围空气的流动，结果使射流的质量增加，射流直径加大，而射流本身的速度逐渐减小，最后射流能量完全消失在空气中，犹如射流在空气中沉没了，所以称为自由沉没射流。射流微团扩散到静止空气，带动部分静止空气运动的现象称为射流的扩散作用；部分静止空气进入射流，被射流带着向前运动的现象称为为射流的卷吸作用。

图 7－6 为圆射流的结构图，图中 O 为射流的极点，喷嘴出口 ab 之间的距离为喷嘴直径 d_0。射流以 OX 为对称轴，并沿边界 ae、bf 扩散形成射流锥，α 为扩散角，圆射流的扩散角一般为 12～15°。在射流锥中，区域 abc 叫射流的核心区，其余部分叫混合区。核心区内各点的流速相等，均等于喷口的流速 v_0，核心区长度 S_0 为：

$$S_0 = \frac{kd_0}{a} \tag{7-4}$$

式中：d_0——喷嘴直径；

a——喷嘴紊流系数，圆形喷嘴为 0.07；

k——实验常数，圆射流为 0.335。

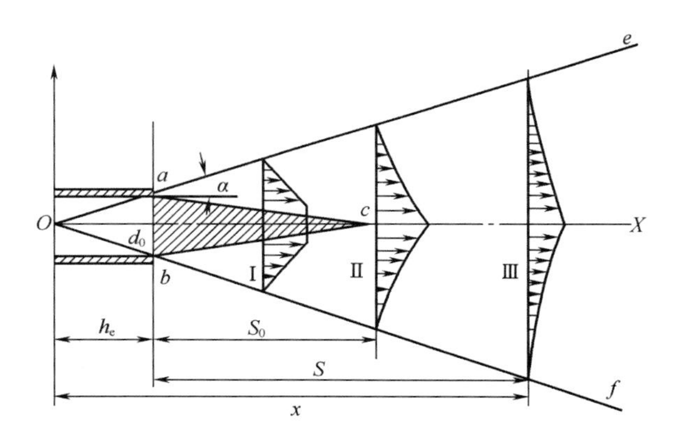

图 7－6　圆射流结构

过了核心区之后的射流，在同一截面（参见图中截面Ⅱ或截面Ⅲ）上速度分布的规律是：越接近于轴心线位置的速度越大，且轴线上的射流速度 v，可用下面的经验公式计算。

$$v = \frac{0.97v_0}{0.29 + 2as/d_0} \tag{7-5}$$

式中：v——距喷嘴出口距离为 s 处的射流中心点流速；

s——测量点与喷嘴出口的距离。

以 d_0＝11mm 的主喷嘴为例，圆射流轴心线的速度变化如图 7－7 所示。可见，在核心区范围内，轴心速度相等，在这之后流速下降很快。当 s＝360mm 时，轴心的流速只有喷嘴出口的 1/5；而在 s＝740mm 处，只有喷嘴出口的 1/10，难以满足引纬的要求，需设置防气流扩散装置，并由辅喷嘴补充气流提高气流速度。

在接力引纬的喷气织机上，主喷嘴和辅喷嘴射流的轴心线之间呈一定夹角 ϕ，如图 7－8 所示。两者的射流在合流时发生碰撞，因纬纱沿主喷射流中心线飞行，为使合流后的引纬气流更有利于引纬，应合理调整辅喷嘴的喷射角 α 和安装高度、偏角 γ。

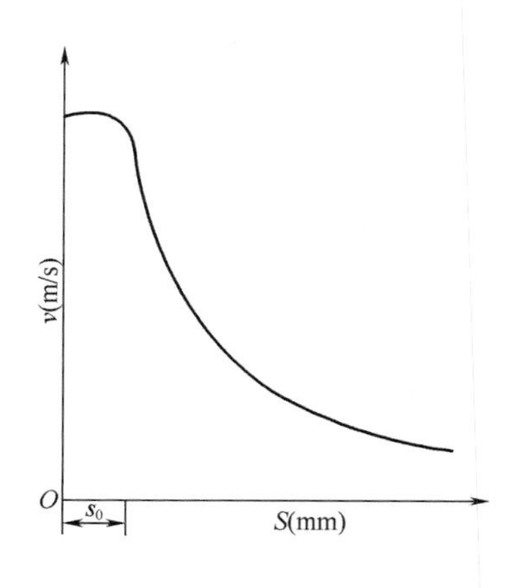

图 7－7　射流轴心气流速度的衰减

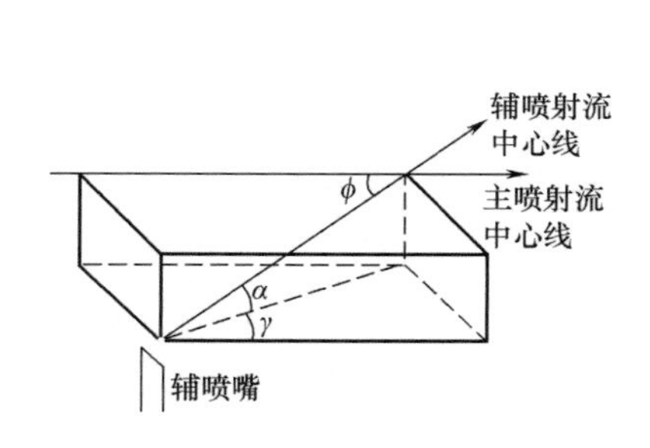

图 7－8　辅喷嘴与主喷嘴射流交汇图

图 7－9 是辅喷嘴气流在筘槽内汇合后的引纬气流速度分布，测试时辅喷嘴的间距是 80mm，图中曲线 a、b、c 的供气压力分别为 0.3MPa、0.25MPa、0.2MPa。可见，气流速度曲线呈锯齿状波动特性，且波动形状并不完全相同，供气压力越大，平均的气流速度也越大。

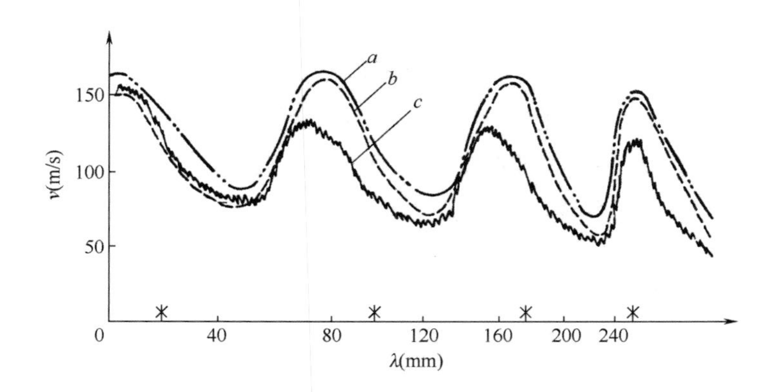

图 7－9　辅喷嘴的引纬气流

（二）气流对纬纱的牵引作用

1. 气流对纬纱的牵引力　在气流引纬中，纬纱所受的牵引力为：

$$F = \int_0^L \frac{1}{2} C_f \rho (v - u)^2 \pi D \mathrm{d}l \qquad (7-6)$$

式中：L——受气流牵引的纬纱长度；

C_f——气流对纱线的摩擦系数；

ρ——气流的密度；

v——气流速度；

u——纬纱飞行速度；

D——纬纱直径；

$\mathrm{d}l$——气流作用的微元纱段长度。

由式(7－6)可知，气流对纬纱的摩擦牵引力与 C_f 值的大小有关，与纱线直径、气流和纬纱相对速度的平方成正比。C_f 值不仅与纤维种类有关，还与纱线结构、纱身表面的毛羽、气流速度有关。纱线条干均匀、表面光滑、毛羽少时，C_f 值较小，反之则较大。气流速度大时，C_f 值较小。

在引纬开始时，纬纱处于静止状态，气流与纬纱的相对速度最大，故引纬开始时纬纱的加速度很大，纬纱速度迅速增加。随着引纬的进行，一方面受气流牵引的纱线长度增加，牵引力增加；另一方面，纬纱速度越来越高，气流与纬纱的相对速度下降，再加上气流速度因扩散作用越来越低，使纬纱所受的摩擦牵引力减小。两者作用的结果是牵引力 F 迅速增加到一定值后，便不再有明显增加，使纬纱速度达到一定值后也变得增加缓慢。

由于牵引纬纱的气流速度各处不相等，这使得气流牵引纬纱力的计算变得极为复杂。一种近似计算的方法是采用数值微积分，先将气流场中的纬纱长度微元化，先计算每一个微元段纬纱所受的牵引力，然后再求和，得到气流对纬纱总的牵引力。

在实际引纬时，纬纱除了受到气流的摩擦牵引力外，还受到阻力的作用，主要包括纬纱进入主喷嘴前与导纱器的摩擦力、纬纱从储纬器上退绕产生气圈引起的动态张力等。

2. 气流速度与纬纱速度 在喷气引纬过程中，纬纱的平均飞行速度已达45～130m/s，纬纱飞行速度 u 的大小、变化特征与引纬气流速度 v 的大小和变化特征密切相关。$v>u$，气流对纬纱施加牵引力，使得纬纱伸直，但耗气量较大；若 $v<u$，纬纱仅依靠惯性飞行，气流对纬纱起阻碍作用，造成纬纱前拥后挤，易产生纬缩疵点甚至引纬失败。比较理想的气流与纬纱速度配合是：纬纱飞行速度 u 尽量接近气流速度 v，但又不超过 v（图7－10）。这样既能保证纬纱伸直以高速飞行，缩短纬纱的飞行时间，又能减少耗气量。

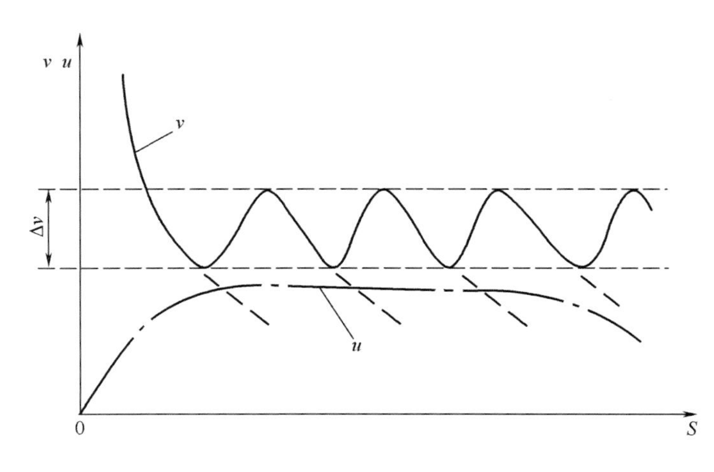

图7－10　引纬气流速度与纬纱速度的配合

三、喷气引纬的工艺调整

在气流引纬工艺参数的制订中，主要是主辅喷嘴的供气压力和喷射气流的起始、终止角度，以保证纬纱在允许纬纱飞行的时间内安全、稳定的通过梭口，同时减少耗气量，降低能耗。纬纱的飞行速度取决于引纬气流的速度，即供气压力。在其他条件相同时，主辅喷嘴的供气压力大，纬纱飞行速度高；反之，供气压力低，纬纱飞行速度亦低。辅喷嘴的供气压力大、引纬气流速度高，虽然有助于纬纱飞行，减小纬纱的飘动幅度，但耗气量也大。在筘槽中飞行的纬纱存在飘动，特别是纬纱的头端，如果纬纱飘动幅度过大，便会与钢筘或上下层经纱相碰，产生阻挡性缺纬织疵。一般是首先调节主喷嘴的供气压力，控制纬纱的进梭口速度，同时调节辅喷嘴的供气压力，使其气流具有维持纬纱一定飞行速度的作用，以便顺利通过梭口。

主、辅喷嘴均由电磁阀控制，主喷嘴的始喷时间由允许的纬纱进梭口时间决定，各组辅喷嘴采取依次喷射的方式（图 7 – 11）。相邻两组辅喷嘴的喷射有一定时间的重叠，以保证纬纱头端顺利地被转移到下一组辅喷嘴气流的控制。

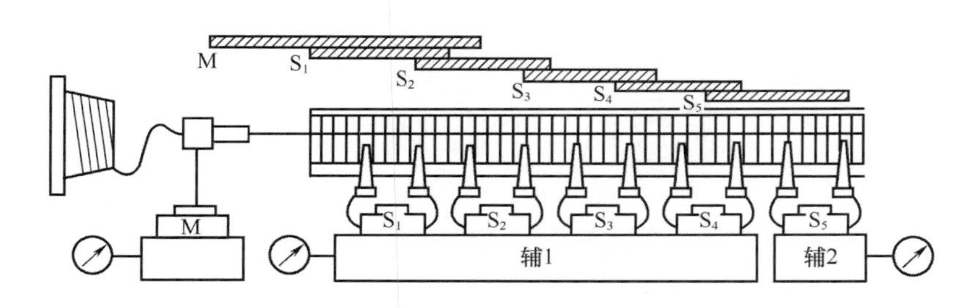

图 7 – 11 辅喷嘴分组接力喷气

M—主喷嘴电磁阀 S_1 ~ S_5—第 1 ~ 第 5 辅喷嘴电磁阀

四、多色纬纱织造

喷气织机在织制多色（种）纬纱时，每一种纬纱需配备一个储纬器和主喷嘴，且每个主喷嘴都与筘槽对准。图 7 – 12 是 JAT 型喷气织机上两色任意顺序织造的控制系统，两只主喷嘴挨在一起，纬纱引自两个储纬器 6、7。上机时，需将引纬顺序由操作键盘 1 输入织机主控系统 2。在织造过程中，织机主控在相应时刻打开与色纬排列对应的主喷嘴电磁阀，引入该种纬纱，而另一主喷嘴的电磁阀未被打开，不引纬。目前喷气织机所能织造的色纬数已达 8 种，具有类似的结构，每种纬纱连续引纬的次数没有像有梭织机的限制，可以是奇数、偶数或奇偶混合。

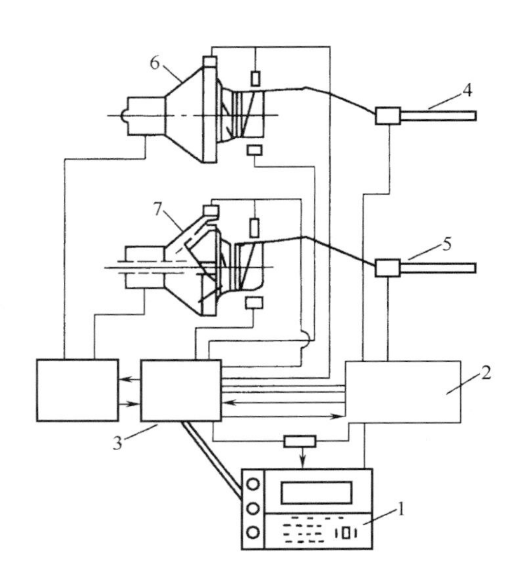

图 7 – 12 两色织造控制系统

1—操作键盘 2—织机主控系统 3—储纬控制器

4、5—主喷嘴 6、7—储纬器

五、故障纬纱自动处理

处理断头、未引过梭口等故障纬纱，曾是织布挡车工的一项主要工作内容。目前先进喷气织机配备的故障纬纱处理装置，能够自动排除故障纬纱，减轻了挡车工的劳动。

故障纬纱的自动处理装置如图 7－13 所示。当探纬器检测到有故障纬纱发生时，喷纬侧的剪刀 2 不再剪断纬纱，织机被制动停车后再反向转动找到活口，即故障纬纱被引入的梭口。储纬器再释放一根纬纱并被吹出主喷嘴 9，吹纱嘴 3 垂直的向上喷出气流，将纬纱呈环状穿过吹纱管 4，并被吸纱嘴 5 的气流吸入。与此同时，压纱辊 7 下降与抽纱辊 8 接触一起握持纬纱，在抽纱辊的积极转动下将故障纬纱抽出梭口，经吸纱管 6 排到废纱箱。全部故障纬纱从梭口抽出后，剪刀 2 在主喷嘴出口剪断纬纱，从而为再次引纬做好了准备，之后织机自动恢复正常运转状态。

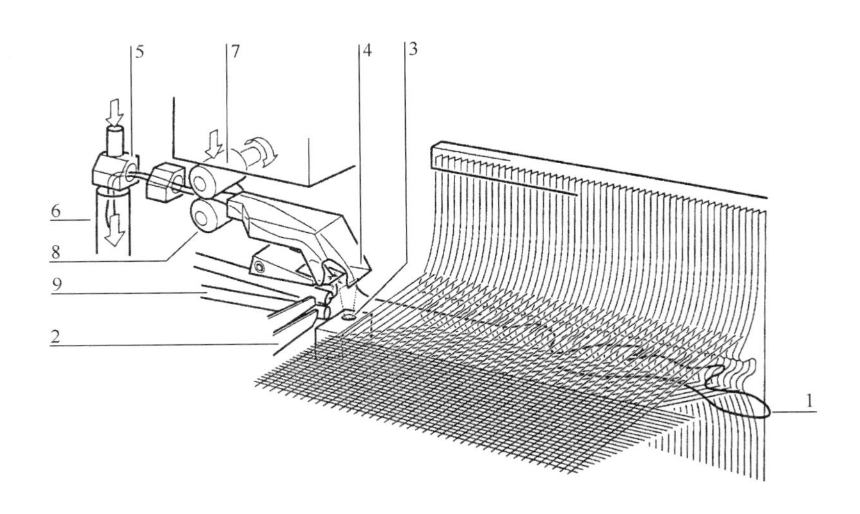

图 7－13　故障纬纱自动处理装置

1—故障纬纱　2—剪刀　3—吹纱嘴　4—吹纱管　5—吸纱嘴
6—吸纱管　7—压纱辊　8—抽纱辊　9—主喷嘴

第三节　剑杆引纬

剑杆织机是依靠作往复运动的剑状杆，将织机外侧固定筒子上的纬纱引入梭口的，剑杆的往复引纬动作很像体育中的击剑运动，剑杆织机因此而得名。在无梭织机中，剑杆引纬的原理是最早被提出来的，起初是单根剑杆，以后又发明了用两根剑杆引纬的剑杆织机。自 20 世纪 50 年代开始，各种剑杆织机相继投入使用，现已发展成为数量较多的一种无梭织机。

剑杆织机是积极地将纬纱引入梭口，品种适应性强，纬纱始终处于剑头的控制之下，可以制织棉、毛、丝、麻、化学纤维、玻璃纤维等多种原料的织物，织物从轻型、中型到重型。特别是剑杆织机具有灵巧的选纬装置，可以使用多达 16 种不同品质的纬纱，换纬便利，在采用多色纬纱织造时，更显示出它的优越性。

一、剑杆引纬的类型

（一）剑杆数量的配置

按剑杆数目的不同分为单剑杆引纬、双剑杆引纬和双层剑杆引纬。

1. 单剑杆引纬 仅在织机的一侧安装略大于布幅宽度的剑杆（或摆动针）及其传剑机构，如图 7－14 所示。剑杆把纬纱从梭口一侧送入到达另一侧，如图 7－14（a），或以空程伸入梭口到对侧握持纬纱后，在退剑的过程中将纬纱从梭口拉出，完成引纬动作，如图 7－14（b）。

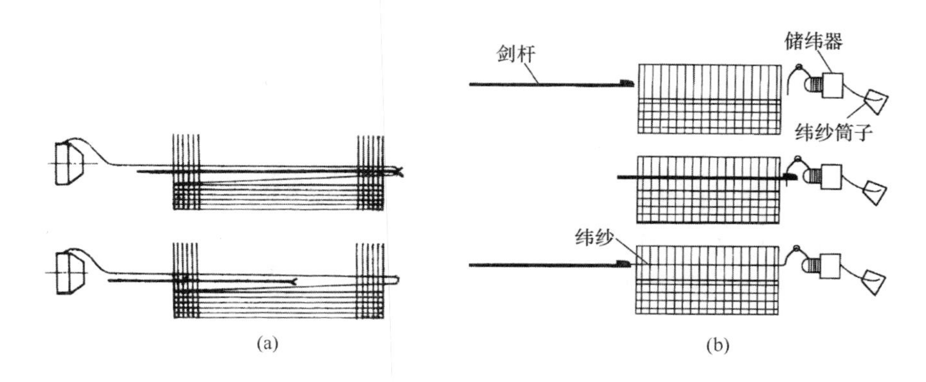

图 7－14 单剑杆引纬

单剑杆引纬的剑头结构简单，纬纱在梭口的中央不经历交接过程，引纬稳定可靠，但剑杆的动程大，需伸进、退出整个梭口，限制了车速的提高，一般只用于窄幅织机、小样织机。

2. 双剑杆引纬 织机的两侧分别安装送纬剑杆和接纬剑杆及各自的传剑机构。引纬时，送纬剑和接纬剑从两侧向梭口中央运动，送纬剑负责将纬纱从供纬侧送到梭口的中央，然后交付给也已经运动到梭口中央的接纬剑上。两剑杆再各自退回，由接纬剑将纬纱拉出梭口，完成一次引纬。

采用双剑杆引纬，每个剑杆仅移动约半幅织物的宽度，引纬时间相对缩短，便于织机的高速和宽幅，且纬纱在梭口中央的交接技术已很成熟，极少失误。因此，这种引纬方式目前已在剑杆织机上广泛采用。

3. 双层剑杆引纬 双层剑杆织造时，经纱形成上下两层梭口，同一侧的上、下两根剑杆（多为刚性剑杆）由同一套传剑机构来传动，一次引入上、下两根纬纱，如图 7－15 所示。

这种引纬方式适用于加工双层起绒织物，如长毛绒、丝绒、棉绒、地毯等绒织物，不仅劳动生产率大幅提高，而且加工的绒织物手感、外观良好，克服了用单梭口制织绒类织物产生的毛背疵病。

（二）纬纱交接形式

根据双剑杆引纬时，送纬剑与接纬剑在梭口中央交接纬纱的方式不同，分为夹持式引纬和

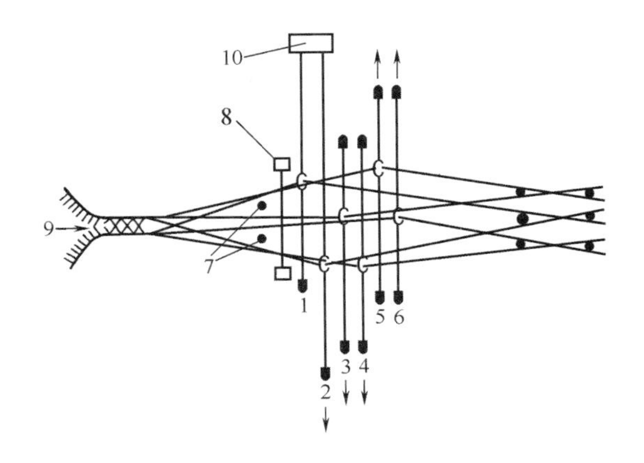

图 7－15　双层梭口织造简图

1、2—绒经纱综框　3、5—上层经纱综框　4、6—下层经纱综框

7—剑杆　8—钢筘　9—割绒刀　10—提花机

叉入式引纬两种,夹持式是以纱端形式交接,叉入式是以纱圈形式交接。

1. 夹持式引纬　夹持式引纬的过程如图 7－16 所示,从储纬器上退绕下来的纬纱 5 经张力器 6,连接在已经和经纱相交织的上一根纬纱上。在引纬时,选纬杆 1 下降,将需要被引入的纬纱下落到送纬剑 2 的前进轨迹上,送纬剑 2 和接纬剑 3 开始向梭口中央进剑,纬纱首先被送

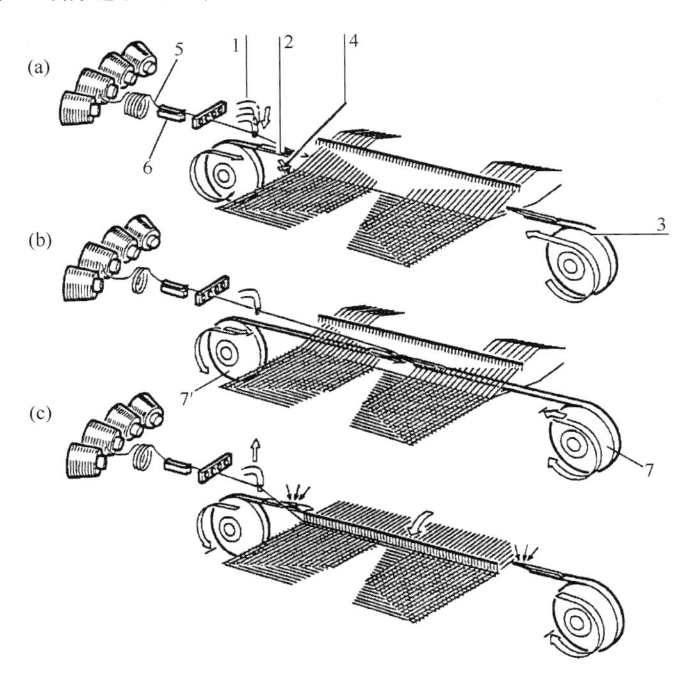

图 7－16　挠性剑杆引纬

1—选纬杆　2—送纬剑　3—接纬剑　4—剪刀

5—纬纱　6—张力器　7、7′—传剑轮

纬剑的剑头夹持，然后剪刀 4 将张紧的纬纱剪断，如图 7－16(a) 所示，送纬剑夹持着纬纱头前进，此时，送纬剑为工作行程，接纬剑为空程。两剑杆在梭口中央相遇，接纬剑接过送纬剑上的纬纱头，完成纬纱的交接动作，如图 7－16(b) 所示。两剑杆均向梭口外侧移动，此时接纬剑是工作行程，送纬剑是空程，接纬剑将纬纱拉出梭口，同时，选纬杆也上升复位，如图 7－16(c) 所示。当接纬剑上的夹纱器被打开时，释放纬纱从而完成一根纬纱的引入。

夹持式引纬的纬纱始终处于一定的张力作用下，无退捻现象，纬纱与剑头之间无摩擦，不损伤纬纱，可适合各种纬纱引入，因而有着广泛的应用。但两侧布边均为毛边，需设成边装置，剑头的结构也较复杂。

2. 叉入式引纬 图 7－17 所示是叉入式引纬的过程。纬纱经张力器 1、导纱器 2 穿入送纬剑 4 的孔眼中，以圈状被送纬剑 5 送入梭口，如图 7－17(a) 所示。两剑杆在梭口中央交接纬纱，接纬剑的钩端深入送纬剑中钩住纬纱圈，如图 7－17(b) 所示。接纬剑勾着纱圈退剑把纬纱引出梭口，在打纬的同时由撞纬叉 3 将纱圈从接纬剑钩头上脱下来套在成边机构的舌针 6 上，由舌针将它与上一个纬纱圈串套成针织边，如图 7－17(c) 所示。送纬剑在退剑时，纬纱仍穿在剑头的孔内，接纬剑退回时，纬纱继续从筒子上退绕，这样每次引入梭口的纬纱为双根纬纱。

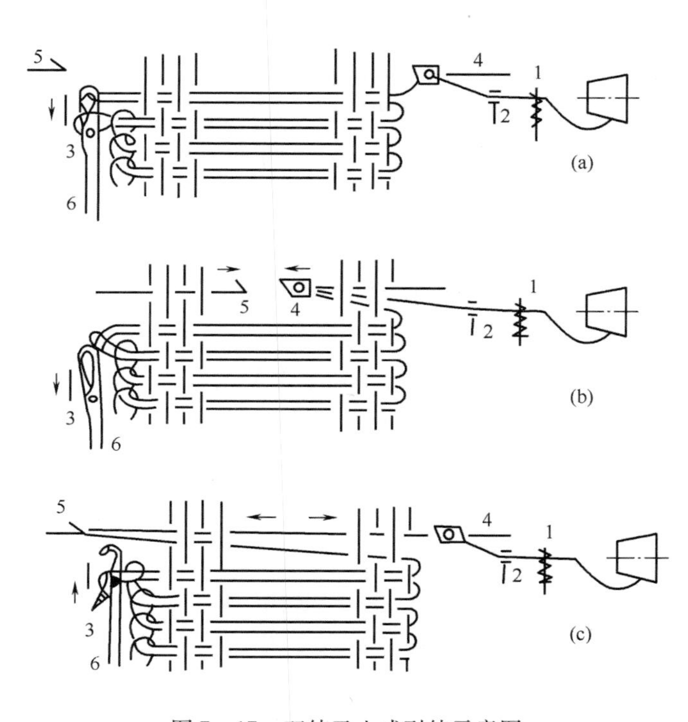

图 7－17 双纬叉入式引纬示意图

1—张力器 2—导纱器 3—撞纬叉 4—送纬剑 5—接纬剑 6—舌针

叉入式引纬的剑头结构简单，纬纱从储纬器上退绕下来的速度等于剑杆速度的两倍，纬纱在剑头的头端高速滑过存在有摩擦，且这种引纬方式无法换纬，仅能织造双纬组织的单色织物，故多用于帆布和带类织物的生产。

（三）剑杆的刚挠性

按剑杆的刚挠性不同，分为刚性剑杆和挠性剑杆。

1. 刚性剑杆 剑杆为刚性的细长空心杆，截面呈圆形或矩形，选用质量轻、刚度大的材料制成，如铝钛合金、不锈钢、碳纤维复合材料等，剑头装在剑杆的头端。刚性剑杆因为在引纬时剑头、剑杆悬空在梭口中，不与经纱接触，尽可能地减少了经纱所受的磨损，对于不耐磨的经纱织造十分有利，如玻璃纤维、碳纤维等。

刚性剑杆在打纬前必须从梭口中退出，这就使织机的宽度为织物宽度的2倍以上。由于机台占地面积大，而且剑杆较笨重，惯性大，不利于高速，使其应用范围受到局限。

2. 挠性剑杆 挠性剑杆有剑头和剑带组成，剑带采用可以弯曲的钢带、碳纤维复合材料带制成。挠性剑带可卷绕在传剑轮上或缩到机架下方（图7－16），随着传剑轮的往复回转，挠性剑带做伸卷运动，使剑头做往复运动完成引纬。

由于挠性剑带退出梭口后卷绕在传剑轮上，大大减小了织机的占地面积，且剑带质量轻，有利于织机的高速和宽幅，因此，挠性剑杆织机的应用最为广泛。

（四）传剑机构的位置

按照传剑机构是否安装在织机筘座上，分为分离式筘座传剑机构和非分离式筘座传剑机构两种。

1. 分离式筘座 传剑机构安装在织机机架的固定位置上，不随筘座前后摆动。筘座以共轭凸轮传动，筘座在后方有一较长时间的静止阶段，以使剑杆从容地在梭口中进行引纬；而当筘座运动时，剑头已经不在筘座的摆动范围内。由于引纬时筘座静止在最后位置，梭口高度的利用率较大，打纬动程可减小，再加上轻质的筘座，大大提高了织机的速度。

2. 非分离式筘座 剑杆及传剑机构的部分零件安装在筘座上，随同筘座一起摆动，引纬时剑杆相对于筘座做左右运动。由于非分离式筘座的转动惯量很大，使织机的震动明显增加，影响了织机速度的提高。另外，打纬机构一般采用曲柄连杆传动，使得筘座在后方无静止时间，故允许引纬的时间较短，要求梭口高度较大，打纬动程也加大，以避免剑头进出梭口时与经纱的过分挤压。但由于曲柄连杆打纬机构制造方便，所以中、低档剑杆织机仍然采用非分离式筘座的传剑机构。

二、纬纱交接

在双剑杆织机上，送纬剑与接纬剑通常在梭口的中部交接纬纱，交接的时间约在主轴转角的170°～180°。纬纱交接是双剑杆引纬的关键，交接失败，引纬即告中断，因此，纬纱交接的稳定性和可靠性，极大影响着织机的生产效率。

纬纱从送纬剑转移到接纬剑的方式有接力交接和积极交接两种。

（一）接力交接

纬纱交接过程如图7－18（a）所示，是送纬剑仍在进剑、接纬剑已开始退剑的过程中完成的，此时两剑杆同向运动，纬纱交接如同接力比赛的交接棒而得名。为使纬纱顺利地从送纬剑转移到接纬剑，两剑杆必须设计有一定的交接冲程 d，并且达到最大位移（进足）的时间也不同，即送纬剑进足的时刻比接纬剑晚，如图 7－18（b）所示。图中 S_j、S_s 分别为接、送纬剑的位移曲线，两剑杆分别在 J 点和 S 点进足，两时刻的主轴转角差 $\Delta\alpha=\alpha_s-\alpha_j$。接纬剑在 J 点进足后开始退剑，与到 S 点才进足的送纬剑同向运动，两剑头的夹纱点（握纱点）第一次在 A 点相遇，在 B 点第二次相遇。在 A 并不发生纬纱的交接，此后接纬剑开始伸入到送纬剑内，两剑头的重叠长度经历逐渐增加到最大，后又逐渐减小的过程，到 B 点两剑头的夹纱点分离，此时接纬剑从送纬剑上钩取纬纱，实现纬纱的交接。

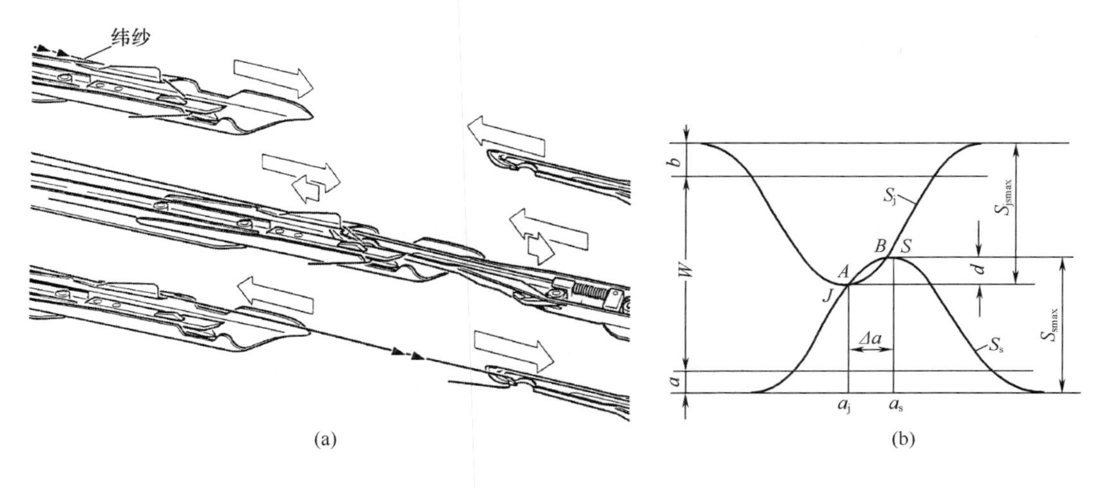

图 7－18　纬纱接力交接

在纬纱交接时接纬剑头伸入送纬剑头内的长度 d，应使纬纱滑过接纬剑的钩头，确保接纬剑回退时纬纱顺利地进入接纬剑的钳口中。接力交接时两剑杆的相对速度小，纬纱处于张紧状态，有利于纬纱的稳定交接。

（二）积极交接

在积极交接纬纱的剑杆织机上，有两个开钳指安装在梭口中央，分别控制接纬剑和送纬剑的钳口。当接纬剑的剑头深入到送纬剑的剑头，准备好纬纱的交接时，开钳指上升到上下层经纱之间，并分别打开两剑杆的钳口，接纬剑的钳口夹取送纬剑上的纬纱头，送纬剑的钳口释放纬纱，从而实现了纬纱从送纬剑到接纬剑的交接。开钳指在打纬前退出底层经纱，因而不会对打纬产生影响。

三、剑杆引纬的工艺调整

剑杆引纬的工艺参数主要包括接纬剑与送纬剑的动程和进出梭口的时间、交接冲程等。

剑杆织机上送纬剑动程 S_{smax} 和接纬剑动程 S_{jmax} 之和 S 应为［图 7－18（b）］：

$$S=S_{smax}+S_{jmax}=a+b+d+W \tag{7-7}$$

式中：a——接纬剑退足时，剑头与边纱第一筘齿的距离；

b——送纬剑退足时，剑头与边纱第一筘齿的距离；

d——交接冲程；

W——上机筘幅。

a、b 又称为剑杆运动的空程，是设置纬纱剪刀、选纬装置、假边装置所必需的，对于一定机型的剑杆织机，a、b、d 保持不变，而织物的上机筘幅由所织制的织物品种决定。因此，剑杆动程应随上机筘幅 W 的变化而作相应的调整，调整方法与机型有关，送纬剑和接纬剑同时调节。

剑杆织机的剑头在梭口中运动的时间较长，占主轴转角200°～250°。剑头进梭口时间约在60°～90°，出梭口时间约在280°～310°。一般允许剑头与上层经纱有一定程度的挤压摩擦，但如果进梭口时间过早，或出梭口时间过晚，梭口高度不够，剑头进、出梭口时的挤压度过大，则会引起上层经纱严重断头及布边处“三跳”织疵，增加剑头的磨损。一般棉或棉型织物，剑头进、出梭口的挤压度要分别小于25%和60%。

对于用传剑齿轮传动冲孔剑带的剑杆织机，只要在上机时改变剑带与传剑轮的初始啮合位置，就可以调整两剑头在梭口中央交接纬纱的冲程 d 和交接位置，以保证它们在筘幅中央交接。为了控制剑带稳定的运动，筘座上装有导剑钩，如图7－19所示。

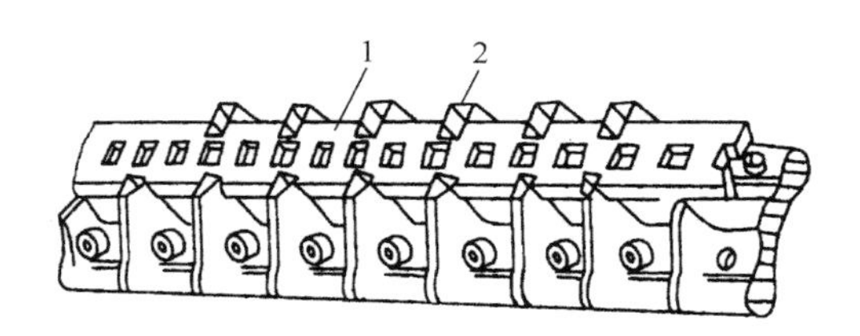

图7－19　导剑钩对剑带的控制

1—剑带　2—导剑钩

四、多色纬纱织造

剑杆织机具有很强的多色纬纱织造功能，选纬时选纬机构只需将待要引入的纬纱移动至送纬剑的引纬路线即可，故选色容易，装置简单，通常可选8色纬纱，多的可达16色。

选纬机构由选纬信号机构和选纬执行机构组成，选纬信号机构储存有工艺设计的色纬循环信息，在引纬前由它发出指令信号；选纬执行机构按照该信号将穿有相应纬纱的选纬杆送入工作位置，以便被送纬剑夹持，完成选纬动作。

（一）选纬信号机构

选纬讯号机构由纹板纸及其传动、信号阅读装置组成，工作原理与多臂机的选综类似，选纬信号储存在纹板纸上。

在新型剑杆织机上配备的电子选纬机构，选纬讯号储存在计算机的存储器里，不再采用纹板纸，在织造过程中通过程序读取，去控制选纬执行机构，这不仅使选纬信号机构大为简化，选纬信号的输入、更改也十分方便。

（二）选纬执行机构

如图7－20所示，每一色纬的选纬杆具有一套相同的执行单元。选纬杆1的孔中穿有所控制的纬纱，凸轮 2 的回转使杆 4 上下摆动，若电磁铁 6 不得电，钩子 5 与杆 4 的右端不发生作用，杆 4 以左端为支点摆动，选纬杆 1 在引纱路线的上方，不参与引纬；若选纬信号机构使对应的执行单元中的电磁铁 6 得电，则钩子 5 使杆 4 的右端不能上抬，则杆 3 逆时针转动，选纬杆 1 便下降到引纬路线上，等待送纬剑将其上的纬纱引入梭口。

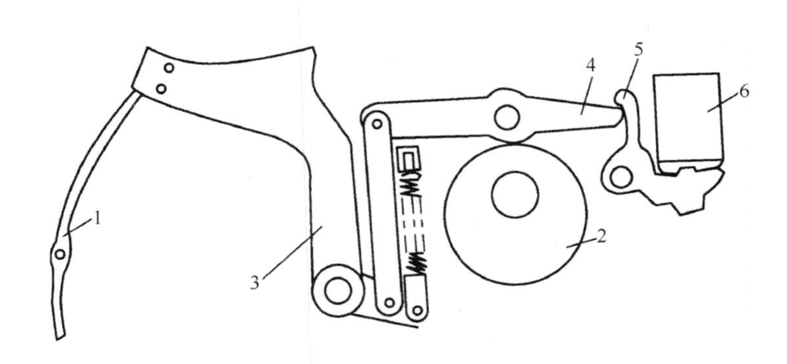

图 7 - 20　选纬执行机构

1—选纬杆　2—凸轮　3、4—杆　5—钩子　6—电磁铁

第四节　片梭引纬

片梭织机是用片状夹纱器将固定筒子上的纬纱引入梭口，这个片状夹纱器称为片梭。按照一台织机使用的片梭数量，片梭织机分单片梭织机和多片梭织机两种类型。单片梭引纬技术目前还不够理想，使用极少。瑞士苏尔寿公司生产的片梭织机为多片梭引纬，技术最为成熟，本节仅介绍这种织机的引纬。

苏尔寿公司的片梭织机在织造过程中，多把片梭轮流引纬，仅在织机的一侧设有投梭机构和供纬装置，故属于单向引纬。进行引纬的片梭在投梭侧夹持纬纱后，依靠扭轴投梭机构的作用，使片梭高速通过由导梭片所组成的通道，将纬纱引入梭口；片梭在对侧被制梭装置制停后，释放所夹持的纬纱头，然后被推到片梭输送链上，由输送链将片梭在布面下返回到投梭侧，以便进行下一轮引纬。

一、片梭及其引纬过程

（一）片梭

片梭的形状如图 7 - 21 所示，由梭壳 1 及装在梭壳内的梭夹 2 组成，两者用铆钉 3 固结，梭夹两臂的端部组成一个钳口 5，起夹持纬纱的作用，当开钳钩插入圆孔 4 时，梭夹钳口被打开，当开钳钩退出时，钳口闭合。片梭织机每引入一根纬纱，钳口必须开闭两次：第一次开闭是在织机的投梭侧，钳口在引纬前夹住纬纱头；第二次开闭是在制梭侧，引纬完毕后的片梭释放纬纱头。

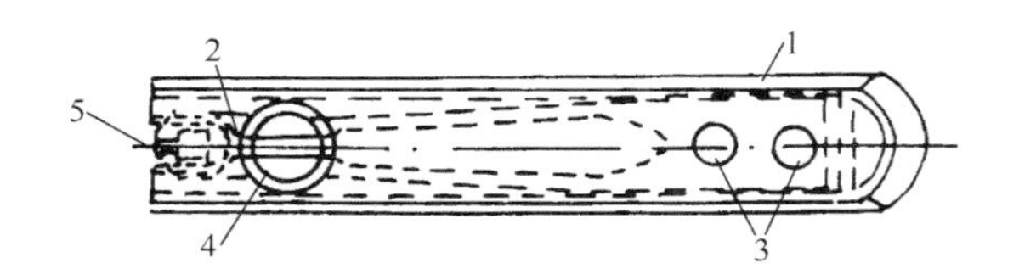

图 7－21　片梭

1—梭壳　2—梭夹　3—铆钉　4—圆孔　5—钳口

片梭有多种型号，应根据所加工纬纱的纤维材料和细度合理选择，不同型号的片梭钳口形状和钳口夹持力不同，钳口夹持力范围在 600～2500cN，应确保引纬过程中片梭钳口夹持住纬纱。

苏尔寿片梭织机最小公称筘幅为 190cm，最大可达 560cm，每台织机所需的片梭只数与上机筘幅的大小有关，可按下式计算：

$$片梭配备只数 = \frac{上机筘幅}{25.4} + 5$$

例如，320cm 上机筘幅的织机，须配备 18 只片梭。

(二)片梭织机的引纬过程

片梭织机的引纬系统主要包括筒子架、储纬器、纬纱制动器、张力调节装置、递纬器、片梭、导梭装置、制梭装置、片梭回退机构、片梭监控机构、片梭输送机构等。

片梭织机的引纬过程可分为十个阶段，如图 7－22 所示。

(1)纬纱从筒子 4 上引出，经导纱器 5、7、8，纬纱制动器 3 和纬纱张力调节杆 2，最后被递纬器 1 夹住纬纱头。此时张力调节杆处于最高位置，制动器压住纬纱，使纬纱不能从筒子上退绕下来，递纬器与制动器之间的纬纱被绷紧。引纬箱内的盛梭盒(图中未画出)翻转，使片梭 6 由垂直位置转向水平位置，梭夹打开钩(未画出)把梭夹的钳口打开。

(2)片梭已翻转到引纬位置，这时张开的梭夹钳口对准递纬夹的钳口，准备接纳纬纱。

(3)梭夹钳口闭合，握住纬纱，递纬器的钳口张开，完成纬纱从递纬器到梭夹的交接。纬纱制动器 3 开始上升，张力平衡杆 2 则开始下降，片梭 6 作好了向梭口飞行的准备。

(4)投梭以后，片梭带着纬纱向接梭箱方向飞行，纬纱从筒子上退绕下来，此时制动器 3 已上升到最高位置，完全解除对纬纱的制动，张力调节杆则降到最低位置。

(5)片梭 6 在制梭侧被制动后，依靠片梭回退器(图中未画处)，将片梭推回到靠近布边处，其目的是为了使钩入布边的纬纱头长度控制在最低限度内(1.2～1.5cm)。这时纬纱制动器 3 压紧纬纱，张力调节杆 2 略为上升，以便将片梭回退后多余的纬纱拉紧。同时递纬器 1 移动到布边处并张开钳口，准备夹持剪断后左侧的纬纱头。

(6)定中心器 11 向前靠近纬纱，将纬纱推入张开的递纬器钳口中心线上。两只边纱钳 9 则在布边夹持住纬纱。

(7)递纬器 1 的钳口第二次闭合夹住纬纱，张开的剪刀 10 上升到纬纱处，准备切断纬纱。

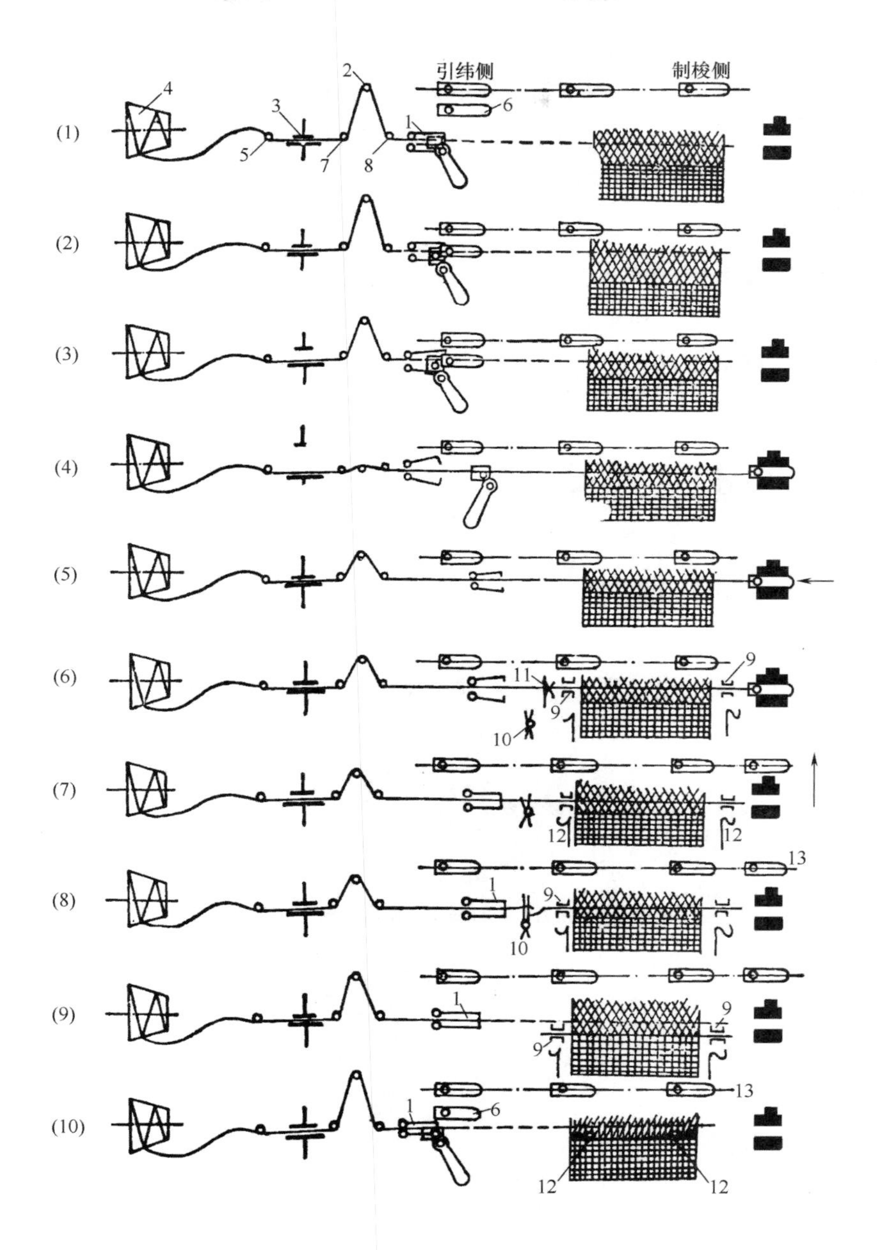

图 7－22　片梭引纬过程

1—递纬器　2—张力调节杆　3—制动器　4—筒子　5、7、8—导纱器　6—片梭
9—边纱钳　10—剪刀　11—定中心器　12—钩边针　13—输送链

(8)剪刀 10 在递纬器 1 和边纱钳 9 之间剪断纬纱,制梭箱内的片梭钳口再次被打开,释放所夹持的纬纱头。同时,制梭侧的片梭被推入输送链 13,再由输送链送回引纬侧。

(9)递纬器 1 握持着纬纱向左移动,制动器 3 仍压紧纬纱,张力调节杆 2 上升,张紧由于递纬器回退而释放的纬纱。两只边纱钳 9 与钢筘一起运动,将纬纱打入织口,而剪刀 10 自投梭线位置下降。

(10)递纬器1再次回到最左侧位置,即与梭夹发生纬纱交接的位置。张力调节杆2上升到最高位置,使纬纱保持张紧。边纱钳9所夹持的纬纱头被两侧的钩边针12钩入下一梭口,由下次打纬时形成布边。与此同时,在引纬侧又有一只片梭开始从输送链13向投梭位置翻转。

周而复始地执行上述步骤,纬纱被一根根引入,便可织成织物。

二、扭轴投梭机构工作原理

扭轴投梭机构如图7-23所示,在织机主轴的一周回转过程中,扭轴投梭机构的工作过程可分为储能、自锁、击梭和缓冲4个阶段。

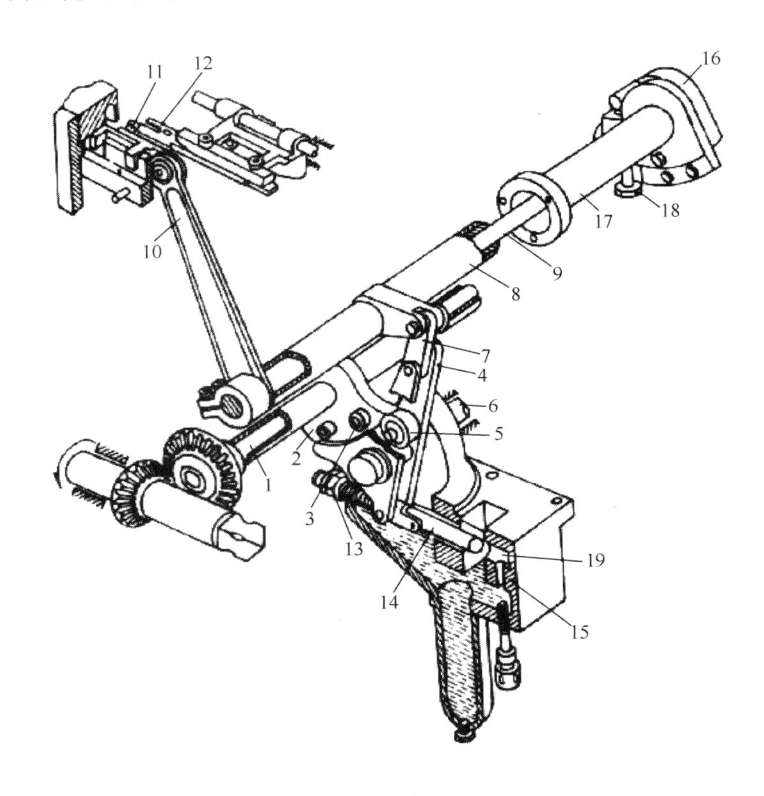

图7-23 扭轴投梭机构

1—投梭凸轮轴 2—投梭凸轮 3—解锁转子 4—三臂杠杆 5—转子 6—轴 7—连杆 8—套轴 9—扭轴 10—击梭棒 11—击梭块 12—片梭 13—定位螺栓 14—活塞 15—缓冲油缸 16—调节块 17—固定套筒 18—调节螺栓 19—阻尼腔

1. 储能阶段 投梭凸轮轴1由一对圆锥齿轮传动,并带动固定在轴上的投梭凸轮2作顺时针方向转动。投梭凸轮推动转子5,使三臂杠杆4绕轴6作顺时针方向回转。三臂杠杆通过连杆7推动套轴8旋转,扭轴9的一端固定在套轴上,另一端经调节块16与固定套筒17连接。套轴8旋转时,扭轴发生扭转变形,储存能量。

2. 自锁阶段 当轴6与连杆7上的两个铰链点处于同一直线上时,机构达到自锁状态,三臂杠杆的下端正好与定位螺栓 13 相碰,并稳定在这一位置上。对应自锁状态,击梭块 11 已移动到左方极限位置,扭轴达到最大扭转角度,变形能积聚到最大值。

3. 击梭阶段 随着投梭凸轮的继续转动,当到达投梭位置时,凸轮上的解锁转子 3 压三臂杠杆的中臂,使三臂杠杆沿逆时针方向转过一个微小角度,自锁状态被解除。随着扭轴储存的能量被迅速释放,击梭棒 10 迅速向织机内侧摆动,通过击梭滑块 11 撞击片梭 12,使片梭获得必要的速度进入梭口,飞向对侧的接梭箱。

4. 缓冲阶段 击梭后投梭机构的剩余动能,被三臂杠杆下端的油压缓冲装置吸收,使扭轴和投梭棒迅速达到静止。油压缓冲装置由活塞 14、油缸 15 组成,在投梭时,三臂杠杆的下臂通过连杆推动活塞 14 向右移动,在活塞尚未进入阻尼腔 19 之前,活塞移动仅受到极微小的阻力。在投梭运动的后期,当片梭已被加速到要求的速度后,活塞就开始进入阻尼腔,活塞被油压强制制动。油缸内的油液在活塞的挤压下,通过油缸尾端的缝隙而排出,回到投梭箱中。调节排油缝隙的大小,就可以调节阻尼制动力的大小。

扭轴扭转的角度可以通过调节螺栓 18 来改变,变化范围为 27°~35°,从而改变投梭力的大小。

扭轴投梭机构的片梭速度完全取决于扭轴扭角(储能)的大小,与织机车速无关,因而有利于片梭稳定飞行。扭轴加扭时间长(约 300°),加之合理的投梭凸轮曲线,有利于织机主轴的均匀回转,投梭机构能耗小。投梭机结束后,整个投梭机构在液压缓冲装置作用下能迅速制停。

三、制梭

片梭在通过梭口后进入接梭箱时,仍然具有很高的速度,由制梭装置吸收片梭的剩余动能,使片梭的速度迅速下降为零,并准确地制停在一定位置上,制梭装置如图 7-24 所示。在片梭进入制梭箱前,连杆 5 向左推进,如图 7-24(b)所示,制梭脚 3 下降,直至下铰链板 4 和上铰链板 6 位于一条直线,即进入死点状态。下制梭板 2 和制梭脚 3 之间构成了制梭通道,片梭进入制梭通道后,下制梭板和制梭脚对片梭产生很大的摩擦阻力,使片梭制停在一定位置上。

制梭脚的前侧装有接近开关组合 1,上面有接近开关 a、b、c。接近开关 b 用于检测片梭的飞行到达时间,接近开关 a、c 则用于检测片梭的制停位置,从而以下述的三种途径自动调整制梭力。

(1)当片梭制停在位置Ⅰ,接近开关 a、c 均有信号发出,说明制梭力正常,步进电动机 10 不发生调节作用。

(2)当片梭制停在位置Ⅱ,接近开关 a 无信号发生,说明制梭力不足。步进电动机立刻转动一步,滑块 8 向右移动 1mm,升降块 7 下降,使制梭脚降低一定距离。经过几次调整,直至片梭被制停在位置Ⅰ。

(3)当片梭被制停在位置Ⅲ,接近开关 c 不发生信号,说明制梭力偏大。电脑自动记录制梭力偏大的次数。如果 27 次引纬中有 20 次制梭力偏大,则每 27 次引纬后步进电动机反向转

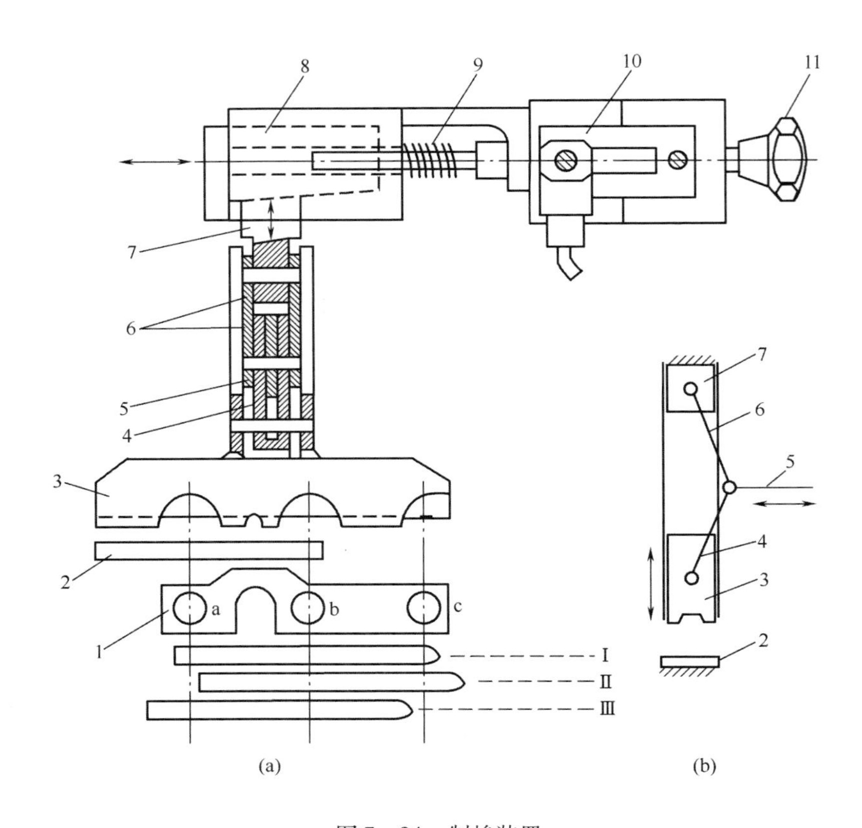

图 7－24　制梭装置

1—接近开关组合　2—下制梭板　3—制梭脚　4—下铰链板　5—连杆　6—上铰链板
7—升降块　8—滑块　9—调节螺杆　10—步进电机　11—手柄

动一步，使制梭脚上升一定距离，经几次调整直至片梭被制停到位置Ⅱ，然后，再自动调整到位置Ⅰ。这样的调整方式有助于消除机构间隙对制梭的影响。

连杆 5 向右回退时，制梭脚上升，对片梭的制动被解除，以利片梭的回退和推出制梭箱，进入输送链。

四、混纬与多色纬纱织造

在混纬方式的片梭织机上，配备了两只递纬器，它们分别由各自的筒子供纬，织造时由这两只递纬器交替递纬给片梭，交替的比例是 1∶1，不能任意引纬。混纬的目的是为了消除纬纱色差或纬纱条干不匀给布面造成的影响。轮流从两个筒子上引入纬纱到织物中，可避免筒子之间的差异对织物外观的影响，混纬方式在有筒子供纬的无梭织机上应用很普遍。当然，混纬的机型也可以用于织制两色 1∶1 交替引纬的产品。

在配备二色、四色或六色的任意顺序选纬机构上，每一种色纱都要用一只递纬器，即递纬器只数等于色纬数。选纬机构分机械选纬和电子选纬两种，机械选纬由多臂或提花开口机构、专用的选纬纹板链装置控制或驱动选纬动作，电子选纬机构的纬纱配色循环储存在电脑里，通过电磁铁来驱动选纬动作。

第五节　喷水引纬

喷水织机利用水作为引纬介质，依靠水流对纬纱产生的摩擦牵引力，牵引纬纱飞越梭口。和喷气织机一样，喷水织机也属于射流引纬，两者具有相似的引纬原理和引纬装置。由于水射流的集束性好，喷水织机不必像喷气织机那样，设置复杂的防水流扩散装置，也没有辅助喷嘴，它的幅宽可达2m以上。

喷水织机适宜织制的织物品种有局限性，主要用于加工疏水性合纤长丝、玻璃纤维等产品。另外，喷水织机与水接触的部件要防锈，引纬对水质有较高的要求，需配备专门的水处理设备。

一、喷水引纬的原理

喷水织机的水射流与喷气织机的主喷嘴射流相似，如图7－25所示。射流在喷嘴轴线上的速度最高，在核心区内速度相等，按射流离开喷嘴的距离可分为三段。

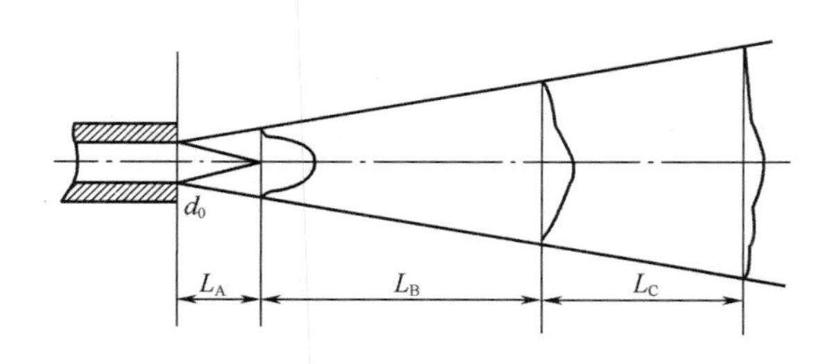

图7－25　水射流断面结构示意图

1. 初始段 L_A　这一段的长度就是核心区的长度，在初始段的轴线上，各点的流速都等于喷嘴喷出的水流速度。

2. 基本段 L_B　在这一段中，由于射流周围的空气不断地进入射流锥内，使射流的速度逐渐降低，射流截面逐渐扩大，但射流并未出现分离现象，仍能起到牵引纬纱的作用。

3. 雾化段 L_C　这一段射流中的水滴出现分离，射流束解体，水滴雾化而消散在大气中，因而已失去对纬纱的牵引能力。

由此可见，喷水引纬依靠的是初始段和基本段内的射流对纬纱的牵引作用，因而织机的引纬幅宽与L_A、L_B的长度有关。根据试验，各段长度与喷嘴孔径d_0有如下关系：

$$L_A = (69 \sim 96)d_0$$
$$L_B = (150 \sim 740)d_0$$

引纬幅宽除了受喷嘴孔径d_0影响外，还取决于喷嘴水压的大小。水压决定了射流的速度，因而影响纬纱获得的飞行速度和能够飞行的距离。

二、喷水引纬的装置及工艺参数

图 7－26 为喷水引纬系统简图。在织机引纬时，夹纬器 3 开放，释放纬纱，喷射凸轮 7 的工作点从大半径转入小半径，于是喷射泵 5 的活塞在内部压缩弹簧的恢复力作用下快速移动，将水流经管道压向喷嘴 4，并通过喷嘴射出。喷嘴的射流牵引纬纱，将纬纱从定长储纬器 1 上退绕下来，引入梭口。引纬结束后，夹纬器闭合夹持纬纱。同时，喷射凸轮的工作点从小半径转向大半径，将水由水箱 8 吸入喷射泵中，为下次喷射做好准备。

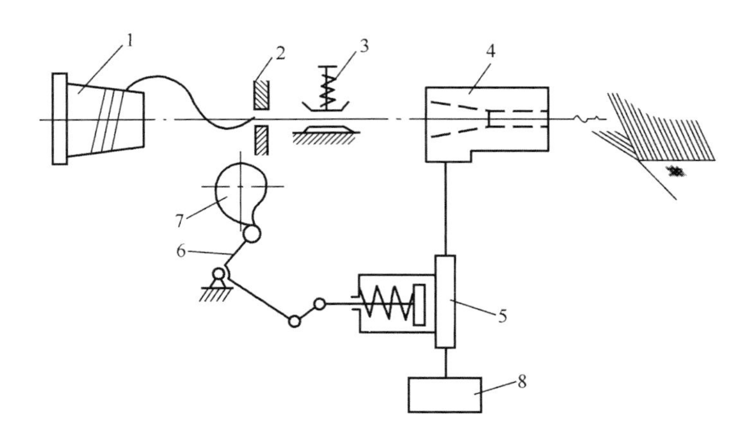

图 7－26　喷水引纬系统简图

1—定长储纬器　2—导纱器　3—夹纬器　4—喷嘴　5—喷射泵

6—双臂杆　7—喷射凸轮　8—水箱

1. 喷嘴　一种典型的喷嘴结构如图 7－27 所示，它由导纬管 1、喷嘴体 2、喷嘴座 3 和衬管 4 等组成。压力水流进入喷嘴后，通过环状通道 a 和 6 个沿圆周方向均布的小孔 b、环状缝隙 c，以自由沉没射流的形式射出喷嘴。环状缝隙由导纬管和管衬构成，移动导纬管在喷嘴体中的进出位置，可以改变环状缝隙的宽度，调节射流的水量。6 个小孔 b 对涡旋的水流进行切割，减小其旋度，提高射流的集束性。

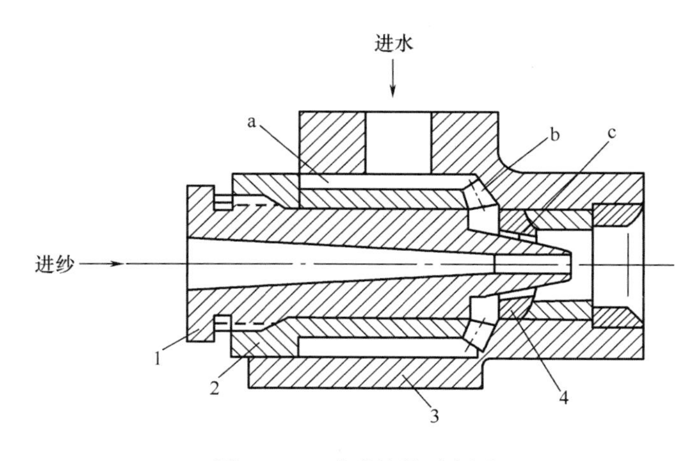

图 7－27　喷嘴结构示意图

1—导纬管　2—喷嘴体　3—喷嘴座　4—衬管

2. 喷射泵 喷射泵是喷水引纬装置的主要部件，每台织机都配有一台喷射泵，它在织机的每一回转中，提供可引入一纬的高压水流。在图7-28所示的喷射泵中，进水阀10和出水阀9都是单向阀，凸轮3顺时针方向转动，当由小半径转向大半径时，通过角形杠杆1和连杆14，拖动活塞8向左移动，缸套7内为负压状态，水箱16内的水通过进水阀10被吸入泵体，同时弹簧5被压缩，出水阀9关闭。当凸轮突然从最大半径转向小半径时，角形杠杆1和凸轮脱离，角形杠杆被释放，活塞8在弹簧5的作用下向右移动，缸套内的水被加压，增大的水压使出水阀9打开、进水阀10关闭，射流从出水阀经喷嘴射出，牵引着纬纱进入梭口飞行。

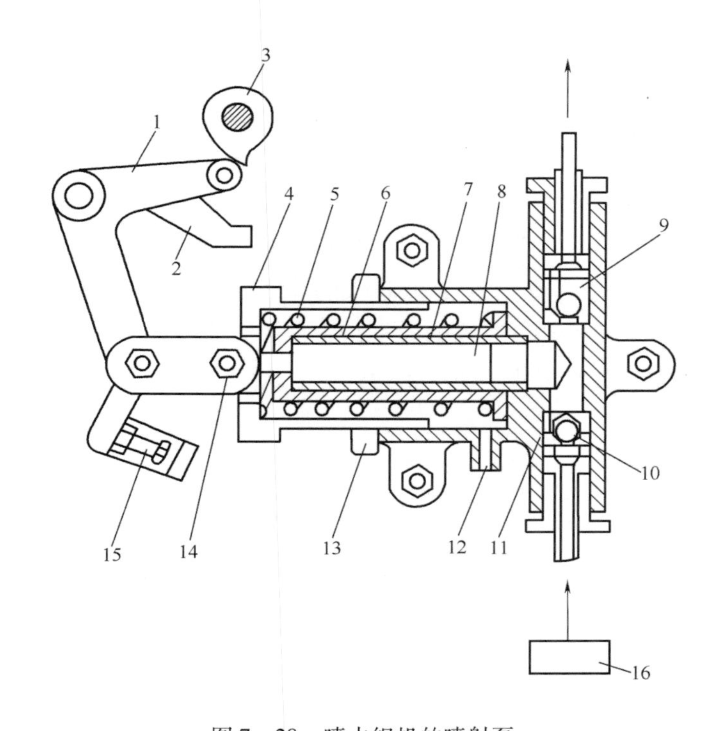

图7-28 喷水织机的喷射泵

1—角形杠杆 2—辅助杆 3—凸轮 4—弹簧座 5—弹簧 6—弹簧内座 7—缸套
8—活塞(柱塞) 9—出水阀 10—进水阀 11—泵体 12—排污口
13—调节螺母 14—连杆 15—限位螺栓 16—稳压水箱

3. 工艺参数 与喷射泵有关的引纬工艺参数主要由喷水量、喷射开始时间和水压。

(1)喷水量。改变活塞直径、喷射凸轮大小半径差和角形杠杆的长短臂长度比，能够改变喷水量的大小，以适应不同幅宽和品种的织物加工要求。在上述参数确定后，可通过调整限位螺栓15的位置来调节喷水量，以改变活塞在弹簧作用下前进的动程。

(2)喷射开始时间。喷射开始时间为喷射凸轮的工作点从大半径转入小半径的瞬间，因此，改变凸轮在凸轮轴上的位置，就可调整喷射开始时间。若喷射开始时间过早，会使水流束打在钢筘上，造成水流束飞散，影响纬纱正常飞行；而过迟会造成先行水喷出不足，飞行的纬纱头抖动，容易产生空停车。

(3)水压。水压的大小与活塞直径、弹簧刚度和弹簧初始长度有关，活塞直径和弹簧参数决定了喷射泵射流的最大压力，当活塞直径和弹簧一定时，可通过弹簧座4调节弹簧的初始压缩量来调节射流压力，初始压缩量增加，射流压力增加，反之将减小。在满足引纬稳定前提下，水压以小为好，过高或过低都会对引纬带来不利影响。

第六节　储纬与纬纱张力控制

有梭织机的纬纱卷装（纡子）容量很小，织机在生产过程中需要频繁的停车换纬，不仅大大影响织机的效率，而且每次换纬以及制动、启动操作均隐含着产生疵点的可能；自动换梭或换纡技术，能够做到不停车补纬，显著地提高了织机的效率，但其频繁地换纬仍不可避免，机件容易磨损，对安装、调整的要求高，也有可能引起织疵。

无梭织机采用大容量的筒子作纬纱卷装，纬纱的引出速度很高，若纬纱直接从筒子上退绕，筒子的退绕半径、卷绕质量、纱线表面状态等都会影响退绕张力及其均匀程度，再加上引纬运动的间歇性，纬纱在引入过程中存在张力波动，过大的纬纱峰值会产生纬纱断头和各种引纬疵点，因此，无梭织机的储纬、张力控制等装置构成了其完善的供纬系统。

本节主要介绍无梭织机的储纬和纬纱张力控制。

一、储纬装置

在无梭织机上，从筒子退绕下来的纬纱首先被卷绕到储纬装置的储纱鼓上，纬纱张力得到重新分配，当引纬时，纬纱再从储纱鼓上退绕下来。储纱鼓是一个表面光滑的柱体，也可略带锥度，由于储纱鼓的退绕直径不变，因而消除了筒子退绕直径变化造成的纬纱张力波动，退绕张力小且均匀。

储纬装置分两大类型。一类用于剑杆、片梭的积极式引纬，储纬装置仅起储存纬纱的作用，故称为储纬器，每次引纬时，引纬器握持纬纱头端，从储纬器上拉下所需长度的纬纱。另一类用于喷气和喷水的消极式引纬，储纬装置起着定长和储纬两个功能，称为定长储纬器，每次引纬时，流体（空气或水）从储纬器上引出一段纬纱，纬纱的长度由定长储纬器精确测定。

（一）储纬器

根据储纱鼓是否转动，储纬器分为动鼓式和定鼓式两种。

1. 动鼓式储纬器　在图7－29所示的动鼓式储纬器中，储纱鼓6在电动机1的带动下作回转运动，把从筒子上退绕下来的纬纱3卷绕到储纱鼓上，纬纱的卷绕张力由进纱张力器4调节。当引纬时，纬纱在阻尼环7的约束下，沿着鼓面的左端退绕下来进入梭口。

储纱鼓前方的阻尼环7用鬃毛或尼龙制成。在卷绕起始时，阻尼环控制纬纱头端，使卷绕得以开始；在退绕时，阻挡纬纱抛离鼓面不会形成气圈，防止纬纱缠结；在退绕终了时，约束鼓面上的纬纱分离点，使纬纱不至过度送出。阻尼环有“S”向和“Z”向之分，各适用于“S”捻或“Z”捻的纬纱。鬃毛或锦纶的毛丝直径也按纬纱的细度分为粗、细两种。

储纱鼓上纬纱的储存量由检测装置5控制。当纱线储存到光电反射式检测装置所对准的

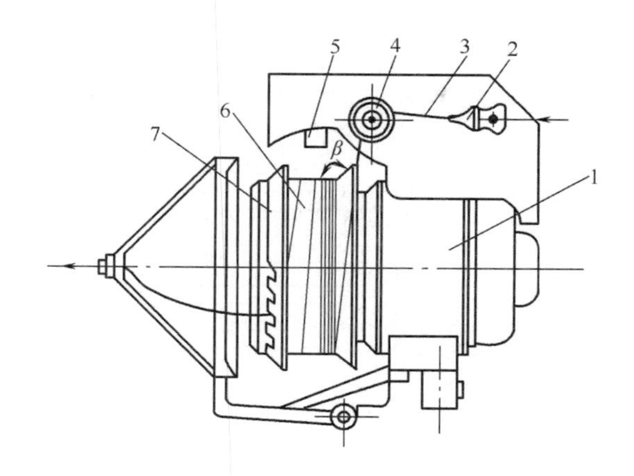

图 7－29 动鼓式储纬器

1—电动机 2—导纱器 3—纬纱 4—进纱张力器 5—检测头 6—储纱鼓 7—阻尼环

位置时，反射镜面被覆盖，检测装置发出电信号使储纱鼓停止转动；当纱圈减少到不再遮挡反射镜面时，储纱鼓再次回转储纱。存储量的大小通过移动检测装置的位置来调整。

纬纱卷绕到储纱鼓上时，首先卷绕在储纱鼓的圆锥部分，然后在张力的作用下滑入圆柱部分，并推动前面几圈纬纱向前移动，形成有规则的纱圈紧密排列。由于没有专门的排纱机构，因此属于消极式排纱方式。消极式排纱的效果与圆锥面的倾角有关，研究表明：当倾角为 135°时排纱效果较佳。同时，进纱张力器对纬纱施加的张力也影响到储纱鼓上的排纱效果，张力过大会导致圆柱面上的纱圈向前移动的阻力增加，张力过小则使得圆锥面上的纱线对圆柱面上纱圈的推力不足。

因储纱鼓具有一定的转动惯量，转动惯量越大，越不利于储纬过程中频繁的启动和制动，因此这种储纬器的高速适应性受到影响，仅适用于低速引纬（入纬率 <1000m/min），储纱鼓的直径相应不大，在 100mm 左右。在生产中，应调节储纱鼓的转速，使织机主轴每一转中储存的纬纱长度略大于引入梭口的纬纱长度，以缩短储纱鼓的停转时间，使筒子退绕过程几乎连续地进行。

2. 定鼓式储纬器 定鼓式储纬器以质量轻、体积小的绕纱盘（或导纱臂）作回转部件，代替了转动惯量大的储纱鼓的绕纱功能，显然，它更有利于高速织机的应用。目前，定鼓式储纬器有很多种结构形式，但作用原理基本相同，图 7－30 所示为一种典型的定鼓式储纬器结构图。

从筒子上退绕下来的纬纱，通过进纱张力器 1、电动机的空心轴 2，从绕纱盘 6 的空心管中引出。电动机转动时，空心轴带动绕纱盘旋转，将纬纱绕到储纱鼓 11 上。由于储纱鼓通过滚动轴承支撑在这根空心轴上，为了让储纱鼓固定不动，同时又能提供必要的纱线通道，在绕纱盘两侧的储纱鼓和机架上，分别安装强力的前、后磁铁盘 7、5，起到将储纱鼓固定在机架上的作用。

与动鼓式储纬器一样，定鼓式储纬器上也装有单点的光电反射式检测装置 9，实现最大储

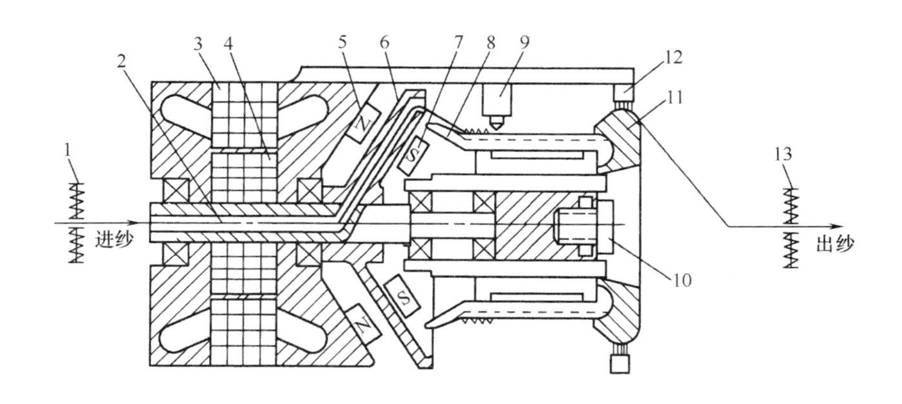

图 7－30　定鼓式储纬器结构图

1—进纱张力器　2—空心轴　3—定子　4—转子　5—后磁铁盘　6—绕纱盘　7—前磁铁盘　8—锥度导指　9—检测装置　10—锥度调节旋钮　11—储纱鼓　12—阻尼环　13—出纱张力器

纬量的检测。这种装置的缺点在于反射镜面受污染时易产生误动作。部分定鼓储纬器采用双点光电反射式检测装置，实现了最大和最小储纬量的检测，再配以微处理器进行控制，可以达到储纬速度自动与纬纱需求量相匹配，使储纬的卷绕过程几乎连续进行。

根据纱线在各纱鼓上的排纱方式，定鼓式储纬器有消极式排纱和积极式排纱之分。图 7－30 所示为一种消极式排纱方式，在圆柱形储纱鼓 11 的表面上均匀的凸出着 12 个锥度导指 8，绕在鼓上的纱线受这些锥度导指所构成的锥度影响，自动地沿鼓面向前滑移，形成规则整齐的纱圈排列。根据纱线的弹性、特数、纱线与鼓面的摩擦阻力等条件，借助锥度调节旋钮 10，可改变锥度导指形成的锥角，以适应不同纱线的排纱要求。

定鼓式储纬器还采用积极排纱方式，在积极排纱方式下，储纱鼓上的纱圈依靠专门的排纱机构来完成前进运动，不需要人工调整就能获得满意的纱线排列效果，但机构的复杂程度有所提高。

(二)定长储纬器

定长储纬器能够精确控制所释放的每一纬纱线长度，以适应喷气织机和喷水织机的引纬要求。定长储纬器也分为动鼓式和定鼓式两种，由于动鼓式的高速适应性差，目前一般都采用定鼓式。

定鼓式定长储纬器的主要结构原理与定鼓式储纬器相似，图 7－31 所示的是一种典型的结构。纬纱 1 通过进纱张力器 2 穿入到电动机 4 的空心轴 3 中，然后经导纱管 6 绕在由 12 只指形爪 8 构成的固定储纱鼓上。摆动盘 10 通过斜轴套 9 装在电动机上，电动机转动时摆动盘不断摆动，将绕在执形爪上的纱圈向前推移，起积极排纱的作用，可使储纱鼓上的纱圈排列整齐。

纬纱存储量通过光电传感器 12 检测，一旦纱圈储满，传感器就发出电信号，电脑控制电动机转速降低或停转。

引纬时，每纬退绕纱圈数和指形爪构成的储纱鼓直径有关，改变指形爪的径向位置，就可以调整储纱鼓的直径，每纬退绕的纱圈数 n 必须是整数，可按下式计算：

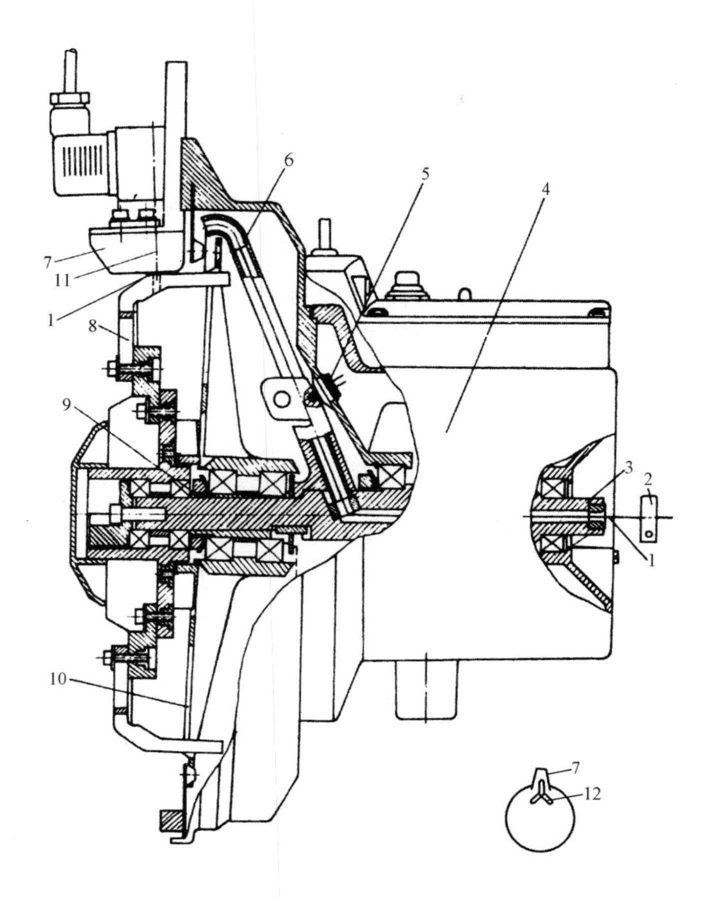

图7－31　典型的定鼓式定长储纬器

1—纬纱　2—进纱张力器　3—空心轴　4—电动机　5—测速传感器　6—导纱管
7—磁针体　8—指形爪　9—斜轴套　10—摆动盘　11—挡纱磁针　12—光电传感器

$$n=\frac{(1+a)L_{\mathrm{k}}}{\pi d}$$

式中：L_{k}——织机上机筘幅；

a——考虑织边等因素的加放率；

d——储纱鼓直径。

引纬时，磁针体7内的电磁阀将磁针11从上方指形爪的孔眼（图中以虚线表示）中提起，释放纬纱，磁针另一侧的退绕传感器检测退绕的纱圈数信号，当达到预定的退绕圈数 n 时，磁针落下，阻挡后续纬纱的退绕，从而实现引入纬纱的定长。

二、纬纱张力装置与控制

（一）张力装置

与储纬器相配的张力装置设置在进纱处、纱线与鼓面分离处和出纱处三个位置上。进纱处张力偏小，会造成纱圈在鼓面上滑动过快，易使纱圈布满鼓面；进纱张力偏大，纱圈在鼓面上的滑移阻力偏大，会使纱圈排列过紧，甚至导致重叠，因此，需用张力装置对其进行控制。纱线与鼓面分离处的张力器（阻尼器）起抑制退绕气圈的形成、均匀退绕张力的作用。而出纱处的张力器能赋予输出纱线一定的张力，并力求均匀，是储纬器输出纬纱重要的张力控制环节。

储纬器上常用的张力器如图 7－32 所示。张力器的配置与纱线种类、粗细有关。图 7－32（a）、（b）、（c）的张力器可装在进、出纱处；图 7－32（d）、（e）的张力器用在进纱处，适用于弹性纱、强捻纱；图 7－32（f）的张力器装在出纱处；图 7－32（g）、（h）、（i）是阻尼环，安装在纱线与鼓面分离处，既有 S 捻、Z 捻之分，又有粗、中、细等规格，其中的毛刷环和金属环与定鼓式储纬器相配，塑料环用于动鼓式储纬器。

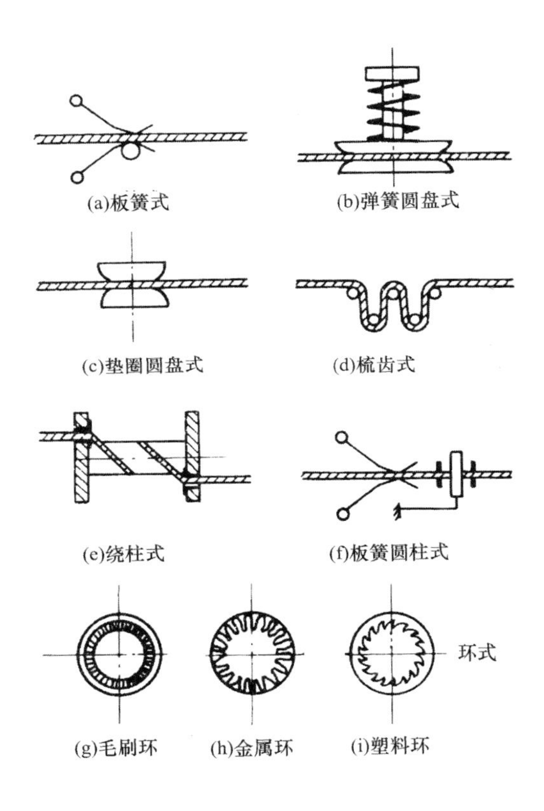

图 7－32　储纬器常用的张力器

（二）纬纱张力控制

在无梭织机上，由于载纬器的高速运动，纬纱的张力波动较大。图 7－33 分别为片梭引纬和剑杆引纬的纬纱张力波形图，可以看出，由于引纬的方式不同，纬纱张力的大小及变化规律也不相同。张力的峰值容易引起纬纱断头，特别是织造细特和弱捻等强力低的纱线。因此，现代无梭织机经常采用纬纱张力的控制装置，以提高生产效率。

图 7－34 是喷气引纬的纬纱张力变化曲线，曲线 1、2 是在其他条件相同的情况下，使用和不使用纬纱张力控制器的张力波动。纬纱张力的峰值出现在接近引纬结束时，即挡纱磁针对纬

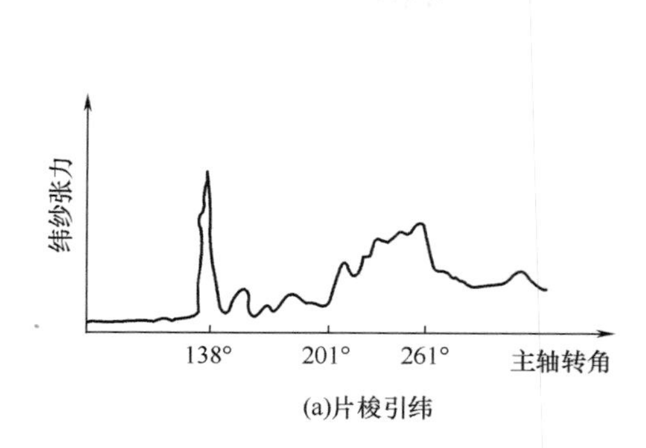

(a)片梭引纬

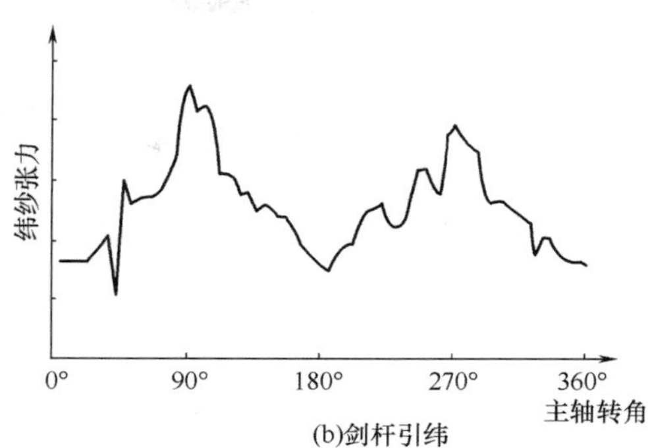

(b)剑杆引纬

图 7 - 33 纬纱的张力变化

纱进行制动的瞬间，可以看出，在使用纬纱张力控制器后，张力的峰值得到明显降低，这有助于减少纬纱断头，提高织机的效率。

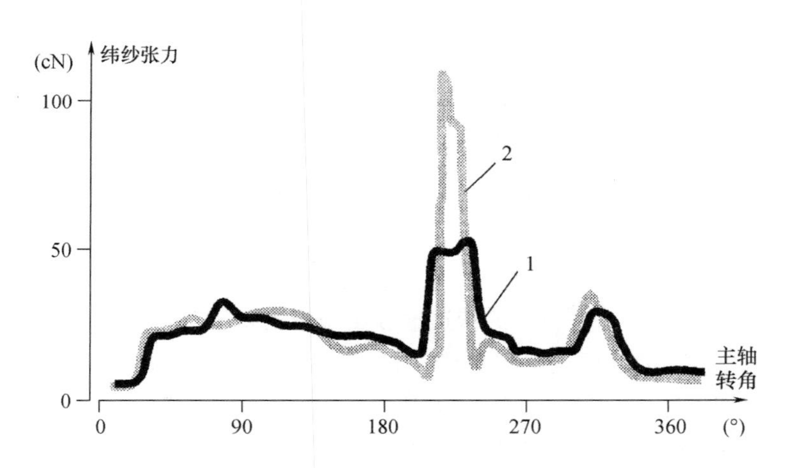

图 7 - 34 喷气引纬的纬纱张力变化

1—不使用纬纱张力控制器 2—使用纬纱张力控制器

图 7 - 35 是纬纱张力控制器的作用原理图。两个制动杆 1 在步进电动机的传动下作上下摆动，在引纬时，制动杆在较高位置并不与纬纱接触，因而对纬纱的飞行没有影响；当引纬接近结束时，制动杆向下摆动，将纬纱压到图中所示的虚线位置，增大了纬纱与制动杆的摩擦包围角，使纬纱受到制动飞行速度降低。之后，电机带动制动杆返回原位静止，等待下次引纬。

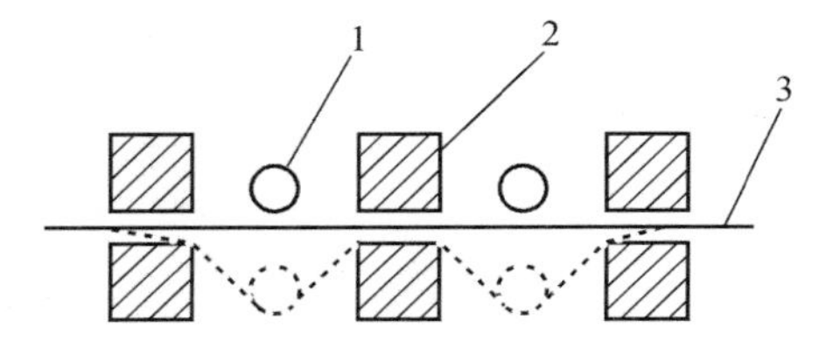

图 7 - 35 纬纱张力控制器原理图

1—制动杆 2—导纱器 3—纬纱

在剑杆织机上，采用可编程的纬纱张力控制器，在引纬的不同阶段使纬纱获得不同的张力，以满足引纬过程中的不同工艺要求。如引纬开始时纬纱要有一定的张力，保证送纬剑在入梭口侧顺利地夹持纬纱;在梭口中央交接纬纱时要有一定的张力,使接纬剑顺利地从送纬剑夹持纬纱;在经纬纱交织时,纬纱保持一定的张力有利于布面平整,减少纬缩疵布。而在送纬剑进剑过程中,由于纬纱运动速度高,纬纱张力不能大,因而张力控制器对纬纱的制动力小;同样,在接纬剑退剑过程中也是如此。

这种张力控制器采用板簧式张力装置,通过调节板簧对纬纱施加的压力大小来改变纬纱所受的阻力。一个由小型步进电动机转动的偏心块压在板簧上,转动偏心块对板簧片的压紧程度,就可以调节对纬纱的压力,步进电动机的运动时间可在织机的键盘输入,因而是一种可编程张力器。在引纬的不同阶段,根据工艺要求施加不同的压力;在引纬结束后施加较小的压力,以防止纬纱松弛。

第七节　无梭织机的布边

有梭织机的纬纱卷装放在梭腔内,可以连续双向投纬,引入织物中的纬纱是连续的,只要选择适当的经纬纱交织方式(边组织),就可以得到质量上乘的自然光边。无梭织机的纬纱筒子静止在梭口外,单向引纬导致纬纱在布边处不连续,形成毛边。为了防止毛边处经、纬纱的脱散,无梭织机采用专门的成边机构对毛边进行加固,常用的加固边有以下几种典型结构。

一、绳状边

绳状边的结构图 7 - 36(a)所示,两根边经纱由单独的供纱筒子供给,工作时供纱筒子作回转运动,轮流的作为梭口的上层或下层经纱,同时相互盘旋缠合成绳状,使边经纱获得捻度,将每次引入的纬纱头牢牢抱合,图 7 - 36(b)为其侧视图。绳状边的厚度与布身基本一致,其成边机构的高速适应性较好,常用于喷气和喷水织机。

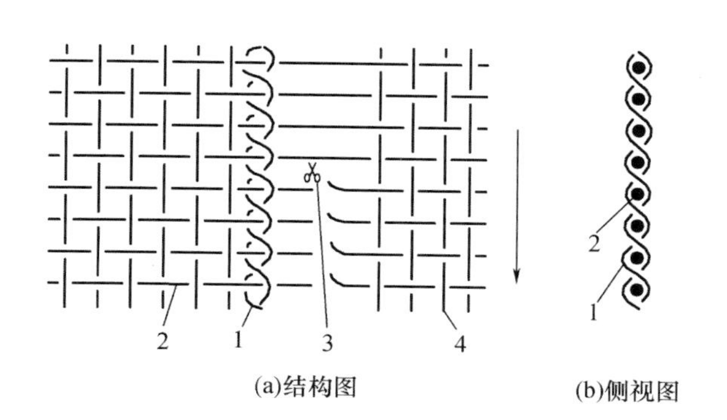

图 7 - 36　绳状边结构

1—边经纱　2—纬纱　3—剪刀　4—假边

在绳状边的外侧,还设有假边(废边),如图 7 - 36(a)所示。假边经纱与纬纱的交织采用平纹组织,其作用是在引纬结束后夹持纬纱头,使纬纱维持伸展的张力状态,既避免纬缩疵点的产生,又保证锁边过程能正常进行,使形成的布边外观良好。假边在织物形成后由边剪剪去,构成了织造生产中的回丝,为此,假边经纱宜采用成本低但具备足够强度的纱线。

二、纱罗边

一组或几组绞经纱与地经纱在布边处相绞,同时与纬纱进行交织,形成纱罗绞边,如图 7 - 37 所示。由于绞经纱与地经纱相互交织,增大了布边经纱与纬纱之间、绞经纱与地经纱之间的包围角和挤压力,大大加强了经纬纱在交织点的相互控制能力,形成坚固、可靠的纱罗绞边。

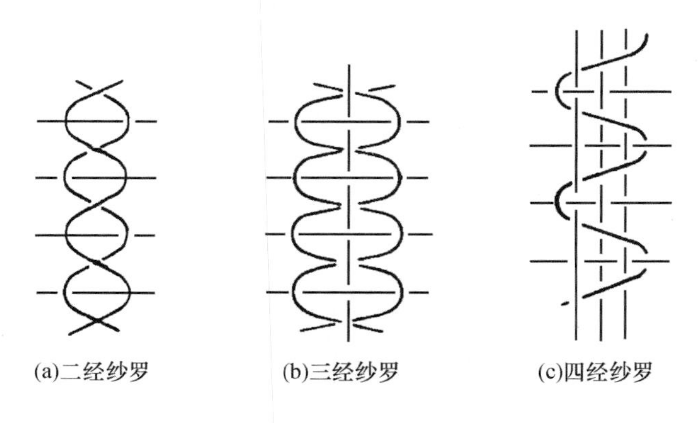

(a)二经纱罗　(b)三经纱罗　(c)四经纱罗

图 7 - 37　纱罗布边

二经纱罗的纬纱头受绞经纱的作用,一根向上、一根向下,印染时容易产生色差。三经、四经纱罗的纬纱头翻向织物的同一侧。形成纱罗绞边的装置尽管有很多种,但它们都有一个共同的特点,即绞经纱和地经纱在进行开口运动的同时,绞经纱还需在地经纱的两侧作交替的变位运动。

在使用纱罗绞边时,还需采用假边,假边在引纬结束后起夹持纬纱头端的作用,使纬纱保持伸展状态,以保证绞边过程正常进行,避免纬缩疵点。

三、折入边

它是把布边外长 10 ~ 15mm 的纱尾钩入下一纬的梭口,在下一根新引入的纬纱打纬时,与边经纱交织成类似有梭织机上的光边,如图 7 - 38 所示。折入边又称钩入边,布边光滑、坚固,纬纱回丝量少。

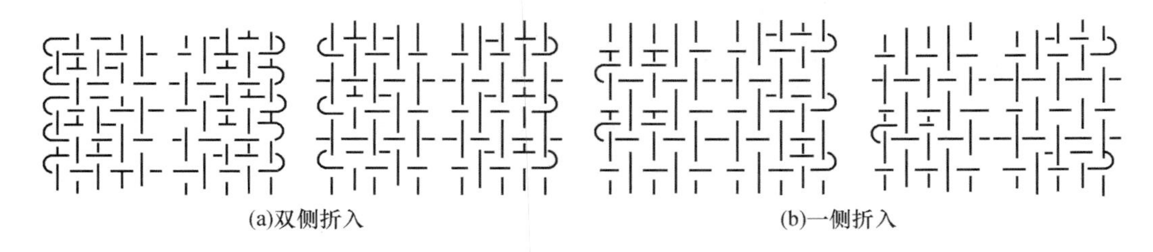

(a)双侧折入　(b)一侧折入

图 7 - 38　折入边

在片梭织机上使用折入边，引纬结束时两侧的纬纱头由折边机构的边纱钳夹持，再由钩纱针将纱头钩入下一纬的梭口。在剑杆织机上使用折入边与片梭织机类似，还需辅之以假边，纬纱引入梭口后两端由假边经纱握持，使纬纱处于张紧状态，待纬纱与经纱交织成织物后，剪刀在假边与布边之间剪断纬纱，然后由钩边装置将纬纱头折入梭口。喷气织机是在两侧安装吸嘴，靠气流将纬纱的头端吸住，起到边纱钳的作用，因而不需使用假边，再由钩边装置将纬纱头折入下一梭口。

折入边的双纬结构使布边的纬密比布身高一倍，导致布边发硬、厚度增加、染色时产生色差等弊病。为了防止上述问题的发生，通常采取下列措施：采用比布身经纱细的纱线作边经纱；降低边经纱的密度；减少折入的次数。如图 7 – 38，采用每隔一纬在两侧折入的布边，或每纬在两侧交替折入的布边，布边的纬密较布身增加了 1/3；而采用每隔一纬在一侧折入的布边，纬密只增加了 1/4。

四、热熔边

制织热熔性合成纤维织物时，可在织机上用电热丝将布边处的纬纱熔断，使经、纬纱相互熔融粘合，形成光滑、平整、牢固的热熔边。热熔边的成边装置简单，电热丝直径小，假边经纱与边经纱之间可不留空隙或只需留有很小的空隙，对降低纬纱消耗十分有利。

五、针织边

在剑杆织机织造双纬织物时，在入梭口侧形成自然光边，在出梭口侧由钩边机构将前后的纬纱圈穿套起来，形成针织边。图 7 – 39 为其成边过程图。如图 7 – 39(a)所示，纬纱圈 2 仍由接纬剑 1 勾住，舌针 3 已伸到最后位置插入纱圈，旧纱圈 5 套在针杆上；如图 7 – 39(b)所示，撞纬叉 4 将纬纱从接纬剑上脱下，套在舌针的针钩里；如图 7 – 39(c)所示，舌针在向机前移动的过程中，旧纱圈将针舌 6 翻转闭合针钩；如图 7 – 39(d)所示，旧纱圈已脱离舌针，实现新旧纱圈的穿套；如图 7 – 39(e)所示，舌针开始向机后移动，新纱圈将针舌翻转并套在针杆上，舌针准备承接新的纬纱圈。

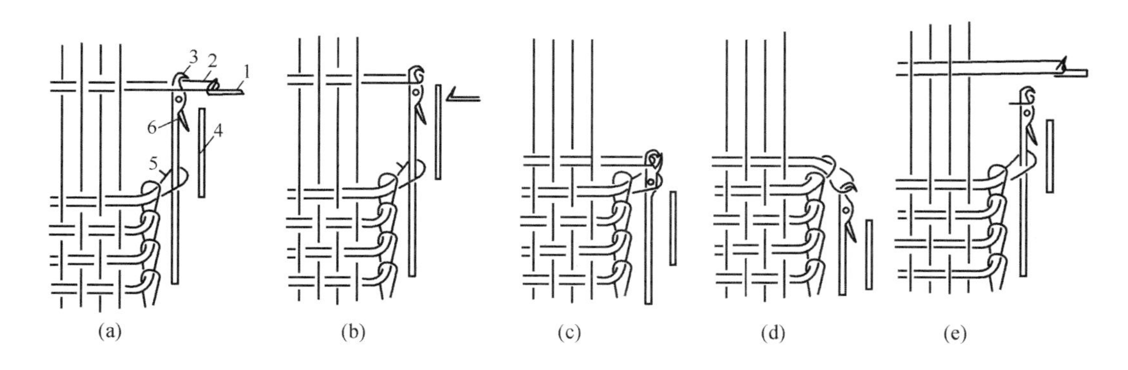

图 7 – 39　针织边形成过程

1—接纬剑　2—纬纱圈　3—舌针　4—撞纬叉　5—旧纱圈　6—针舌

☞思考题

1. 有梭织机的引纬分哪几个阶段？制梭有哪几个阶段？
2. 什么是投梭力、投梭时间？这两个工艺参数对梭子进、出梭口时间有什么影响？
3. 试述喷气引纬引纬系统的组成和作用。
4. 试述喷气引纬的工作原理。
5. 喷气织机主、辅喷嘴的启、闭时间应如何安排？
6. 剑杆引纬有哪几种形式？各有何特点？常用的有哪几种？
7. 试述剑杆引纬的过程。
8. 简述剑杆织机选纬的工作原理。
9. 片梭引纬可分为哪几个阶段？
10. 试述片梭引纬的扭轴投梭过程和制梭过程。
11. 简述喷水引纬系统的组成和作用。
12. 试述喷水引纬的工作原理。
13. 储纬装置可分为哪几类？它们各适用于何种引纬方式？
14. 简述无梭织机的纬纱张力变化和控制方法。
15. 无梭引纬的布边有哪几种？它们各适用于何种引纬方式？

第八章　打纬

本章知识点

1. 打纬机构的作用和要求。
2. 织物的形成过程，打纬期间经纬纱的运动，影响打纬阻力、打纬区的因素。
3. 织机工艺参数（上机张力、后梁高度、开口时间）对织物形成的影响。
4. 打纬机构的类型，四连杆打纬机构的工艺特性，共轭凸轮打纬机构的特点。

打纬是织机的主要机构之一，主要作用是将引入梭口的纬纱一根根推向织口，实现与经纱交织，形成要求的织物。织物的经纱密度和幅宽，由打纬机构中的钢筘来控制。钢筘还兼有导引纬纱的作用，如有梭织机的钢筘与走梭板构成梭子飞行的通道，有些剑杆织机借助钢筘控制剑带的运行，喷气织机的异形筘控制气流的扩散等。对打纬机构的工艺要求如下。

(1)有利于打入纬纱。打纬机构在带动筘座往复摆动的过程中，钢筘把已引入梭口的纬纱打向织口，完成打纬而做功，因而打纬机构的打纬力必须适应所加工织物种类的要求。例如，厚重紧密织物要求打纬坚实有力，而轻薄稀疏织物要求打纬柔和。

(2)有利于引纬。筘座的运动必须与开口、引纬相配合。在满足打纬的条件下，筘座在后心附近停顿或相对静止的时间尽可能长，为纬纱飞行提供尽可能大的可引纬角，以保证引纬顺利进行。同时，扩大纬纱飞行角，还有利于增加织机幅宽、提高车速。安排梭子通过梭口的期间，应使梭子紧贴钢筘和走梭板飞行，避免飞梭的发生。

(3)有利于织机高速。打纬机构的运动特性和筘座重量影响织机高速，在保证打纬力要求的前提下，筘座重量要轻、运动要平稳圆滑、摆动的动程要小，以减小织机的振动。减小筘座的摆动动程，还可以减少钢筘对经纱的磨损。

(4)打纬机构应结构简单、坚固，作用可靠。

第一节　打纬与织物的形成

打纬过程及条件对织物的结构特征有着决定性的影响，分析打纬过程，有助于确定不同类型织物的制织条件，如织机类型、织机工艺参数等。

一、织物的形成过程

引纬结束后钢筘将新引入梭口的纬纱推向织口，在综平以后的初始阶段，经纬纱因相互屈曲抱合而产生摩擦阻力，阻碍纬纱向前移动，但此时钢筘到织口的距离还相当大，这种相互屈曲和摩擦的程度并不严重。随着纬纱被继续推向织口，经纬纱间相互屈曲和摩擦的作用就逐渐增加，钢筘所受的阻力也逐渐增大。当纬纱被钢筘推到离织口的第一根纬纱一定距离时，钢筘所受的阻力开始迅猛增长，经纱张力剧烈增大，将打纬阻力开始猛增的瞬间称为打纬开始，此时的纬纱间距如图 8－1(a)所示，$d_0 > d_1 > d_2 > \cdots\cdots = d$，$d$ 是由织物的机上纬密确定的纬纱间距。

随着钢筘继续向机前方向移动，织口被推向前方，新纬纱在钢筘的打击下，将压力传递给相邻的纬纱，使织口处原第一根纬纱 A 向第二根纬纱 B 靠近，而第二根又向第三根纬纱 C 靠近，如此等等，相对于经纱略作移动。当钢筘到达最前方位置时，如图 8－1(b)所示，经纬纱间的摩擦和屈曲作用最为剧烈，打纬阻力和经纱张力都达到最大值，此时称为打纬结束。从打纬开始到打纬结束这一期间，称为打纬过程。

打纬结束后钢筘从最前位置向机后移动，在最初阶段，织口是随着钢筘向机后移动的，这种移动直到经纱张力与织物张力相等时为止，织口不再追随钢筘移动，钢筘与织口分离。在织口后退的过程中，织口附近的纬纱在经纱的压力作用下，也向机后方向移动，刚打入的新纬纱移动最大，原织口中第一根纬纱 A 次之，第二根纬纱 B 又次之，依此类推，直至纬纱间距相等的稳定结构。若不考虑卷取，织口将向机后移动，如图 8－1(c)所示，但在织机的卷取机构作用下，每

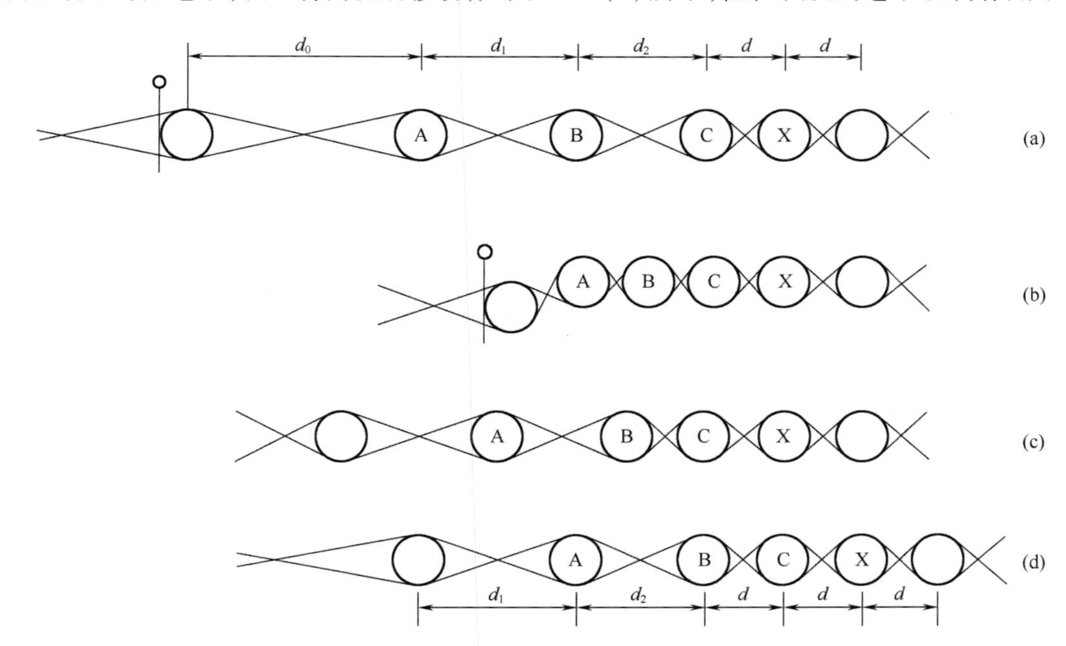

图 8－1 打纬期间经纬纱的移动

次打纬形成的一纬长织物被及时引出，使每次打纬时织口位置保持稳定，如图 8－1(d)所示。待以后逐次打纬时，这些纬纱将逐渐依次过渡为结构基本稳定的织物的一部分。

可见，对于一般品种的织物，纬纱并不是经过一次打纬就能达到规定的机上纬密，而是经过若干次打纬后，才达到要求的纬密。也就是说，在离开织口若干距离的织物区域内，每次打纬时依然发生纬纱与经纱的相对移动，这一区域称为织物形成区。需要指出，在织物形成区外，织物仍然不能获得确定的结构，这是因为织物在织机上还存在张力。只有当织物下机以后经过一定时间或经过后整理后，织物的结构才最终稳定下来。

二、打纬过程中经纬纱的运动

在打纬过程中，新纬纱及织物形成区内的纬纱，都要相对于经纱向前移动。图 8－2 为打纬期间经纬纱相互作用的力学模型，F 为打纬力，P 为打纬阻力，两者大小相等方向相反。在打纬开始前，纬纱相对经纱的移动阻力 P 很小可忽略，经纱张力 T_j 等于织物张力 T_z。打纬开始以后，随着钢筘不断前进，打纬阻力 P 迅速增加，当 $P > T_j - T_z$时，纬纱带动经纱一起向前移动，结果是经纱被拉伸产生伸长，经纱张力 T_j 增加，而织物收缩张力 T_z 下降，使经纱与织物的张力差 $T_j - T_z$变大；当 $P < T_j - T_z$时，纬纱将作相对于经纱的移动。随着纬纱被推向前方，经纬纱间的摩擦作用和屈曲程度显著增加，使阻碍纬纱移动的阻力也大为增加，当再次满足 $P > T_j - T_z$时，经纱又和纬纱一起移动，如此循环，直至打纬结束。由此可见，在打纬期间，纬纱和经纱一起移动和纬纱相对于经纱移动是交替进行的。

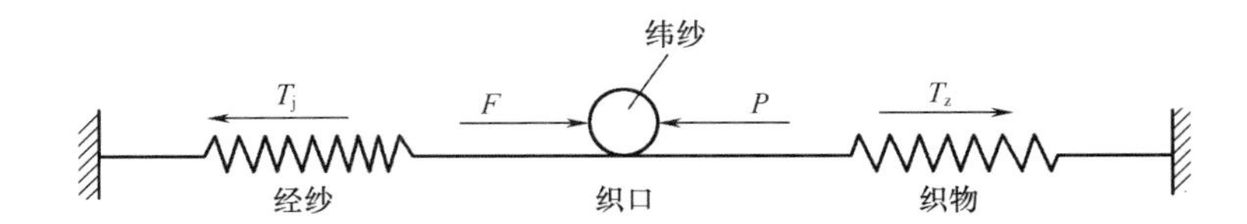

图 8－2　打纬时经纬纱相互作用的力学模型

三、打纬区

打纬区是指打纬过程中钢筘或新纬纱移动的距离，它主要由经纬纱之间的相对移动量和织口移动量两部分组成。形成打纬区的根本原因在于经纬纱交织期间打纬阻力的存在，为达到要求的纬纱密度，纬纱需要产生相对经纱的移动，即产生 $P < T_j - T_z$的条件，打纬区的存在，使打纬过程中经纱伸长张力增加而织物收缩张力减小。

在生产实际中，打纬区对织造工艺能否顺利进行有很大影响。如果织口移动过大，超过综丝在其支架上的前后摆动以及综丝发生弯曲变形的范围，那么，经纱将产生相对于综眼的移动；再加上打纬时经纱通常具有最大的张力，使综眼对经纱的摩擦作用加剧。织口移动越大，这种摩擦作用也越剧烈，在多次作用下，纱线结构变坏，最后可能出现断头。为此，工厂中常以目测打纬区宽度的大小，来判断所定有关工艺参数是否合理。

四、影响打纬阻力、打纬区的因素

打纬阻力、打纬区反映了织物织造的难易程度,其大小受织物组织结构、纱线性能等因素影响,也与织机的上机工艺参数有关。

在织制紧密度较小的轻薄型织物时,经纬纱相互作用的阻力小,可以采用较小的经纱张力,织物形成区内所包含的纬纱根数少,打纬区也小,甚至织物的形成过程,有以打入此根纬纱即为终结的。在织制紧密度较大的厚重型织物时,经纬纱间的相互作用加强,打纬阻力增大,打纬区亦较大,采用的经纱张力增加,织物形成区内所包含的纬纱根数多,也就是纬纱要经过多次打纬才能与经纱稳定地交织。

织物的经纬纱特数高、经纬密大时,打纬阻力和打纬区增大,但纬密的影响远大于经密,即高纬密织物比高经密织物更难于织造。实际生产中常使织物的纬密小于经密、纬纱的特数大于经纱的特数,其主要原因之一就是为了使织物易于织造,同时也有利于提高织物产量。当织物的纬密提高到一定程度时,打纬区迅速扩大,致使经纱断头猛增,织造无法正常进行。这时的纬密称为极限纬密。

经纬纱表面粗糙、摩擦系数大,则打纬时摩擦阻力也大,打纬区大。经纬纱的刚性系数愈大,交织时不易屈曲变形,因而打纬阻力大。例如,纱线特数相同的棉、毛织物,由于毛纱的弹性比棉纱大,织制同种结构的织物时,毛织物的打纬区比棉织物大。实际上,纬纱刚性系数的影响远大于经纱,这是因为在打纬期间纬纱的屈曲程度剧烈,纬纱的刚性系数愈小,则打纬阻力下降,织口移动量也随之缩小。因此,生产中常力求纬纱要比经纱柔软,例如纬纱的捻度比经纱小,使纬纱易于屈曲容易织入。当然,也有例外的情况,如为了获得特殊的外观,要求织物中纬纱挺直而很少弯曲,无疑这种织物是比较难织造的。刚性系数对打纬阻力的影响要大于摩擦系数的影响。

在其他情况相同而织物组织不同时,打纬阻力和打纬区也不相同。平纹组织因经纬纱交织点多,经纬纱间相互的作用力大,打纬阻力大,打纬区也较大;而织造缎纹织物时,经纬纱交织点少,打纬阻力和打纬区均较小。

织机的上机工艺参数,如上机张力、开口时间、后梁高度等,也显著影响着打纬阻力和打纬区,它们对织物形成的影响将在下一节介绍。

第二节 织机工艺参数对织物形成的影响

一、经纱上机张力对织物形成的影响

织机综平时经纱的静态张力称为经纱上机张力,上机张力是影响打纬区的重要因素,实际生产中常用调节上机张力来控制打纬区的大小。上机张力大,打纬时织口处的经纱张力和织物张力也大,经纱屈曲少而纬纱屈曲多,交织过程中经纬纱的相互作用加剧,打纬阻力增加,但打纬区减小;反之,上机张力小时,打纬阻力小而打纬区宽度增加。如果织口移动过大,因经纱与

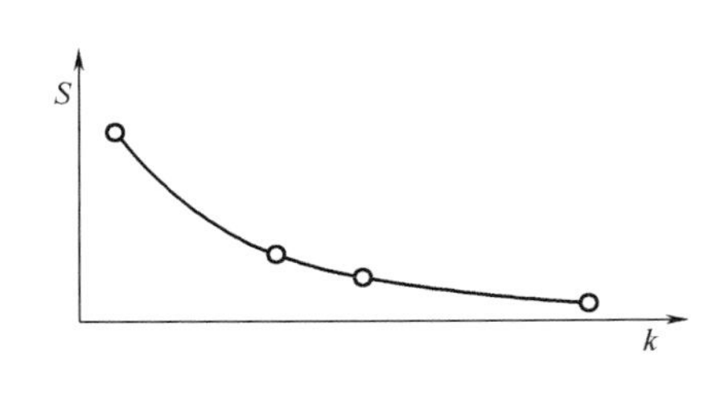

图 8 - 3　上机张力与打纬区的关系

综眼摩擦加重,断头会增加。图 8 - 3 是织制 14.5tex × 14.5tex 纱府绸时,随着上机张力 k 增加,打纬区呈负指数关系下降。由图 8 - 3 可见,当上机张力增大到一定值时,打纬区宽度的减小将变得十分缓慢,但此时过大的上机张力将使经纱断头迅速增加。因此实际生产中,对于各种织物都应确定适当的上机张力,以求织造的顺利进行。高密织物(如府绸)采用较大的上机张力,不仅有利于打紧纬纱,还有利于开清梭口。

上机张力影响织物的结构和外观。采用较大的上机张力,则交织过程中,经纱的屈曲少,而纬纱屈曲多;反之则经纱的屈曲多,纬纱屈曲少。从改善织物的平整度考虑,宜采用较大的上机张力。如在织制大多数棉织物时,如上机张力小,织物表面便不够平整,有粗糙的手感。当织轴上的经纱张力不匀时,适当加大上机张力,可以减小经纱之间张力差异的相对值,从而在一定程度上弥补片纱张力的不匀,使条影减少,织物匀整。但采用较大的上机张力,织物的经向断裂功将减小,下机织物的缩水率也较大,这对直接用于衣着类的市布织物来说,将给消费者带来损失。

究竟采用何种大小的上机张力,需视具体情况而定。在织造总经根数多的紧密织物时,为了开清梭口和打紧纬纱,可适当加大上机张力;当织造稀薄织物或人造棉织物时,上机张力要适当减小,以利减少经纱断头率。织造斜纹织物时,考虑到斜纹线需有一定凹凸程度的特有风格,不宜采用过大的上机张力;而平纹织物,在其他条件相同的情况下,为打紧纬纱,应选用较大的上机张力。

二、后梁高度对织物形成的影响

后梁位置的高低决定着打纬时上下层经纱张力的差异状况,如采用不等张力梭口的高后梁工艺,后梁位置越高,上层经纱张力越小,下层经纱张力越大,打纬时纬纱易于沿着紧层的经纱作相对移动,故打纬阻力和打纬区都小,适宜于紧密织物的织造。但后梁过高将会造成下层经纱张力过大,上层经纱张力过小而松弛,梭口不清,容易引起跳花、跳纱或断头。

高后梁工艺还有助于经纱均匀排列,消除筘齿在织物形成时造成的"筘路"疵点。受筘齿厚度的影响,相邻的两根经纱若穿在同一齿隙内间距小,而穿在同一筘齿的两侧则间距大,经纱在幅宽方向的这种不均匀排列情况,在与纬纱交织过程中如不加以改变,所得织物将呈现筘路疵点。采用高后梁工艺(如织制平纹织物),使上下层经纱张力不相等,那么穿在同一齿隙中的两根经纱,必然是一根比较紧另一根比较松,在交织中紧层经纱会迫使纬纱作较多的屈曲;再通过纬纱对松层经纱产生较大的横向压力,使松层经纱在钢筘离开织口后获得横向移动。虽然紧层经纱的横向移动很小,但由于松层经纱的横向移动大,且下一梭口紧、松层经纱交替变化,因而,可以消除经纱不均匀排列的缺点,避免筘路疵点的出现。

在生产实际中,确定后梁的高度除从织物的外观质量考虑外,还应顾及是否影响织造工艺的顺利进行。织制平纹织物时,一般采用高后梁工艺,以获得丰满的织物外观。在织制中等特数的棉平布(如中平布)类织物时,由于经纱密度不很高,而筘齿厚度的影响较大,故宜采用较高的后梁位置,使上下层经纱张力差异较大,松层经纱获得较多的横向移动。因经纱特数高,纱线粗,虽下层经纱张力较大,也不致引起大量断头。同时,由于经纱密度不大,虽上层经纱张力较小,也不会引起开口不清造成跳花等织疵。在织制经纱特数较低、经纱密度较大的棉平布(如府绸)类织物时,由于经纱密度大,筘齿厚度的影响不如上述织物大,所以后梁高度可略低些。同时,上下层经纱张力差异的减小,还有利于开清梭口。同样原因,在织制化纤类混纺织物时,由于化纤纱容易起毛造成开口不清,所以后梁高度可比纯棉织物的低些。

在织制斜纹类织物时,常采用低后梁工艺。斜纹织物的外观效果表现在具有匀、深、直的清晰斜纹线条上。为了获得这种效果,除避免过大的上机张力,以保证纹路深度达到凹凸分明外,还需采用上下层经纱张力接近相等的办法,来获得匀直的条纹,这对双面斜纹来说,尤其重要。但是在织制单面斜纹时,为使正面的斜纹线条具有较大的深度,可使后梁比织制双面斜纹时少许高些。在织制紧密度较高的双面斜纹时,为有利于打紧纬纱,亦可使后梁高些。

在织制缎纹和花纹织物时,一般将后梁配置在上下层经纱张力接近的位置上,使花纹匀整,经纱断头率减小。但在织制较紧密的缎纹织物时,后梁亦略为提高。

三、开口时间对织物形成的影响

开口时间(综平时间)的早迟,决定着打纬时梭口高度的大小,也即打纬瞬间织口处经纱张力的大小,因梭口高度影响经纱的张力。开口时间早,则打纬时织口处经纱张力大,反之则小。在采用高后梁工艺的情况下,开口时间的早迟,还决定着上下层经纱张力的差异。在一定范围内提早开口时间,打纬时梭口的高度大,会使上下层经纱张力差异较大,反之则小。所以,开口时间与织物形成的关系,基本上与上机张力、后梁高低与织物的形成关系一样。

但开口时间对织造工艺能否顺利进行,还是有着独特的影响。由于打纬时梭口高度不同,织口处上下层经纱的倾斜程度也不同,因此,虽钢筘摆动的动程不变,但经纱受钢筘的摩擦长度则不一样,开口时间越早,摩擦长度越大,加上张力也越大,便容易使纱线结构遭到破坏而产生断头,所以随着开口时间的早迟,经纱将有不同的断头率变化。

开口时间不同,打纬时上下层经纱的交叉角(梭口前角)也不同,因而经纱对纬纱的包围角有所变化,其结果,打纬阻力和打纬后纬纱随钢筘向机后方向的移动量(反拨)也将随之发生变化。开口时间早,打纬阻力大,纬纱不易反拨后退,打纬区小,易织成紧密厚实的织物。反之,则相反。

在实际生产中,平纹织物一般采用较早的开口时间,斜纹和缎纹织物采用迟的开口时间,以使织物的纹路清晰和花纹匀整。另外,经密较大的斜纹、缎纹织物必须采用迟开口,以减小摩擦长度和经纱张力,防止过多的经纱断头。

第三节　打纬机构及其工艺特性

织机的打纬机构按其结构形式的不同,可分为连杆打纬机构、共轭凸轮打纬机构和圆筘片打纬机构;按其打纬动程变化与否,分为恒定动程打纬机构和变动程打纬机构。目前常用的主要有连杆式和共轭凸轮式恒定动程打纬机构,圆筘片打纬机构主要应用于多梭口织机。变动程的打纬机构用于毛巾织机,也有的织机在恒定动程的打纬机构上,采用沿经纱方向往复变化织口的位置方法,来加工毛巾织物。

一、连杆打纬机构

在连杆打纬机构中,广泛采用的有四连杆打纬机构和六连杆打纬机构。连杆打纬机构结构简单、制造方便,被有梭织机和部分无梭织机采用,如采用四连杆打纬机构的 TP500 型剑杆织机、ZA205 型喷气织机、JAT600 型喷气织机、ZW 型喷水织机等。图 8 –4(a)所示为国产有梭织机使用的四连杆打纬机构。当主轴 1 回转时,曲柄 2 通过牵手(连杆)3,带动筘座脚 4 绕着摇轴 7 做往复摆动。当筘座脚向机前摆动时,由钢筘 6 将纬纱推向织口完成打纬运动。8 –4(b)所示为喷气织机使用的一种短动程四连杆打纬机构,曲柄 2 转动时,通过连杆 3 使筘座脚以摇轴 7 为中心摆动。四连杆打纬机构的筘座无静止时期,因而对引纬是不利的。

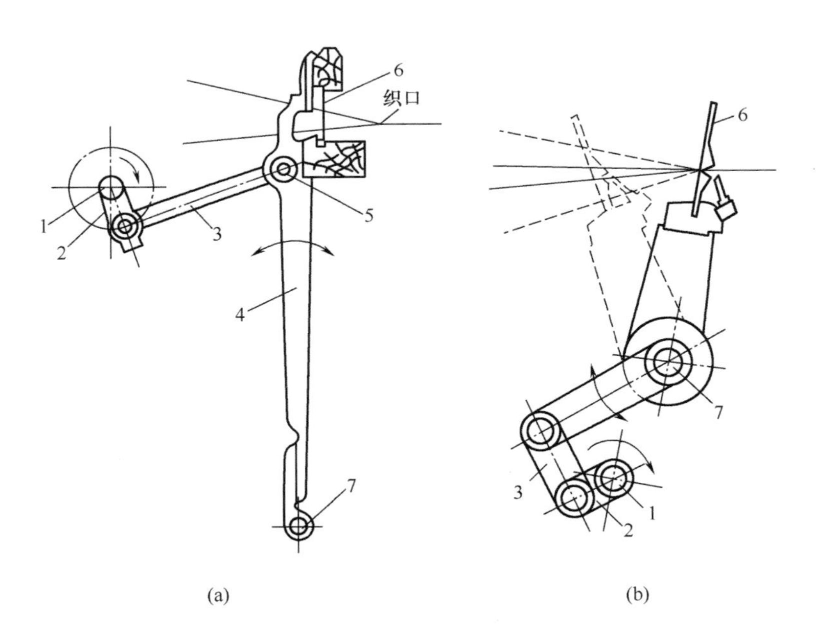

图 8 –4　四连杆打纬机构

1—主轴　2—曲柄　3—牵手　4—筘座脚　5—牵手栓　6—钢筘　7—摇轴

六连杆打纬机构的筘座在后方位置时的相对静止时间较长,因而可提供较大的纬纱飞行时间，更能满足宽幅织机的引纬。如图8－5所示，曲柄2随织机主轴1回转，通过连杆3使摇杆4摆动，再通过牵手5、牵手栓6使筘座脚10绕摇轴11往复摆动。钢筘8由筘帽7、筘夹9固定。

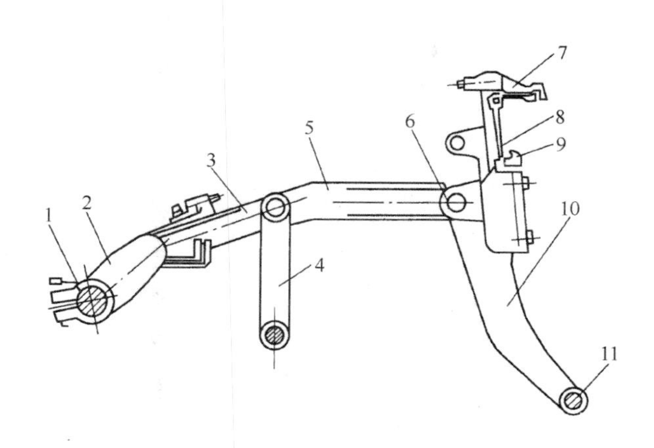

图8－5　六连杆打纬机构

1—主轴　2—曲柄　3—连杆　4—摇杆　5—牵手　6—牵手栓
7—筘帽　8—钢筘　9—筘夹　10—筘座脚　11—摇轴

（一）四连杆打纬机构的分类

四连杆打纬机构是目前织机上应用最广泛的打纬机构，可分为轴向打纬机构与非轴向打纬机构。当筘座脚摆动至最前和最后位置时，相应位置上牵手栓中心的连线若通过曲柄轴中心，则该打纬机构被称为轴向打纬机构，否则为非轴向打纬机构，此时曲轴中心到这根连线的距离被称为非轴向偏度，用e表示。非轴向偏度有正负之分，若曲轴和摇轴处在牵手栓中心极限位置连线的同一侧，则e为负值；若曲轴和摇轴处在牵手栓中心极限位置连线的两侧，则e为正值。轴向打纬机构的筘座脚向前摆动和向后摆动各占织机主轴的转角相等，即前止点在0°，后止点在180°，前后摆动的平均速度相等。而非轴向打纬机构的筘座脚向前摆动和向后摆动占织机主轴转角各不相等，若$e>0$，其后止点位置小于180°；若$e<0$，其后止点位置大于180°。

按照曲柄长度R与牵手长度L的比值R/L的大小，将打纬机构分为长、中、短牵手打纬机构，一般的，$\frac{R}{L}<\frac{1}{6}$称为长牵手打纬机构，$\frac{R}{L}=\frac{1}{6}\sim\frac{1}{3}$称为中牵手打纬机构，$\frac{R}{L}>\frac{1}{3}$称为短牵手打纬机构。

（二）四连杆打纬机构的工艺特性

比值R/L和非轴向偏度e都影响筘座的运动，其中以比值R/L的影响为主。在$e=0$、主轴作等角速度回转条件下，可求出长、中、短牵手打纬机构在牵手栓处的位移、速度和加速度，曲线如图8－6所示，通过它们来比较比值R/L对筘座运动特性的影响。

1. 打纬时筘座的加速度　从加速度曲线可以看出，牵手越短，当曲柄处于前止点（0）附近时，筘座运动的加速度越大，惯性力就越大，这对惯性打纬机构是有利的，有利于织制紧密厚重的织物。但牵手越短，筘座运动的加速度变化就越大，从而使织机的振动加剧，不利于高速。

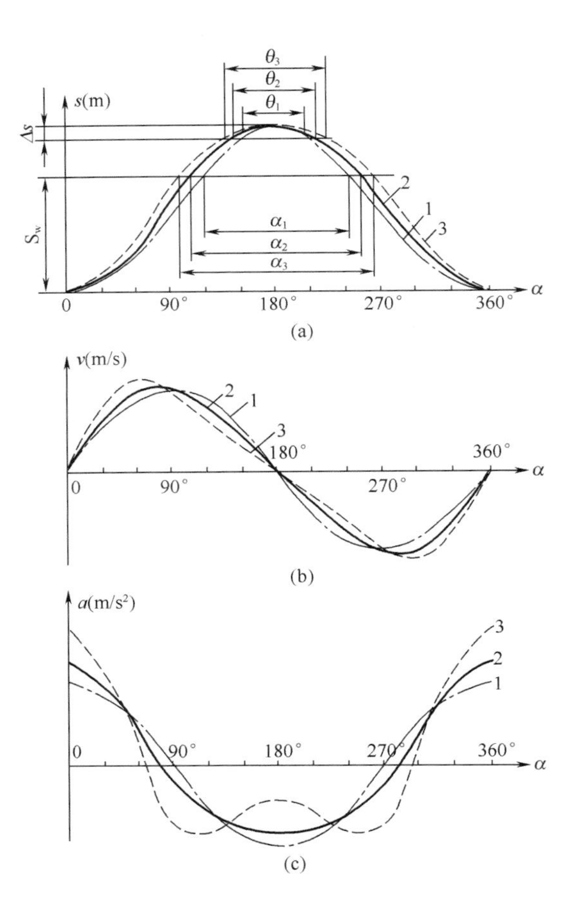

图8－6　不同R/L值的筘座运动曲线

1—长牵手　2—中牵手　3—短牵手

2. 筘座运动与引纬器进出梭口时间的关系　工艺上为了扩大引纬器飞行角，允许引纬器（主要是梭子和剑杆）在进出梭口时经纱对其有一定挤压，但挤压程度要适当，否则会使边经纱断头增加。为了将挤压程度控制在一定范围内，要求在引纬器进出梭口时，筘面到织口要有一定距离s'，与此距离相对应牵手栓位移为s_w。图8－6（a）中α_1、α_2、α_3分别表示长、中、短牵手允许引纬器通过梭口的主轴转角。可以看出，短牵手打纬机构允许引纬器通过梭口的主轴转角大，就是说允许引纬器早进和晚出梭口，引纬时间长。

3. 筘座运动的负加速度区　有梭织机在梭子飞越梭口期间，为了确保梭子的飞行安全，筘座必须具有相应的负加速度，因为只有这样，梭子才能因惯性力作用而紧贴筘面飞行。也就是说，只有当筘座运动在负加速度区间，才允许梭子自由飞行，穿越梭口。负加速度区愈大，则梭子飞行角愈大，这对宽幅有梭织机是非常重要的，因此宽幅织机常采用短牵手打纬机构。

4. 筘座的相对静止期　从图8－6（a）可以看到，筘座在后止点附近运动的速度及位移均很小，即随着主轴转动，筘座只微动一个距离Δs，在此期间可将筘座视为相对静止。图8－6中θ_1、θ_2、θ_3分别表示长、中、短牵手打纬机构筘座的相对静止角。相对静止较大，就意味着筘座在后方相对停顿的时间长，这对引纬是有利的。

由上述分析可知，中、长牵手打纬机构多用于轻型、窄幅织机上，短牵手打纬机构适宜于宽幅、厚重织物的织造。如喷气织机，$L/R<2$，牵手相当短，为改善其动力性能，一般采用轻筘座，以适应高速，减少织机振动。

(三)打纬能力

钢筘推动纬纱打向织口的过程中需要克服因经纬纱交织所产生的打纬阻力，钢筘对纬纱施加的作用力称为打纬力，打纬力与打纬阻力是一对作用力与反作用力。打纬机构能够提供的最大打纬力决定了其所能加工的织物范围，厚重紧密织物需要的打纬力大，轻薄稀疏织物需要的打纬力小。

由四连杆打纬机构筘座运动的加速度曲线可以看出，在打纬期间筘座的加速度为正值，指向机后方向，筘座具有指向机前方向的惯性力，因此打纬时是筘座带动曲柄及牵手前进的。为了推动纬纱靠近织口打紧纬纱，打纬时筘座的惯性力矩 M 应大于打纬阻力矩 M_p，即：$M \geqslant M_p$。

因为筘座以摇轴为中心前后摆动进行打纬，根据图 8-7 所示，M 和 M_p 可由下式表示：

$$M = J \cdot \varepsilon \tag{8-1}$$

$$M_p = P_{max} \cdot l_2 \tag{8-2}$$

式中：J——筘座机构对摇轴的转动惯量；

ε——前止点时筘座角加速度；

P_{max}——打纬阻力的峰值；

l_2——摇轴中心到织口的距离。

根据牵手栓的加速度运动规律，可以建立曲柄长度为 R，牵手长度为 L 的四连杆轴向打纬机构在打纬终了时，筘座的角加速度 ε 与织机转速 n 的关系：

$$\omega = \frac{\pi \cdot n}{30} \tag{8-3}$$

$$\varepsilon_{max} = \frac{a_{max}}{l'} = \frac{R\omega^2}{l'}\left(1+\frac{R}{L}\right) = \frac{\pi^2 R}{900l'}\left(1+\frac{R}{L}\right)n^2 \tag{8-4}$$

式中：ω——织机主轴的角速度；

a_{max}——打纬终了时牵手栓的切向加速度；

l'——摇轴中心到牵手栓的距离。

由式(8-1)和式(8-4)，可得打纬机构的最大惯性力矩 M_{max}：

$$M_{max} = \frac{\pi^2 R}{900l'}\left(1+\frac{R}{L}\right)Jn^2 \tag{8-5}$$

M_{max}反映了惯性打纬机构所能打紧纬纱的能力，它不仅与筘座机构的转动惯量有关，还与主轴转速的平方成正比，因此，在现代高速织机上，采用转动惯量较小的轻质筘座，仍能保证足够的打纬力。

图 8-7 所示为筘座受力作用图。图中 P 为打纬阻力;Q 为筘座的惯性力,作用点在筘座的打击中心上,$J \cdot \varepsilon = Q \cdot l_1$;$W$ 为筘座机构的重量;T 为牵手对筘座的作用力;Rx、Ry 为摇轴支承处的反作用力,由于数值不大,可以略去不计。

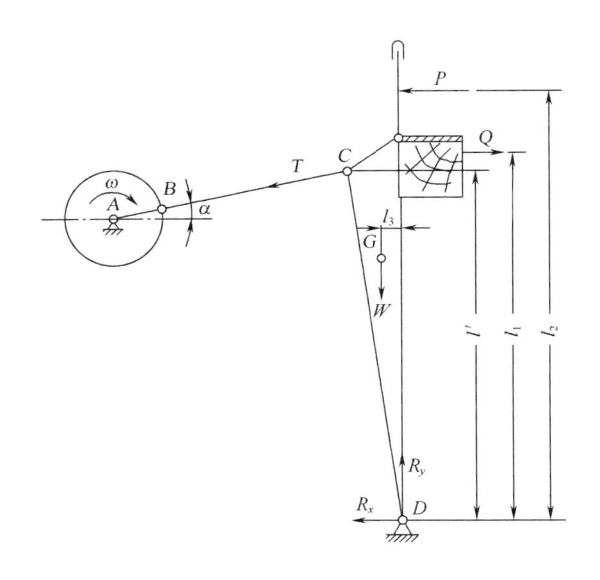

图 8-7 筘座打纬受力分析

在 $M \geqslant M_p$ 的情况下,作用力 T 为正值,即图 8-7 所示的方向;而筘座对牵手的反作用力,则与图示方向相反,就是说,在打纬时牵手受到拉力的作用。在这种情况下,牵手栓与牵手之间的间隙 e_1、牵手与曲柄轴之间的间隙 e_2,呈如图 8-8 所示的状况。如果 $M \leqslant M_p$,则与上述情况相反,间隙的位置将会变为图示的相反位置。实际生产中,若惯性打纬力不足(例如织机启动后的第一转达不到额定转速)或打纬阻力超过设计能力,在打纬中先是随着 P 的增加(0 时最大),使 $M \leqslant M_p$,发生一次间隙换向冲击;而在 0 之后,P 逐渐减小,当减小到一定值时出现 $M \geqslant M_p$,间隙再换向成原先状态,产生另一次冲击。所以,在惯性力矩不足时,必然在打纬前后产生冲击现象,同时由于间隙变向,打纬时筘不能到达最前位置,这是产生开车稀路疵点的主要原因之一。

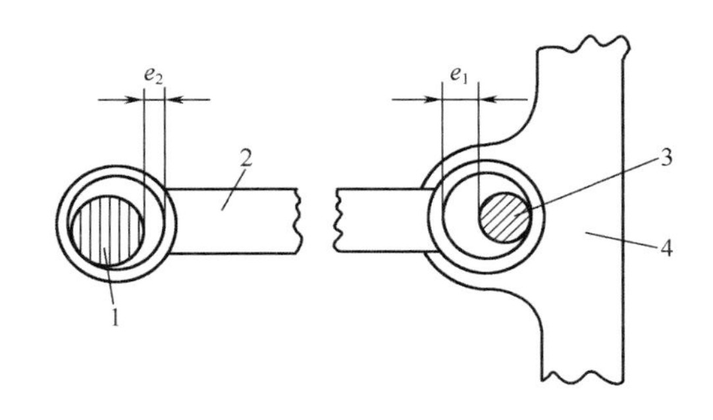

图 8-8 牵手连接点的间隙

1—曲柄轴 2—牵手 3—牵手栓 4—筘座

在轻筘座高速织机上，虽然筘座的加速度大，但因其筘座轻，其惯性力矩很可能小于打纬阻力矩，达不到惯性打纬的要求，这时筘座就需要依靠电动机传来的动力通过牵手将纬纱推入织口，在打纬机构的各连接点（运动副）中会产生由间隙变向引起的冲击。因此，轻筘座非惯性打纬机构要求运动副的精度高、间隙小，零件耐冲击、耐磨性好。

二、共轭凸轮打纬机构

一些无梭织机，为了提高织机转速和幅宽，要求在引纬阶段筘座处于静止时期的主轴转角较大，以保证引纬器顺利穿越梭口，因而采用共轭凸轮打纬机构。这种打纬机构首先用于片梭织机，现在，剑杆、喷气织机也有较多的应用。

图 8－9 所示为片梭织机使用的共轭凸轮打纬机构。共轭凸轮 2、9 装在织机主轴 1 上，主凸轮 2 驱动转子 3，实现筘座由后向前摆动，副凸轮 9 驱动转子 8，实现筘座由前向后摆动。共轭凸轮回转一周，筘座脚 6 绕摇轴 7 往复摆动一次，通过筘夹 5 上固装的钢筘 4 向织口打入一根纬纱。在引纬期间，筘座的静止角为 220°～255°。如幅宽 216cm 的片梭织机，筘座静止角为 220°，筘座摆动的进程角和回程角各占 70°。筘幅越宽，筘座静止角设计得越大。为了防止打纬时筘座及钢筘的变形，沿织机幅宽方向设有多组共轭凸轮，同步工作，共轭凸轮的组数视织机幅宽而定。

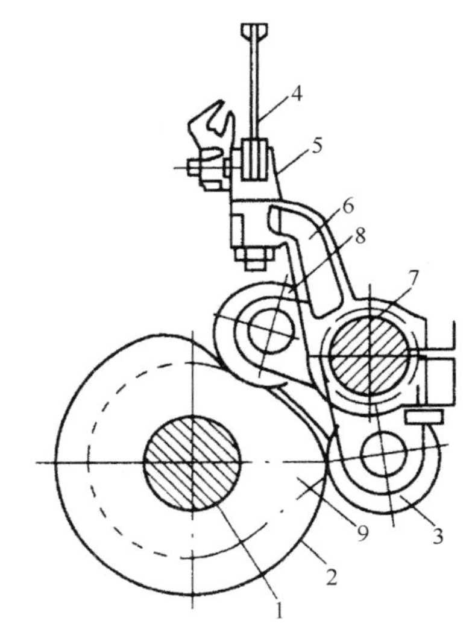

图 8－9　共轭凸轮打纬机构
1—主轴　2、9—共轭凸轮　3、8—转子
4—钢筘　5—筘夹　6—筘座脚　7—摇轴

采用共轭凸轮打纬机构，引纬装置可不随筘座前后摆动，即所谓的分离式筘座，在引纬期间筘座静止不动，待引纬完成后筘座才开始向机前打纬，在下次引纬开始前，筘座又回到最后方位置静止，从而能提供最大的可引纬角。

为了满足织造工艺要求和减少织机的振动，筘座的运动规律应满足：筘座由静止开始运动和由运动转为静止，加速度应逐渐变化，且峰值不能高；筘座的加速度曲线及其导数要求连续。欲达到上述要求，仅选用一种简单的运动规律是不行的，需要采用多种运动曲线相结合的方式来实现。如高次多项式运动规律，正弦和余弦分段组合的加速度规律，三角函数和直线交替 7 段组合的加速度规律，三角函数 1/4 周期和水平直线组成的 9 段加速度规律等。

虽然共轭凸轮打纬机构可以按需要设计筘座的运动，尤其是静止时间的长短，但该机构对加工精度和材料性能要求较高。

☞ 思考题

1. 打纬机构的作用是什么？对其有什么工艺要求？
2. 试述打纬期间经纬纱的运动规律。

3. 试比较打纬阻力、打纬区、织物形成区。影响打纬阻力和打纬区大小的因素有哪些?
4. 织机生产过程中为什么要控制打纬区的宽度?
5. 经纱的上机张力对织物形成有何影响?
6. 试说明平纹、斜纹织物织造时上机张力的配置。
7. 说明后梁高度与织物形成的关系,细平布、府绸、斜纹织物的后梁位置是如何配置的?
8. 生产中如何消除筘路?
9. 开口时间对织物形成有何关系?府绸和斜纹织物的开口时间如何配置?
10. 试述打纬机构的种类。
11. 牵手长短对四连杆打纬机构的工艺特性有什么影响?
12. 试分析影响惯性打纬机构打纬能力的因素。

第九章　卷取与送经

本章知识点

1. 卷取与送经机构的任务。
2. 卷取机构的类型和工作原理，卷取量和纬纱密度的计算。
3. 送经机构的类型，调节式送经机构的作用原理，送经量的计算。

为了使织造能够持续进行，已经形成的织物必须由卷取机构及时引离织口，卷绕到卷布辊上，同时送经机构应适时从织轴上送出相应长度的经纱，均匀的经纱张力是织物质量的保证。

经纱、纬纱相互交织形成织物时，由于纱线的屈曲，会产生收缩，用缩率表示，包括织造缩率和下机缩率两部分。

$$a_{j1}=\frac{L_{j1}-L_{j2}}{L_{j1}}\times 100\%,\quad a_{w1}=\frac{L_{w1}-L_{w2}}{L_{w1}}\times 100\% \tag{9-1}$$

$$a_{j2}=\frac{L_{j2}-L_{j3}}{L_{j2}}\times 100\%,\quad a_{w2}=\frac{L_{w2}-L_{w3}}{L_{w2}}\times 100\% \tag{9-2}$$

式中：$a_{j1}(a_{w1})$——经纱（纬纱）织造缩率；

$a_{j2}(a_{w2})$——经纱（纬纱）下机缩率；

$L_{j1}(L_{w1})$——经纱（纬纱）长度；

$L_{j2}(L_{w2})$——机上织物长度（宽度）；

$L_{j3}(L_{w3})$——下机织物长度（宽度）。

织造缩率指在织机上由于经纬纱相互交织，使得纱线屈曲而产生的缩率。织物形成后，织物中的经纬纱尚有进一步收缩的趋势，由于织物卷绕在卷布辊上，这种收缩受到限制。当织物下机处于松弛状态时，织物中的经纬纱会再次产生收缩，称为下机缩率。经纬纱缩率与纤维种类、纱线结构、打纬前后经纬纱张力及织物结构等有关。

第一节　卷取机构工作原理

卷取机构的作用是将织口处初步形成的织物引离织口，并卷绕到卷布辊上，同时与织机的其他机构配合，确定纬纱在织物内的排列密度和排列特征。卷取机构的形式很多，目前一般均采用积极式卷取机构，即通过轮系传动，驱动卷取辊回转，将织物引离织口。卷取辊的回转方式有间歇式和连续式两类，分别称为间歇式卷取机构和连续式卷取机构。又根据织造过程中卷取量变化与否，分为卷取量恒定和卷取量变化两种形式，卷取量变化可以织造出纬纱密度按一定规律分布的变纬密织物。

一、间歇式卷取机构工作原理

图 9－1 所示为国产有梭棉织机使用的间歇式卷取机构。织机工作时，筘座通过卷取杆 1 使卷取钩 2 往复运动，驱动棘轮 Z_1 转动。每织入一根纬纱，棘轮转过一齿，再通过轮系 Z_2、Z_3、Z_4、Z_5、Z_6、Z_7，使卷取辊 3 转过一个角度，织物被引离织口，卷绕到卷布辊上。由于每织一根纬纱，卷取辊转动一次，卷取作用只发生在筘座由后向前的摆动过程中，所以属间歇式卷取机构。织机主轴每回转一周，卷取的织物长度（卷取量）L（mm）为：

$$L=\frac{Z_2Z_4Z_6}{Z_1Z_3Z_5Z_7}\times\pi D \tag{9-3}$$

式中：Z_1、Z_2、…、Z_7——各相应齿轮的齿数；

D——卷取辊直径，mm。

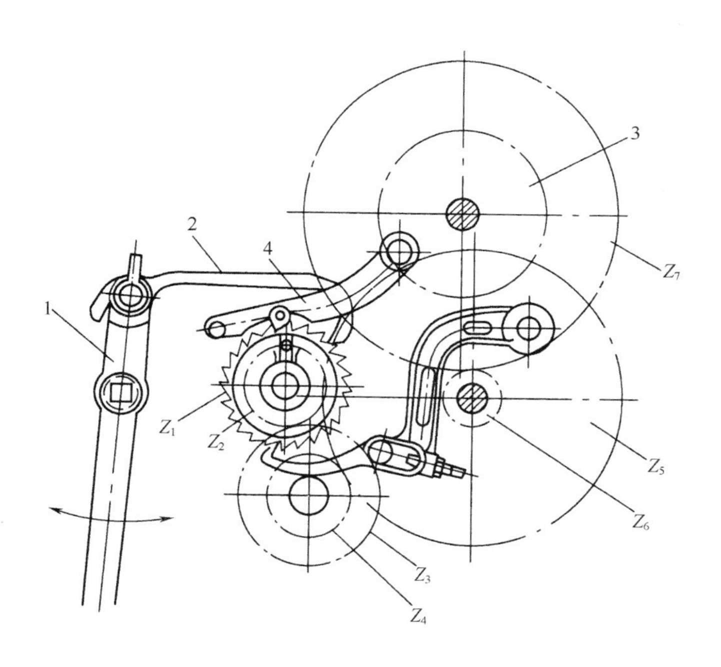

图 9－1　间歇式卷取机构

1—卷取杆　2—卷取钩　3—卷取辊　4—保持棘爪

Z_1—棘轮　Z_2、Z_3、Z_4、Z_5、Z_6、Z_7—齿轮

织物的机上纬密 P_w' 为：

$$P_w' = \frac{100}{L} = \frac{100 \times Z_1 Z_3 Z_5 Z_7}{Z_2 Z_4 Z_6 \times \pi D}(\text{根/10cm}) \tag{9-4}$$

Z_2、Z_3 为变换齿轮，$Z_1 = 24$ 齿，$Z_4 = 24$ 齿，$Z_5 = 89$ 齿，$Z_6 = 15$ 齿，$Z_7 = 96$ 齿，$D = 128.3\text{mm}$，于是机上纬密为：

$$P_w' = 141.3 \times \frac{Z_3}{Z_2} \tag{9-5}$$

织物下机后经纱张力减小，织物沿着经向有收缩，故织物纬密会有增加。下机纬密 P_w 应计入经纱下机缩率 a_{j2}，即：

$$P_w = \frac{P_w'}{1 - a_{j2}} = \frac{141.3}{1 - a_{j2}} \times \frac{Z_3}{Z_2}(\text{根/10cm}) \tag{9-6}$$

若给定织物的下机纬密，可以利用上式选择合适的变换齿轮。织物经纱的下机缩率随着纱线原料和结构、织物组织和密度、经纱张力以及车间温湿度等条件而异。一般情况下，中平布、半线卡其、细特府绸、半线华达呢的下机缩率为3%左右；纱布、哔叽、横贡、直贡为2%～3%；细平布为2%左右；细纱布为1%～2%；麻纱布为1%～1.5%；紧密的纱卡其为4%左右；色织格子布为3%左右；也有少数织物如牛津布和鞋用帆布等大于3%。

间歇式卷取机构结构简单，但棘轮与棘爪频繁碰撞，机件容易磨损及松动，使织物纬密发生变化。织机高速时，棘爪跳动加剧，严重时卷取无法进行，因此这种卷取机构仅适合于中低速织机。

二、连续式卷取机构工作原理

为了适应织机高速运转，无梭织机广泛采用了包含蜗杆蜗轮的传动轮系，卷取辊通过轮系从织机主轴获得驱动力矩，连续转动，这就是连续式卷取机构。图9－2所示为苏尔寿片梭织机的连续式卷取机构简图。图中1为蜗杆，转速与主轴转速相同。织机工作时，卷取辊连续回转，将织物引离织口，然后卷绕在卷布辊上。织物的机上纬密可由下式计算：

$$P_w' = \frac{100 \times Z_2 Z_4 Z_6 Z_8 Z_{10}}{Z_1 Z_3 Z_5 Z_7 Z_9 \times \pi D} \tag{9-7}$$

式中：Z_1、Z_2、…、Z_{10}——各相应齿轮的齿数；

D——卷取辊直径，mm。

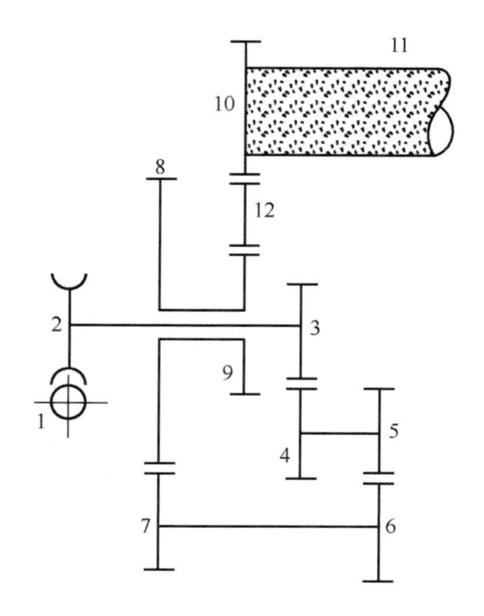

图9－2　积极连续式卷取机构

1—蜗杆　2—涡轮　3、4、5、6—变换齿轮　7、8、9、10、12—齿轮　11—卷取辊

在该卷取机构中，Z_1、Z_2、Z_3、Z_4 为变换齿轮，当 $Z_1 = 2$ 齿，$Z_2 = 60$ 齿，$Z_7 = 10$ 齿，$Z_8 = 49$ 齿，$Z_9 = 13$ 齿，$Z_{10} = 48$ 齿，$D = 159.97\text{mm}$ 时，得机上纬密 P_w'（根/10cm）：

$$P_w' = 108 \times \frac{Z_4 Z_6}{Z_3 Z_5} \tag{9-8}$$

在下机缩率为 a_{j2} 时，织物的下机纬密 P_w（根/10cm）：

$$P_w = \frac{P_w'}{1 - a_{j2}} = \frac{108}{1 - a_{j2}} \times \frac{Z_4 Z_6}{Z_3 Z_5} \tag{9-9}$$

适当选配4个变换齿轮的齿数，可以满足织物纬密在一个很大范围内的变化要求。四只变换齿轮轴孔、模数均相同，可以互换。共有10种齿数可供选择，即15、26、34、38、42、46、49、50、51及52齿。这10种变换齿轮相互组合搭配，可以得到36～750根/10cm的纬密。如果适当增加变换齿轮的齿数系列，纬密范围还可进一步扩大。采用4个变换齿轮，可以大大减少变换齿轮的备件，同时也增加了纬密的覆盖面，即纬密的连续性较好。

三、电动卷取机构的工作原理

电动卷取机构近年来在无梭织机上获得了广泛应用，其结构原理如图9－3所示。卷取机构与织机主传动脱离，由单独的调速电动机通过轮系减速后驱动卷取辊回转，将织物引离织口。只要改变电动机转速便可调节纬密，无需变换齿轮，大大简化了机构，纬密控制精确。

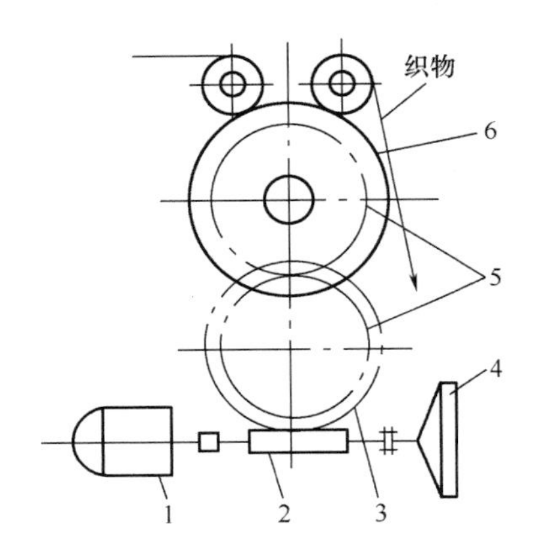

图9－3　电动卷取机构
1—调速电动机　2—蜗杆　3—蜗轮
4—手轮　5—齿轮　6—卷取辊

图9－4为电动卷取机构的控制原理框图。控制卷取的计算机与织机主控制计算机双向通信，获得织机状态信息，其中包括主轴信号。它根据织物的纬密（织机主轴每转的织物卷取量）输出一定的电压，经伺服电动机驱动器驱动交流伺服电动机转动，再通过变速机构传动卷取辊，按预定纬密卷取织物。测速发电机实现伺服电动机转速的负反馈控制，其输出电压代表伺服电动机的转速，根据与计算机输出的转速给定值的偏差，调节伺服电动机的实际转速。卷

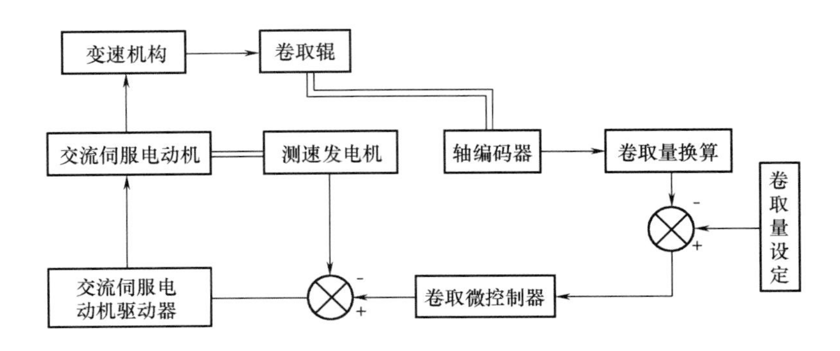

图9－4　电动卷取机构的控制原理框图

取辊轴上的旋转轴编码器,用来实现卷取量的反馈控制。旋转轴编码器的输出信号经卷取量换算后可得到实际的卷取长度,与由织物纬密换算出的卷取量设定值进行比较,根据其偏差,控制伺服电动机的启动与停止。由于采用了双闭环控制系统,可以实现卷取量精密的无级调节,适应各种纬密的织造要求。

织物纬密可直接在织机的键盘和显示屏上设定,还可以同时输入多种纬密及相应的纬纱根数,织机在运转过程中,将按照设定的纬密变化循环,织制出变纬密织物。

第二节　送经机构工作原理

送经机构根据作用原理的不同,可分为消极式、积极式和调节式三种类型。

在消极式送经机构中,没有传动机构传动织轴,经纱从织轴上的退绕是依靠经纱张力对织轴的拖动。当经纱张力对织轴上的拖动力矩超过施加于织轴上的摩擦制动力矩时,织轴转动送出经纱。织轴一旦送出经纱,经纱的张力将下降,当经纱对织轴的拖动力矩小于织轴所受的摩擦制动力矩时,织轴静止,故送经运动是间歇性的。消极式送经机构需要根据织轴直径的变化人工调节制动力矩,以达到控制经纱送出量、均匀经纱张力的目的,但控制效果不理想,经纱张力的波动较大。这种送经机构目前仅在一些低速织机上还有应用,如黄麻织机、帆布织机等。

积极式送经机构采用驱动装置,使织轴主动地适时送出固定长度的经纱。因没有经纱张力调节机构,对车间温湿度、织机转速等条件变化造成的经纱伸长和张力变化难以反映,故只在织制特种织物的织机上有应用,如金属筛网织机。

调节式送经机构的应用最广泛,它由经纱送出装置和经纱张力调节装置两部分组成。经纱送出装置驱动织轴回转退出经纱,而织轴回转量的多少根据当时的经纱张力状况决定,由张力调节装置来控制。调节式送经机构又分为机械式和电动式两种,机械式送经机构从织机主轴获得传动,而电动式由单独电动机进行传动。下面仅就几种常用的调节式送经机构予以介绍。

一、机械间歇式送经机构工作原理

(一)棉织机送经机构

如图9-12所示,这种送经机构用于1511型织机、1515型织机上。

1. 经纱送出装置　当筘座脚1向机后摆动时,通过调节杆导槽2、调节杆3和推动杆4,使棘爪5推动棘轮6按顺时针方向转过一个角度,再通过圆锥齿轮7、8,蜗杆10,蜗轮11,送经齿轮13及织轴边盘齿轮14,使织轴转过一个角度,送出经纱。当筘座向机前方向摆动时,棘爪不能推动棘轮,此时经纱张力虽力图拖动织轴,但由于蜗杆蜗轮的自锁作用,织轴不能回转。因此,织轴的回转与送经,是送经机构与经纱张力联合作用的结果。

由于送经机构传递机件间的间隙,织轴开始送经的时间要比前止点晚约45°左右,到后止点时送经结束。因此在打纬时并不送经,这样打纬时经纱张力较大,有利于打紧纬纱。送经几乎是发生在综框静止时期,此时经纱张力波动较小,有利于送经的平稳。在送经时梭口处于满开时期,这对减少因开口引起的经纱非弹性伸长是十分有利的。

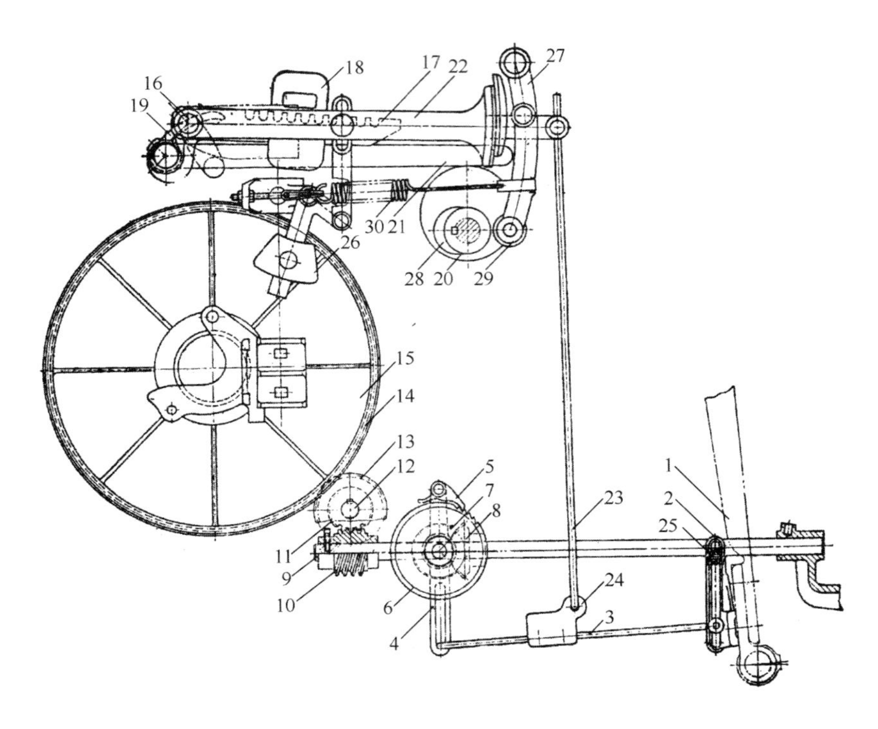

图9－5　1511M型织机送经机构

1—筘座脚　2—调节杆导槽　3—调节杆　4—推动杆　5—棘爪　6—棘轮　7、8—圆锥齿轮　9—侧轴　10—蜗杆　11—蜗轮　12—送经轴　13—送经齿轮　14—织轴边盘齿轮　15—织轴　16—后杆　17—张力重锤杆　18—张力重锤　19—后梁　20—平稳凸轮　21—平稳运动杆　22—扇形张力杆　23—吊杆　24—挂锤　25—调节杆箍　26—调节重锤　27—制动器　28—开放凸轮　29—转子　30—弹簧

2. 经纱张力调节装置　如图9－5所示,张力重锤杆17(左右侧各一只)以后杆16为支点,一端承托着后梁19,另一端挂有重锤18,使后梁抬起张紧经纱而产生上机张力。变换张力重锤的个数及其在张力重锤杆上的位置,就可以调节经纱的上机张力。在换梭侧的后杆端部装有扇形张力杆22,它的前端由吊杆23、挂锤24与调节杆3相连。当经纱张力增大时,后梁被压下,扇形张力杆22以后杆为轴作逆时针方向转动,提起吊杆23,因而推动杆4的动程增加,棘轮的回转量增加,织轴转角加大退出较长经纱,从而使经纱张力降低。如果经纱张力偏小,则作相反的调节。制动器27只在综框静止时期才解除对扇形张力杆22的制动,使送经机构的调节装置工作,这有利于打紧纬纱,减少开口时经纱的伸长。

在织造平纹织物时,平稳运动杆21与后梁19的端部固定,由于平稳凸轮20的作用,使后梁摆动,以调节在一个织造循环中因开口运动引起的经纱张力变化。

织轴从满轴到空轴,转动量应逐渐加大,故扇形张力杆应带动吊杆23不断上升。挂锤24的重心偏在织轴(机后)方向,因此吊杆23上升时,调节杆3的前端先沿着导槽2上升,直到最高位置，然后其后端再逐步上升。该机构棘爪的动程最小为1/3齿，最大为5齿。更换织物品种时，应调整吊杆23的初始高低位置，以适应不同的送经量。

3. 送经量分析 送经量即每织入一根纬纱时织轴应该送出的经纱长度。由于经纱在形成织物及下机后都要收缩，因此每纬送经量 L_j（mm）应大于织物中一根纬纱所占的经向长度 L_b，两者关系为：

$$L_j = \frac{L_b}{1 - a_j} = \frac{100}{P_w(1 - a_j)} \tag{9-10}$$

式中：L_b——下机织物中一根纬纱所占的经向长度；

a_j——经纱对下机织物的缩率，一般为2%～16%；

P_w——织物下机纬密。

由图9-5可知，每纬送经量为：

$$L_j = \frac{m \times Z_7 \times Z_{10} \times Z_{13}}{Z_6 \times Z_8 \times Z_{11} \times Z_{14}} \times \pi D \tag{9-11}$$

式中：m——每一纬棘轮转过的齿数；

Z_6、Z_7、…、Z_{14}——各相应齿轮的齿数；

D——织轴绕纱直径，mm。

若 $Z_6 = 50$ 齿，$Z_7 = Z_8 = 30$ 齿，$Z_{10} = 2$ 线，$Z_{11} = 17$ 齿，$Z_{13} = 23$ 齿，$Z_{14} = 116$ 齿，则：

$$L_j = \frac{m \times 30 \times 2 \times 23}{50 \times 30 \times 17 \times 116} \times \pi D = 0.00147mD \tag{9-12}$$

由式（9-10）和式（9-12）可知，对于既定的织物品种，每纬送经量 L_j 之值是确定的，mD 之值应保持不变。随着织造的进行，织轴绕纱直径 D 会逐渐减小，为了保证既定的纬密均匀，m 值应逐渐增大，两者之间呈双曲线关系。可以利用式（9-12）计算出满轴时的 m 值，此值可作为确定调节杆初始位置的依据。

由于受结构的限制，这种送经机构的棘轮最小回转量 m_{min} 为1/3齿，棘轮的最大回转量 m_{max} 为5齿。如果棘爪的动程小于1/3齿，因棘轮不转动，织轴不会送出经纱，引起经纱张力增大。在满轴时，如果回转量为1/3齿的送经量还嫌大，则会产生布面过松、经纱张力过小、开口不清等现象。在接近空轴时，回转量为5齿的送经量还嫌不足，则会使经纱张力过大，增加断经。因此这种送经机构的送经量，有一定的变化范围：

$$L_{jmin} = 0.00147m_{min}D_{max} = 0.00147 \times \frac{1}{3} \times 485 = 0.237(\text{mm}) \tag{9-13}$$

$$L_{jmax} = 0.00147m_{max}D_{min} = 0.00147 \times 5 \times 114 = 0.835(\text{mm}) \tag{9-14}$$

高密织物的 a_j 值可达16%，为使计算最大纬密值留有余地，取为7%；低密织物取 a_j 为2%，则下机纬密变化范围可由式（9-10）计算得出：

$$P_{\text{wmax}}=\frac{100}{L_{\text{jmin}}(1-a_{\text{j}})}=\frac{100}{0.237\times(1-7\%)}=454(\text{根}/10\text{cm})$$

$$P_{\text{wmin}}=\frac{100}{L_{\text{jmax}}(1-a_{\text{j}})}=\frac{100}{0.835\times(1-2\%)}=122(\text{根}/10\text{cm})$$

因此,从送经机构的送经能力分析,该机构所能织造的纬密范围为 122 ~ 454 根/10cm。如果要求织物的纬密超过上述范围,就必须改变有关传动齿轮的齿数,如圆锥齿轮、蜗杆、蜗轮等。

(二)摩擦离合器式送经机构

摩擦离合器式送经机构(图 9 - 6)主要应用于片梭织机上,有的喷气织机、有梭织机也采用这种送经机构。

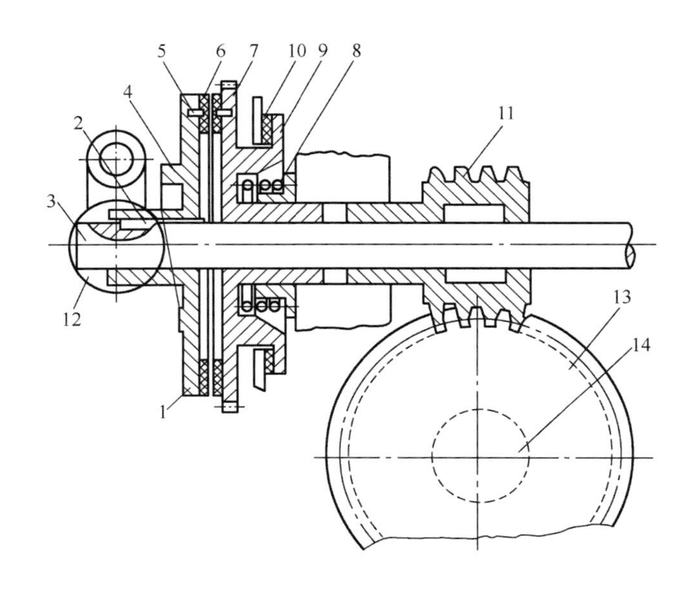

图 9 - 6　摩擦离合器式送经机构

1、7—主、被动摩擦盘　2—长键　3—送经侧轴　4—端面凸轮　5—铆钉　6—摩擦片　8—压缩弹簧　9—制动盘　10—制动块　11—蜗杆　12—转子　13—蜗轮　14—送经齿轮

1. 经纱送出装置　主动摩擦盘 1 通过长键 2 活套在送经侧轴 3 上,因此主动摩擦盘既能随送经侧轴一起转动,又可作轴向移动。送经侧轴 3 的转速与织机主轴相同。主动摩擦盘左侧为环形端面凸轮 4,右侧用铆钉 5 固以摩擦片 6。被动摩擦盘 7 活套在送经侧轴上,左侧也固以摩擦片,其右侧为一环形槽,内放压缩弹簧 8。平时在压缩弹簧的作用下,被动摩擦盘右侧制动盘 9 的摩擦片紧压在固定于机架的制动块 10 上,这样,尽管送经侧轴和主动摩擦盘在回转,被动摩擦盘以及与被动摩擦盘通过滑键联在一起,并活套在送经侧轴上的蜗杆 11 却处于静止状态,此时织轴停止送经。在经纱张力的作用下,当转子 12 压向环形端面凸轮时,主动摩擦盘被推向被动摩擦盘,使被动摩擦盘向右移动,于是压缩弹簧被压缩,被动摩擦盘的制动盘被解除制动,随同主动摩擦盘一起转动。从而带动蜗杆 11,经蜗轮 13、送经齿轮 14 及织轴边盘齿轮(图中未画出),使织轴转动送出经纱。当经纱张力减小,转子脱离环形端面凸轮时,在压缩弹簧恢复力

的作用下,主、被动摩擦盘同时向转子方向移动,直至被动摩擦盘与制动块接触为止。由于压缩弹簧的恢复力产生的强大制动力,使被动摩擦盘及蜗杆停止转动,送经停止。转子挤压端面凸轮的时间越长,则送经量越大。

2. 送经量计算　摩擦离合器式送经机构的每纬经纱送出量:

$$L_{\mathrm{j}} = \frac{\alpha \times Z_{11} \times Z_{14}}{360 \times Z_{13} \times Z_{15}} \times \pi D$$

式中:　　　α——织机主轴一回转期间被动摩擦盘的转角(°);

Z_{11}、Z_{13}、Z_{14}、Z_{15}——蜗杆 11、蜗轮 13、齿轮 14 和织轴边盘齿轮的齿数或线数;

D——织轴的绕纱直径。

从理论上讲,α 的最小值可以接近 0,最大值接近 360°,并可据此计算送经机构的可织纬密范围,因此,织物的最大纬密可以不受限制,最小纬密是接近空轴时 α 角最大。但是,选用这些极限状态会产生不良后果:α 过小,摩擦盘将严重磨损;α 过大,则第一次送经后摩擦盘尚未制停,第二次送经又要开始,容易造成送经不匀。因此,实际生产中 α 的范围一般为 25°～329°。有 4 种不同的蜗轮蜗杆传动比可以选择,以适应不同类型织物的纬密范围。

3. 经纱张力调节装置　图 9－7 为经纱张力调节装置的简图。在连杆 4 的右端固定着弧形槽 5,弧形槽套在滑块 6 上,弧形槽上、下端距支点 8 的距离不同,上端大而下端小。当弧形槽的位置改变时,由于滑块的作用,使支点 8 绕轴 9 摆动,从而使转子 10 与主动摩擦盘一侧的端面凸轮之间的距离发生变化。

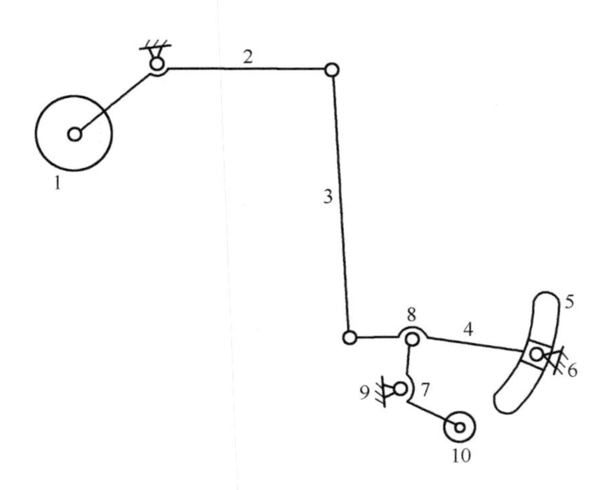

图 9－7　经纱张力调节装置简图

1—活动后梁　2、3、4、7—连杆　5—弧形槽　6—滑块　8、9—支点　10—转子

当经纱张力增大时,后梁被压低,连杆 3 上升弧形槽沿滑块下降。因弧形槽上端与支点 8 的距离大,由于滑块 6 的作用,使支点 8 以轴 9 为转动中心作逆时针方向转动,转子 10 与主动摩擦盘端面凸轮的间距缩小,织轴送经量增加。送经量的增加促使经纱张力逐渐回复到正常水平,后梁也回归到正常的平衡位置。反之,当经纱张力因某种因素而减小时,机构

动作相反，送经量减小，直至经纱张力逐渐回复到正常值。一旦转子与端面凸轮脱离接触，送经立即停止。

当转子作用于端面凸轮时，转子会受到反作用力。为了保证摩擦离合器中主动摩擦盘的正常传动，转子在受到反作用力后不能有丝毫的向左移动，这依靠弧形槽专门设计的自锁作用实现。

二、机械连续式送经机构工作原理

这种送经机构能连续地送出经纱，运转平稳，适应高速。其基本结构是含有能作无级变速传动环节的减速轮系，以期可以按照经纱张力的变化调整速比，保持经纱张力的稳定；并且在轮系中安排一对蜗轮蜗杆，依靠它们的自锁作用，防止经纱张力产生多余送经。这种送经机构有多种形式，亨特(Hunt)式送经机构是常用的一种，广泛应用于剑杆织机上，如图9－8所示。

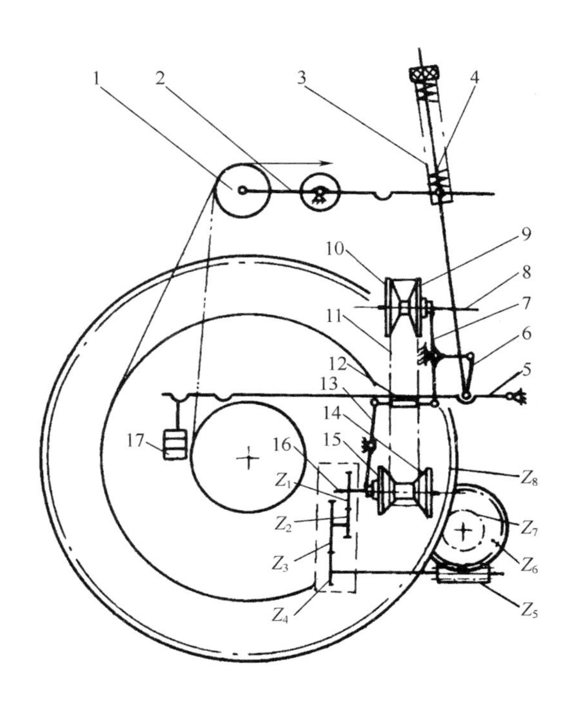

图9－8　亨特式送经机构

1—后梁　2—张力臂　3—弹簧　4—竖杆　5—重锤杆　6—短连杆　7—三臂杆　8—输入轴　9—上可动锥轮　10—上固定锥轮　11—传动带　12—可调连杆　13—双臂杆　14—下固定锥轮　15—下可调锥轮　16—输出轴　17—重锤　$Z_1 \sim Z_4$—变换齿轮　Z_5—蜗杆　Z_6—蜗轮　Z_7—送经齿轮　Z_8—织轴齿轮

1. 经纱送出装置　送经机构的动力来自主轴，通过传动轮系(图9－8中未画出，轮系的传动比为i_1)带动锥形盘无级变速器的输入轴8，经变速后，由四个变换齿轮$Z_1 \sim Z_4$输出，再经蜗杆Z_5、蜗轮Z_6，以及送经齿轮Z_7，带动织轴齿轮Z_8，使织轴回转送出经纱。这是一种连续送经机构，它避免了间歇送经机构存在的零件冲击等弊病，因此适用于高速织机。

2. 经纱张力调节装置　活动后梁1检测经纱张力，当织轴直径变小或其他原因使经纱张力增大时就迫使后梁偏离原来的平衡位置向下摆动，经张力臂2使竖杆4提起。竖杆4以弹簧3支撑在张力臂2的凹槽中，其下端同时铰连着重锤杆5和短连杆6；经短连杆6可使三臂杆7作逆时针方向转动，将输入轴8上的上可动锥轮9推向上固定锥轮10，迫使传动带11上移，上锥形轮的传动直径D_1随之增大，同时通过可调连杆12和双臂杆13，拉动下可动锥轮15离开下固定锥轮14，因而下锥形轮的传动直径D_2相应减小。其结果是无级变速器的传动比下降，织轴转动加快，送经量增大，经纱张力得到调节逐渐回到正常值。反之，经纱张力减小，则机构作用过程相反。经纱的上机张力由重锤17产生，改变其重量和力臂长度以及竖杆4压在张力臂2上的位置，即可调节上机张力。

3. 送经量计算　织机主轴每转送出的经纱长度L_j：

$$L_j = i_1 \times i_2 \times i_3 \times \frac{D_1}{D_2} \times \eta\pi D$$

式中：i_1——主轴到无级变速器输入轴的传动比；

i_2——变换齿轮的传动比；

i_3——蜗杆到织轴的传动比；

D_1、D_2——无级变速器主动轮、被动轮的传动直径；

η——传动带的滑移系数；

D——织轴直径。

改变4个变换齿轮的齿数，可以满足不同送经量的要求。在变速轮系所确定的某一送经量变化范围内，通过改变无级变速器的速比，又可在这一范围内对送经量做出细致、连续的调整，确保机构送出的每纬送经量与织物需要的每纬送经量精确相等。在织轴从满轴到空轴的过程中，上机张力的变化为5%～8%。为进一步改善工作性能，有的剑杆织机还加装了织轴直径检测装置，使得经纱张力更趋于稳定。

三、电动送经机构工作原理

传统的机械式送经机构，经纱张力的调节装置一般都比较复杂，随着织机转速的提高，这种送经机构显得越来越不适应。电动送经机构具有结构简单、反应灵敏、调节准确、适应高速、操作方便等特点，充分体现了机电一体化的优势，是织造技术进步的一个方向，在现代高速织机上的应用日益增多。

在电动调节式送经机构中，由单独的送经电动机传动送经装置，并受送经量自动调节装置的控制。这种送经机构主要包括经纱张力信号采集系统、信号处理与控制系统和送经执行三大部分。

（一）经纱张力信号采集系统

1. 接近开关式信号采集系统　如图9-9，从织轴上退绕下来的经纱9绕过后梁1，经纱张力的变化将使后梁摆杆2绕O点摆动，检测铁片4、5固装在后梁摆杆2上，接近开关6、7固定

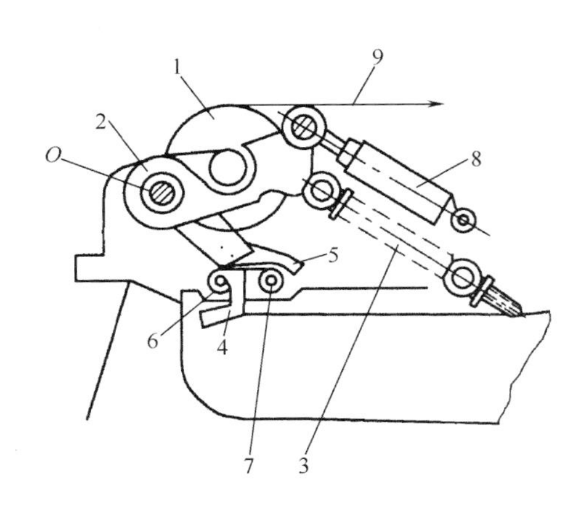

图9－9 接近开关式信号采集系统
1—后梁 2—后梁摆杆 3—弹簧 4、5—检测铁片
6、7—接近开关 8—阻尼器 9—经纱

在机架上。经纱张力变化时，后梁在平衡位置附近作微微摆动，经后梁摆杆带动检测铁片微动。当经纱张力正常时，铁片均不遮挡接近开关6或7，送经电动机不转，不送经；当经纱张力增大时，铁片4遮挡接近开关6（相当于无触点传感器），则电路导通输出电信号，送经电机回转送出经纱。若经纱张力过大超出允许范围，铁片5就会遮挡接近开关7，开关电路输出信号，命令织机停车；反之，若经纱张力小于允许范围，铁片4遮挡接近开关7，也使织机停车。液压阻尼器8的两端分别与机架和后梁摆杆铰接，阻尼力是与铰接点的速度的平方成正比的，因此打纬的急促运动所引起的经纱张力的快速波动会使阻尼器产生很大的阻力，阻止后梁跳动。但是，对于织轴直径减小等因素引起的经纱张力的缓慢变化，阻尼器几乎不产生阻尼作用，不会影响后梁在平衡位置附近所作相应的偏摆运动。

采用这种送经方式，经纱的上机张力是由弹簧3的弹性系数及其初始长度来确定的。由于后梁系统具有较大的运动惯量，当经纱张力发生变化时，后梁系统不可能及时地做出位移响应，也就不能及时地反映张力的变化并进行调节；另外，经纱不是每纬都送出的，这也使得送经量的调节精度稍差。但它的电路比较简单、可靠、实用性较强，较适用于中、厚织物的织造。

2. 应变片式信号采集系统 一种比较简单、利用电阻应变片传感器对经纱张力进行信号采集的机构如图9－10（a）所示，它能实时在线反映经纱张力的变化情况。经纱8绕过后梁1，经纱张力的大小通过后梁摆杆2、杠杆3、拉杆4，施加到应变片传感器5上，电阻应变片将经纱张力转换成电信号。曲柄6、连杆7、后梁摆杆2组成了织造平纹组织时经纱张力的补偿装置，对开口过程中经纱张力的变化进行补偿调节。改变曲柄长度，可以调节张力补偿量的大小。

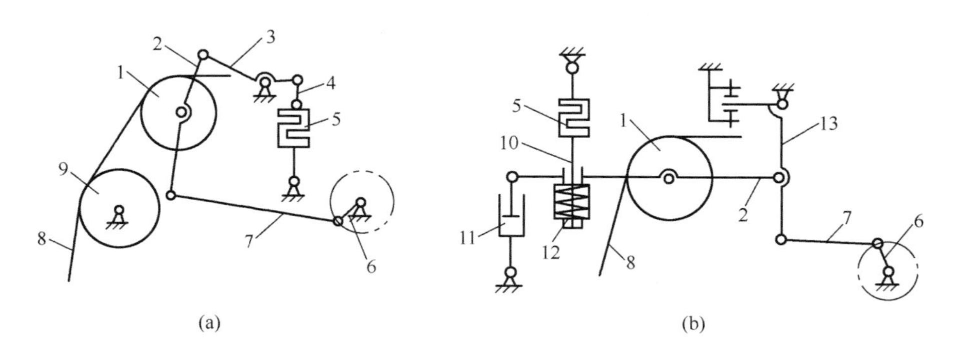

图9－10 电阻应变片式经纱张力信号采集系统
1—后梁 2—后梁摆杆 3—杠杆 4—拉杆 5—应变片传感器 6—曲柄 7—连杆
8—经纱 9—固定后梁 10—弹簧杆 11—阻尼器 12—弹簧 13—双臂杆

图 9－10(b)为一种结构稍复杂的应变片式经纱张力信号采集系统，经纱张力通过后梁 1、后梁摆杆 2、弹簧 12、弹簧杆 10，施加到应变片传感器 5 上，其电测原理与前一种方式完全相同。它们都不必通过后梁系统的运动来反映经纱张力的变化，因而动态频率响应迅速，对经纱张力的调节及时、准确，有利于织造对经纱张力要求较高的精细、轻薄织物。

在经纱张力快速变化的情况下，阻尼器 11 对后梁摆杆起握持作用，阻止后梁上下跳动，使后梁处于“固定”的位置上。但是，当经纱张力发生意外的较大幅度的慢速变化时，后梁摆杆通过弹簧 12 的柔性连接可以对此作出反应。弹簧会发生压缩或变形恢复，后梁摆杆会适当上、下摆动，对经纱长度进行补偿，避免了经纱的过度松弛或过度张紧。

(二)信号的处理与控制系统

图 9－11 所示的电子式控制系统框图，可配用于接近开关式信号采集系统。当经纱张力大于设定值时，检测铁片遮挡接近开关，使其振荡电路停振而产生信号电压 V_1 给积分比较环节(它是一个积分电路和比较电路的串联)。当积分电压 V_2 高于设定电压 V_0 时，则输出信号(V_2-V_0)送至放大器，通过驱动电路使直流伺服送经电动机转动，织轴放出经纱。积分电压 V_2 越高，电动机转速越快，则送经速度越快。当 $V_2 \leq V_0$ 时，电动机不转动，送经停止。

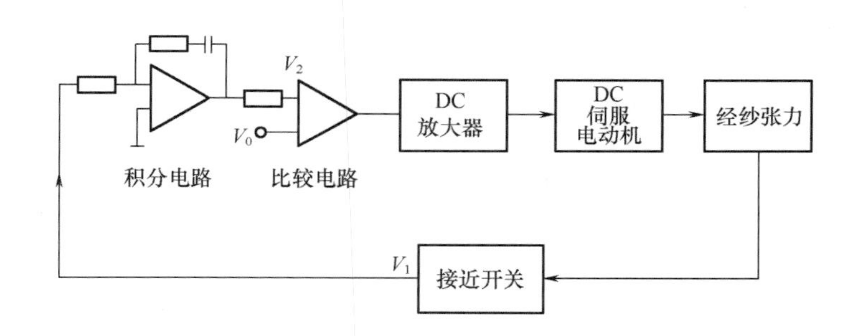

图 9－11　电子式控制系统框图

图 9－12 为计算机控制的经纱张力调节系统框图，系统对采集的经纱张力信号作数字化转换，经计算机处理后进行控制，可配套于应变片式信号采集方式。计算机按照程序设定的采样时间间隔，根据主轴时间信号，对应变片传感器输出的模拟量进行采样及模拟量到数字量的转换(A/D 转换)，然后将经纱张力一个变化周期内各采样点的数值做算术平均或加权平均(周期为预设参数)。计算出的平均张力与预设定的经纱张力值进行比较，或者与电脑根据预设定的织造参数(纱线特数、织物密度、幅宽等)所算得的经纱张力值进行比较，由张力偏差所得的修正系数进入速度指令环节。

速度指令通过数字量到模拟量的转换(D/A 转换)，输入到驱动电路，进而驱动伺服电动机。

在使用交流伺服电动机时，还需测出电动机的当前转速，信号反馈到驱动电路，使驱动输出作出相应的修正。

(三)织轴放送装置

织轴放送装置一般由送经电动机、驱动电路和送经传动轮系等部分组成。送经电动机应满

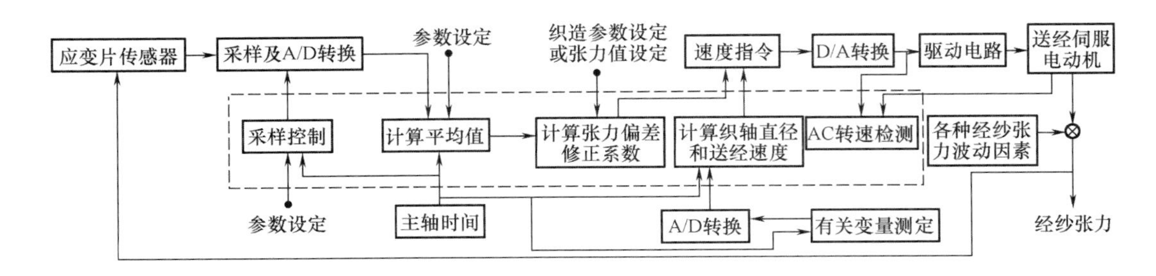

图 9－12　计算机控制系统框图

足无级调速、高启动转矩、高控制精度和高灵敏度的要求，可选用交流或直流伺服电动机、变频调速电动机、力矩电动机以及步进电动机，各自配置相应不同的驱动电路，将调节信号转换为功率输出供给电动机。

送经传动轮系由齿轮、蜗轮、蜗杆和制动阻尼器组成，如图 9－13 所示。伺服电动机 1 通过一对齿轮 2 和 3、蜗杆 4、蜗轮 5，起到减速作用。装在蜗杆轴上的送经齿轮 6，与织轴边盘齿轮 7 啮合，使织轴转动，放送出经纱。为了防止惯性回转造成送经不精确，在送经执行装置中都含有阻尼部件。图 9－13 是在蜗轮轴上装有一只制动盘，通过制动带的作用，使蜗轮轴的转动受到一定的阻力矩作用，一旦电动机停止转动，蜗轮轴也立即停止转动，从而不出现惯性回转而引起的过量送经。

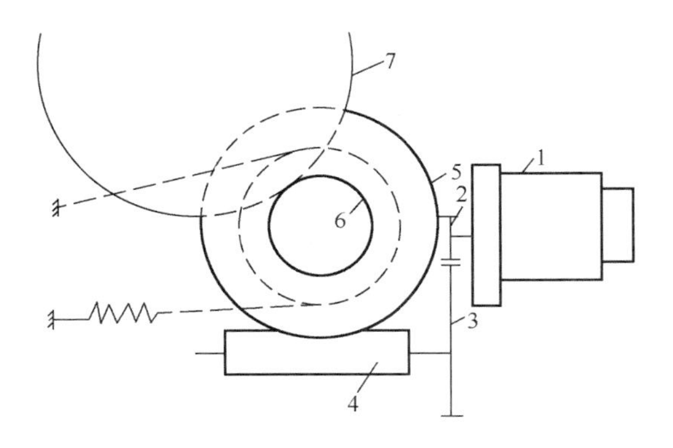

图 9－13　电子送经的织轴驱动装置

1—伺服电动机　2、3—齿轮　4—蜗杆　5—蜗轮

6—送经齿轮　7—织轴边盘齿轮

四、并列双轴制送经机构工作原理

受整经机、浆纱机最大幅宽的限制，在宽幅无梭织机上，一般使用两个并列安装的织轴，可以同时织造双幅织物或全幅织物。在织造过程中要求这两个织轴能保持一致的送经量，以保证经纱张力均匀。用于双轴制送经的有机械式送经机构和电动式送经机构，其结构形式有以下几种。

（1）一套机械式送经机构通过周转轮系差速器来控制两个织轴，协调两个织轴的经纱送出量。

（2）一套电动式送经机构通过周转轮系差速器来控制两个织轴，在轻薄、中厚织物加工中采用这种形式。

（3）两套独立的电动送经机构，分别独立的控制两个织轴，这种形式常用于厚重织物的加工。

在图 9－14 所示的周转轮系差速器送经装置中，动力由蜗杆 5 传入，蜗轮 4 带动转臂 H，通过差速器中的圆锥齿轮 1、2 输出，分别传动织轴 A、B。圆锥齿轮 1、2、3 的齿数相等。从周转轮系的原理可知，圆锥齿轮 1、2 的转速之和等于转臂 H 转速的两倍，即 $n_1+n_2=2n_{\mathrm{H}}$。在绕纱直径相同的前提下，当两个织轴的经纱张力相等时，它们的转速相等，即 $n_1=n_2=n_{\mathrm{H}}$；而当两织轴上的经纱张力不等时，差速器使经纱张力较大的织轴加速，并使另一个张力较小的织轴减速，从而达到经纱张力均匀的效果。

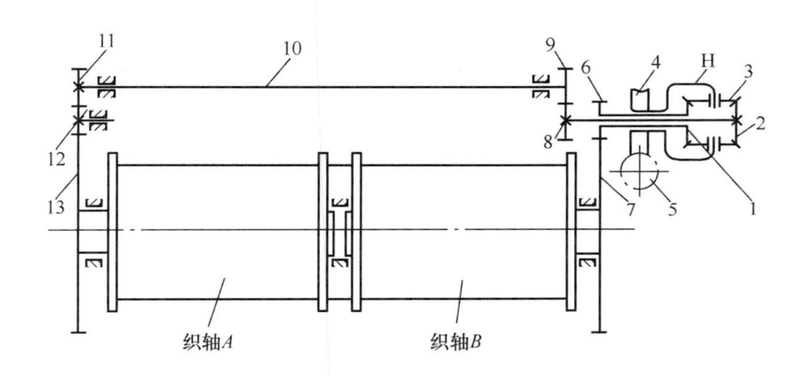

图 9－14　周转轮系差速器送经装置

1、2、3—圆锥齿轮　4—蜗轮　5—蜗杆　6、8、9、11、12—齿轮

10—长传动轴　7、13—织轴边盘齿轮　H—转臂

由于圆锥齿轮差速器是按照力平衡原理来调节两个织轴的转速差，对其他因素，如绕纱直径、卷绕密度不一致等引起的送经量差异难以有效地消除，以致有可能出现两织轴不同步了机的现象，造成浪费。生产中，通常要求两个织轴卷绕的长度、直径、密度均匀一致，并且两织轴安装良好，其传动轮系转动灵活。因此，采用双轴制送经时，对整经、浆纱工序的质量提出了较高的要求。

以两套电动送经机构分别独立地驱动两个织轴的双轴制送经方式，避免了周转轮系差速器及其传动系统造成的两织轴余纱长度差异，因此代表着双轴制送经技术的发展方向。

思考题

1. 试述卷取、送经运动的作用。

2. 何谓织物的机上纬密和下机纬密？之间有什么关系？

3. 试述常用卷取机构的类型、特点和工作原理。
4. 什么是卷取量？如何调整纬密的大小？如何根据卷取机构计算织物纬密？
5. 试述常用送经机构的类型、特点和工作原理。
6. 什么是送经量？如何调整其大小？
7. 经纱上机张力的大小如何调整？

第十章　织造综合讨论

本章知识点

1. 织机主要机构运动时间的配合。
2. 织机产量计算，织物常见疵点的成因。
3. 无梭织机的品种适应性和选择。
4. 无梭织机的发展趋势。

第一节　织机主要机构的运动时间配合

正确配置织机各主要机构的运动时间，使织机工作时各运动相互协调一致，是保证织造顺利进行所必须的。不当的运动时间配合，将会引起各种机械故障、织物疵点，影响生产效率和产品质量。

织机主要机构工作时间的配合，就是指开口、引纬、打纬、卷取、送经及选补纬等各运动时间的安排。开口和引纬的时间是可以调节的重要参数，应根据织物品种和织机类型进行选择；打纬、卷取、送经等机构的时间在织机设计时已经确定，一般不可以调节，连续卷取、连续送经的运动发生在主轴的360°。由于织机结构及引纬方式的不同，这些工作时间的配合稍有区别，但原理是相同的。

为了分析织机主要机构工作的配合情况，通常用主轴工作圆图来表示各机构运动的起始时间。圆上的每一个点，代表着主轴转动过程中的某一位置。各个机构运动的起始时间均可以在工作圆图上找到相应的位置，由此可以很直观地看出有关机构运动的配合关系。

一、有梭织机主要机构运动时间的配合

图10－1所示为棉织机织造平纹织物时主要机构的工作配合图。将曲柄处于前止点（打纬结束时）时定为0，曲柄依图示方向回转，每隔30°在圆上画一个点，依次得到1、2、…、11各点。图中点0′、3′、6′、9′分别称为前心、下心、后心、上心。在前止点位置时，曲柄与水平线的夹角约为8°；当曲柄转至后止点（图中6点）时，曲柄与水平线的夹角亦约为8°。

从图10－1中可以看出，投梭时间约在下心偏前（约77°）处，梭子头部进入梭口时在点3和点4之间，在点8以后，梭尾飞出梭口，梭子进入对侧梭箱。这种安排是考虑了引纬运动与打

纬、开口运动的配合。从点3到点9之间筘座运动的加速度方向指向机前，使梭子产生的切向惯性力指向钢筘，保证梭子紧贴筘面飞行，梭子飞行稳定、安全。在点2、3之间投梭时，正是筘座的动能处于最大值阶段，有利于击梭运动。图中虽然梭口在点1与点2之间已经满开，但因此时钢筘依然处于比较靠前的位置，由钢筘及上、下层经纱构成的梭子通道非常小，梭子还不能进入梭口，否则会产生相当大的挤压度。如果单纯从有利于梭子飞行来考虑，综平时间安排在前止点最恰当，则综框静止的中点在点6，可以减少梭子进出梭口时的挤压度，这种配合适合于丝织物的织造，可防止边部经丝被梭子摩擦起毛。但棉织物的综平时间，一般在点10附近，这样可使打纬配置在梭口开放时期，钢筘在打纬后回退时，纬纱不易反拨，有利于打紧纬纱。平纹织物综平时间稍早，有利于织物丰满的外观；斜纹、缎纹类织物综平时间相对迟一些，以便形成纹路匀、深、直的织物风格。综平时间早，梭口闭合时间也早，梭子出梭口时会受到正在闭合的经纱较大程度的挤压，一般早的综平时间应配置较早的投梭时间或较大的投梭力，以减小梭子出梭口时的挤压度。

在这种织机上，送经及卷取都是间歇的，都由筘座脚的摆动驱动。在筘座从最前位置摆动到最后位置期间是送经过程；从最后位置摆动到最前位置期间是卷取过程。但由于传递运动的机件间存在间隙，实际送经和卷取的开始时间都落后于上述时间。

钢筘从后止点向机前摆动，当钢筘与梭口中的纬纱全面接触时，可以认为这是打纬的开始，此点位于工作圆图的320°左右，打纬在前止点（0或360°）处结束。高密织物打纬开始的时间早，稀密织物打纬开始的时间晚，有的甚至与打纬的结束时间重合。

二、剑杆织机主要机构运动时间的配合

图10－2所示是以GTM型剑杆织机为例，来分析主要机构运动时间的配合。

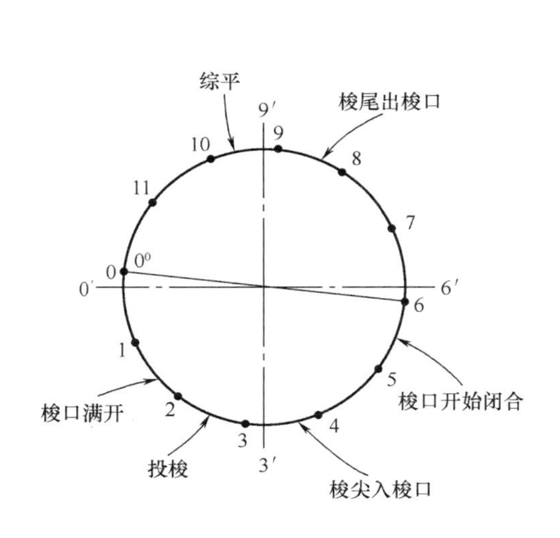

图10－1　棉织机主要机构的工作配合

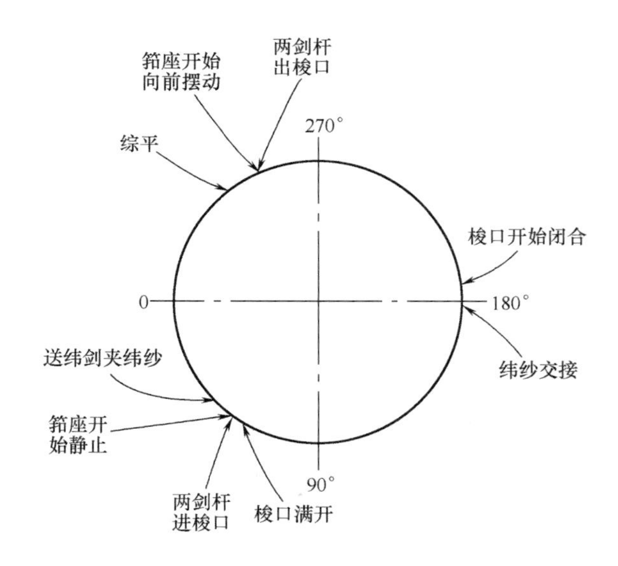

图10－2　GTM型剑杆织机主要机构运动时间配合

从图中可见，打纬结束在前止点0°，筘座向前摆动和向后摆动各占主轴转角的约70°时间，在后方静止的时间约占220°。筘座在后方较长时间的静止为引纬提供了方便，使剑杆在梭口运动的时间基本都在筘座的静止时期，有利于织机的高速和阔幅化，纬纱从送纬剑转移到接纬剑的交接时间在180°附近。与有梭织机相比，剑杆织机的综平时间较迟（图中综平时间约为310°），这是由于在一个开口循环中，下层经纱要受到剑杆往复的两次摩擦。开口时间过早，剑头在退出梭口时不仅对经纱的摩擦加剧，还由于下层梭口经纱的上抬作用，使剑带与导轨摩擦加剧，这是剑带磨损的主要原因；但开口时间过迟，剑头进梭口时由于梭口尚未完全开清，容易擦断边经纱，特别是在送纬侧，由于送纬剑头的截面尺寸较大，这种现象尤为明显。

选纬杆一般在前一纬引纬结束、即前止点之前开始供给纬纱，而在剪纬前终止；在分离筘座的织机上，选纬杆一直静止到纬纱交接后才回退，这有利于补偿纬纱的张力。剪纬发生在送纬剑夹住纬纱时，约在70°前后，正确的剪纬定时，可保证送纬剑头正常夹住纬纱，并使纱尾有合理的长度。此外，独立假边的开口时间比地组织的开口时间早20°～25°。

三、喷气织机主要机构运动时间的配合

喷气织机的开口时间一般在270°～340°，平纹织物多采用小双层梭口，前后两次综平时间的差角视织物品种而定，高密织物可大些。

在设定喷气织机主、辅喷嘴的喷气时间时，为了方便，一般将纬纱头端的位移曲线看成一条直线，如图10－3所示。在纬纱进入梭口飞行时，要求筘槽内已无经纱，且上层经纱离开筘槽上沿3～5mm，下层经纱在辅喷嘴喷口中心以下。主喷嘴开始喷气，纬纱即获得了飞行的动力，但只有当储纬器的挡纱磁针释放纬纱后，纬纱才能进入飞行状态。设定主喷嘴喷气在前，储纬器释放纬纱在后，这个差值占主轴的回转角称为先导角，以0～20°为宜。适当的先导角，有利于纬纱飞行的稳定，但先导角过大，纬纱易解捻造成断头，同时耗气量增加。对于粗的纬纱，因启动慢应适当加大先导角；而纬纱细、强力低易解捻时，应减小先导角。主喷嘴的终喷时间一般比纬纱头端出梭口的时间要早，使纬纱降速飞行到终点，以降低引纬结束时的纬纱速度，减小纬纱张力的峰值。

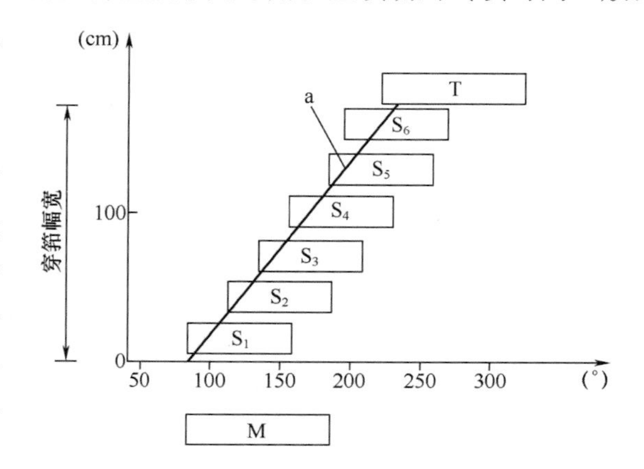

图10－3　喷气织机引纬时间的配合
M—主喷嘴　S_1～S_6—第1～第6组辅喷嘴
T—拉伸喷嘴　a—纬纱头端位移曲线

由图10－3可见，各组辅喷嘴的始喷时间先于纬纱的到达时间，即第一组最早，最后一组最晚。一般情况下，第一组辅助喷嘴的始喷时间比纬纱头到达该组首只辅喷嘴的时间早5°～10°，最后一组辅助喷嘴的始喷时间比纬纱头到达该组首只辅喷嘴的时间早15°～20°。终喷顺序也是第一组关闭最早，最后一组最晚，拉伸喷嘴的终喷时间应在综平以后，以便纬纱在张紧状态下与纬纱交织。在没有使用拉伸喷嘴的织机上，最

后一组的终喷时间可推迟到上层经纱进入筘槽、下层经纱覆盖住喷嘴的喷孔时，其气流起拉伸纬纱的作用，可减少纬缩疵布的发生。

四、片梭织机主要机构运动时间的配合

图 10 - 4 所示为 PU 型、P7100 型片梭织机织制真丝双绉织物时各机构的运动配合。片梭织机采用共轭凸轮打纬，它将筘座开始从后方向机前摆动的时间作为 0，从 0 ~ 55°筘座由后向前摆动打纬，然后向后摆动到约 120°静止，之后是投梭机构投梭、片梭通过梭口完成引纬。筘座在后方静止的时间随织机幅宽而定，幅宽越大静止时间越长，因而允许引纬的时间也就越长。例如公称筘幅 190cm 的织机，投梭时间在 150°，而公称筘幅 390cm 的织机，投梭时间在 110°。扭轴加扭占主轴 300°的回转时间，以逐渐储存投梭所需要的弹性势能，有利于主轴均匀回转。片梭织机的综平时间一般为 350° ~ 30°，一般采用 0 或 360°。图中织制真丝双绉织物时，采用了迟开口工艺，地经纱的综平时间为 25°，为了形成良好的布边，边经纱的综平时间提前到 330°。

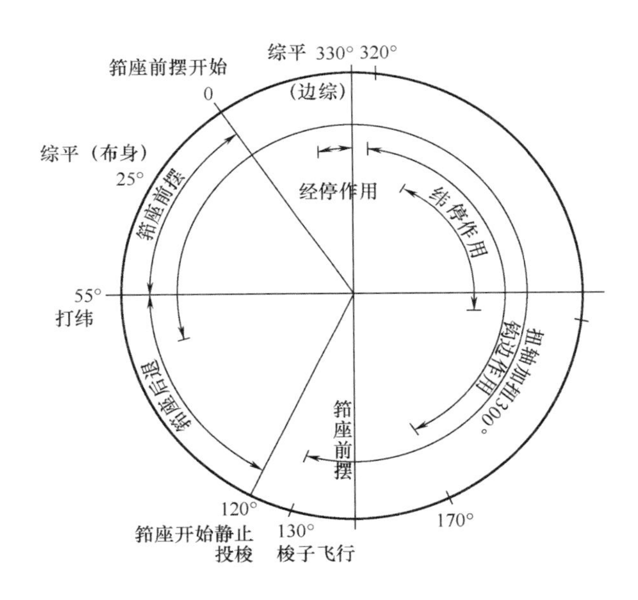

图 10 - 4　片梭织机主要机构的运动配合

五、喷水织机主要机构运动时间的配合

图 10 - 5 所示为津田驹 ZW - 100 型喷水织机生产尼龙塔夫绸时主要机构运动时间的配合。织机采用了连杆开口机构，综框运动没有绝对的静止时间，综平时间不宜早于 340°，一般设定在 350° ~ 360°。在引纬开始前，为了使弯曲向下的纬丝头伸直，需设定比纬丝先行的水柱，即喷嘴喷水在前、夹纬器开放在后，这两个时间的角度差值称为先行角。先行角随纬丝种类、线密度的不同而变化，一般为 15° ~ 30°。从夹纬器打开（105° ~ 110°）到夹纬器关闭（265° ~ 270°），这段时间为纬丝在梭口中的飞行时间。纬纱引入梭口以后需与边经纱交织成牢固的布边，喷水织机通常用绳状绞边机构，左侧绞边的综平时间为 280°左右，右侧绞边综平时间为360° ~ 20°。

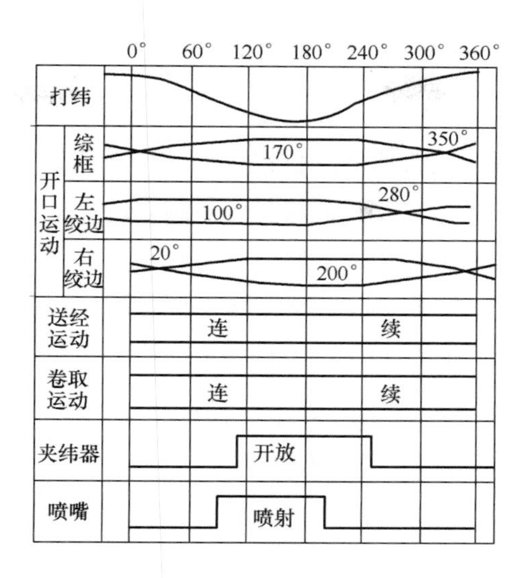

图 10 - 5　ZW - 100 型喷水织机的运动配合

第二节　织机产量与织物质量

一、织机产量

1. 理论台时产量　理论台时产量 $P_{理}$[m/(台·时)]是指每台织机在一小时内生产织物的最大长度(m):

$$P_{理}=\frac{6N}{P_w}$$

式中:P_w——织物纬密,根/10cm;

N——织机转速,r/min。

可见,在织机上机筘幅相同的条件下,织机转速越高,织物纬密越低,则织机的理论台时产量越高。但是,理论台时产量没有考虑上机筘幅的影响,在织物的不同幅宽时,难以进行织机生产能力的比较。

2. 理论入纬率　每台织机在一分钟时间内引入梭口的理论纬纱长度(m)称为入纬率 $L_{理}$(m/min):

$$L_{理}=nBN$$

式中:n——织机主轴每一回转中,引入梭口的纬纱根数;

B——引入梭口的每根纬纱的长度,数值上等于上机筘幅,m;

N——织机主轴转速,r/min。

对于常用的单梭口织机，一般 $n=1$，提高转速和上机幅宽，可以增大入纬率。无梭织机宽幅、高速，这是其入纬率普遍比有梭织机高的原因。但无梭织机采用的这种单梭口引纬方式，因为在主轴一回转中的可引纬角变化不大，如果要进一步提高入纬率，无论是增大织机的转速还是上机幅宽，都必须加大纬纱的飞行速度，而引纬速度的大小受限于引纬方式。因此，用提高织机的转速和幅宽，来进一步提高入纬率的方法受到限制。进一步提高入纬率的有效方法是增加织机每一回转引入纬纱的根数，如采用多梭口引纬方式。

3. 实际台时产量和实际入纬率 机器在实际生产过程中，经常因纱线断头等各种原因而停机，因此，织机的实际台时产量 $P_{实}$ 和实际入纬率 $L_{实}$，还必须考虑织机时间效率 η 的影响。

$$P_{实}=P_{理}\eta$$

$$L_{实}=L_{理}\eta$$

时间效率是直接影响织机产量的重要因素，与原纱性质、准备加工半制品质量、织机设备、织造工艺与操作水平等条件有关。仅片面追求过高的织机转速，会因纱线断头率增加而降低织机的时间效率和产量，恶化产品质量，同时导致机物料和耗电量增加。

二、常见主要织疵的原因分析

织物质量包括内在质量和外观质量，在织造生产过程中必须严格加以监控。由于原纱和半制品质量、工艺、机械和运转管理等因素的影响，在织造过程中织物的表面会产生各种织疵。因此，织疵是影响坯布品质的关键性指标，是衡量企业生产水平和管理水平高低的重要标志。

1. 断经和断疵 织物中缺少一根或几根经纱的疵点称断经。经纱断头后，其纱尾织入布内的疵点称断疵。形成断经和断疵的主要原因如下。

（1）原纱质量差，纱线强力低，条干不匀或捻度不匀。

（2）半制品质量较差，如经纱结头不良、飞花附着、纱线上浆不匀、轻浆或伸长过大等。

（3）经停机构失灵、漏穿停经片，经纱断头后不能立即停车。

（4）综丝、钢筘、停经片损坏，梭子、剑头、剑带、剑带导轨毛糙或损坏等。

（5）织造工艺参数调节不当，如停经架、后梁抬得过高，经纱张力过大，开口与引纬时间配合不当等。

2. 吊经纱 在布面上一两根经纱因张力较大而呈紧张状态，称为吊经纱，在丝织物中称急经。其形成的主要原因如下。

（1）络筒、整经、浆纱、并捻过程中经纱张力不匀，少数几根经纱张力特别大。

（2）织轴张力不匀或有并头、绞头、倒断头。

（3）经纱上的飞花、棉球、结头纱尾等在织造开口时与临纱相粘连。

（4）织机断经关车失灵，经纱断头后未及时关车，断头纱尾与邻纱相绞。

（5）少数综丝状态不良。

3. 经缩（波浪纹） 部分经纱在松弛状态下织入布内，布面形成楞状或毛圈状的疵点，轻者称为经缩波纹，重者称为经缩浪纹。经缩有局部性、间歇性和连续性三种情况，形成的主要原因如下。

(1)送经机构自锁作用不良,经纱张力感应机构调节不当,使经纱张力突然松弛。

(2)送经与卷取机构工作不协调,造成织口位置和布面张力的变化,影响经纱屈曲波的正常形成。

(3)有梭织机的经纱保护装置作用不良,打纬时钢筘松动。

(4)各种原因造成的经纱意外伸长、较长时间内受到的张力不一。

(5)经位置线配置不当,后梁位置过高,上下层经纱张力差异较大。

4. 纬缩 纬纱扭结织入布内或起圈显于布面的疵点。产生纬缩的主要原因如下。

(1)纬纱捻度过大、不匀或定捻不良,车间相对湿度过低。

(2)开口不清晰。

(3)有梭引纬纬纱张力不足以及梭子进梭箱产生回跳。

(4)片梭引纬的纬纱张力过大或过小;布边纱夹弹性过小;开口时间过早。

(5)剑杆引纬的纬纱动态张力偏大;织机开口时间太迟或右剑头释放时间太早;绞边经纱松弛,开口不清;剪刀剪切作用不正常。

(6)喷气引纬气流对纬纱牵引力不足;主喷嘴压力太高,纬纱前端到位后,纬纱仍向出口侧布边飞行;在纬纱仍承受张力的情况下,剪刀过早剪切;纱罗绞边装置工作不正常时,绞边经纱干扰纬纱正常飞行。

(7)喷水引纬的喷嘴受损、喷嘴角度不正 ,使纬丝在飞行中抖动与经丝相碰或不能充分伸直;喷水时间、开口时间配合不当;夹持器开闭作用不良;剪刀片不良(磨损),电热挡板位置不当,纬丝不能被切断。

5. 跳纱、跳花、星跳 1 ~3 根经纱或纬纱跳过 5 根及其以上的纬纱或经纱,呈线状浮现于布面的疵点称为跳纱。3 根及以上的经纱或纬纱相互脱离组织,并列地跳过多根纬纱或经纱而呈“井”字形浮于织物表面的疵点称为跳花。1 根经纱或纬纱跳过 2 ~4 根纬纱或经纱在布面上形成一直条或分散星点状的疵点称为星跳。这三种疵点统称为三跳织疵,形成的主要原因如下。

(1)原纱及半制品质量不良,经纱上附有大结头、羽毛纱、飞花、回丝杂物以及经纱倒断头、绞头等使经纱相互绞缠引起经纱开口不清。

(2)开口机构不良,如综丝断裂、综夹脱落、吊综各部件变形或连接松动以及吊综不良。

(3)经位置线不合理,后梁和经停架位置过高,边撑或综框位置过高等造成开口时上层经纱松弛。

(4)经停机构失灵,断经不停车。

(5)开口与引纬运动配合不当。

(6)梭子运动不正常,投梭时间、投梭力确定不合理,梭子磨灭过多。

(7)片梭织机上导梭齿弯曲、磨损,梭口过小或后梭口过长等造成上下层经纱开口不清。

6. 双纬、百脚 纬纱断头而纬停装置又不起关车作用,在布面上形成缺纬疵点,对于平纹织物称双纬或缺纬,对于斜纹织物称百脚。造成双纬、百脚的主要原因如下。

(1)有梭引纬时,纡子生头和成形不良,纬管不良;纬纱叉作用失灵,断纬之后不能立即关车;探针起毛或安装位置不正;纬管与梭子配合不良等。

(2)喷气引纬时,纬纱单强低或气流对纬纱的牵引力过大,喷射气流吹断纬纱,造成断纬或双纬;探纬器失灵。

(3)剑杆引纬时,纬纱张力过大或过小,接纬剑释放纬纱提前或滞后,导致织物布边处产生纬纱短缺一段或纱尾过长,过长的纱尾容易被带入下一梭口;送纬剑与接纬剑交接尺寸不符合规格,导致引纬交接失败,纬纱被左剑头带回,布面上出现 1/4 幅双纬(百脚);边剪剪不断纬纱。

7. 脱纬 引纬过程中,纬纱从纡子上崩脱下来,使在同一梭口内有 3 根及以上纬纱的疵点。形成脱纬的主要原因如下。

(1)纡子卷绕较松、过满或成形不良。

(2)纬管上沟槽太浅,纱线易成圈脱下织入布内。

(3)投梭力过大,梭箱过宽,制梭力过小,使梭子进梭箱后回跳剧烈。

(4)车间相对湿度过低,纬纱回潮率过低。

(5)无梭织机探纬器不良,灵敏度低。

8. 稀纬、密路 稀纬指织物的纬密低于标准,在布面上形成薄段的疵点;密路指织物纬密超过标准,在布面形成厚段的疵点。稀纬、密路疵点统称为稀密路疵点。造成的原因主要如下。

(1)纬纱叉或稀弄防止装置失效,或织机制动机构失灵,当纬纱用完或断纬时,织机仍继续回转而未将纬纱织入,因而造成稀纬。

(2)处理停台后卷取齿轮退卷不足或卷取辊打滑、卷取机构零部件松动造成稀纬。

(3)打纬机构部件磨损或松动过大,造成稀纬。

(4)密路主要由于卷取和送经机构发生故障以及换梭时织物退出过多而形成。织机停车后开车时,如退卷过多,也会造成密路。

(5)综框动程过大,经位置线过于不对称或经纱张力过大,自动找纬装置工作不良,卷取辊弯曲或磨损,车间温湿度不当或不稳定。

(6)织轴质量不好,挡车工操作不当等都会引起稀密路织疵。

9. 烂边 在边组织内只断纬纱,使其布边经纱不与纬纱交织;或绞边经纱未按组织要求与纬纱交织,致使边经纱脱出毛边之外的疵点。造成烂边的主要原因如下。

(1)有梭引纬时梭芯位置不正或纬纱碰擦梭子内壁、无梭引纬时纬纱制动过度以及经纱张力过大等,引起纬纱张力过大。

(2)绞边纱传感器不灵,边纱断头或用完时不停车。

(3)开车时,绞边纱开口不清。

(4)剑头夹持器磨灭,对纬纱夹持力小;剑头夹持器开启时间过早,纬纱提早脱离剑头而未被拉出布边。

(5)边部筘齿将织口边部的纬纱撑断。

10. 边撑疵 织物通过边撑时,布边的部分经纬纱被边撑轧断或拉伤的疵点。造成边撑疵的主要原因如下。

(1)边撑盒盖把布面压得过紧,且盒盖进口缝不平直、不光滑。

(2)边撑刺辊的刺尖迟钝、断裂和弯曲。

(3)边撑刺辊有回丝或飞花,使其回转不灵活,或边撑刺辊被反向放置。

(4)边撑盖过高或过低。

(5)经纱张力调节过大,边撑握持力不大,伸幅作用差,织口反退过多。

(6)车间湿度变化大。

(7)后梁摆动动程过大,或送经不匀,后梁过高或过低。

11. 毛边　有梭织造时,纬纱露出布边外面成须状或成圈状的疵点;无梭织造时,废纬纬纱不剪或剪纱过长的疵点。造成毛边的主要原因如下。

(1)梭库、落梭箱上回丝未清除干净,带入梭口。

(2)边撑剪刀磨损、失效,边撑剪刀安装规格不当;边撑位置不当,使边剪未能及时剪断纬纱。

(3)片梭引纬时,钩针调节有误、钩针弯曲变形或钩针磨损,梭口过大或梭口闭合太迟,导致钩针钩不住纬纱头而突出在布边外;布边纱夹调节不当,造成布边纱夹夹不住纬纱;纬纱制动器制动力过弱、片梭制动器调节不当使片梭带出过多的纬纱,而张力杆张紧纬纱的长度是有限的,多余的纬纱在接梭侧布边突出。

(4)喷气引纬时,捕纬边纱张力不足,对纬纱握持力不够;夹纱器夹纱不良,捕纬边纱穿筘位置不当,捕纬边纱捕捉不到纬纱;最后一组辅助喷嘴角度、喷气时间不准,送出纬纱长度变化。

12. 豁边　在布边组织内有 3 根及其以上经纬纱共断或单断经纱形成布边豁开的疵点。造成豁边的主要原因如下。

(1)有梭织造时,梭芯位置不正,纬纱退解时被拉断。

(2)吊综歪斜或过高、过低,使边纱断头;开口时间不当,使边经纱受引纬器摩擦过多而断头。

(3)边部齿轮损坏,使边经纱被磨断。

(4)边撑伸幅作用不良。

(5)在无梭织机上主要是绞边装置不良造成的。如绞边综丝安装不良,两根绞边经纱张力不一致;绞边纱选择不良;绞边纱断头自停失灵。纱罗或游星绞边机构有故障;纱罗绞边机械有磨损和变形,只能完成开口运动,不能完成扭转运动。游星绞边机的导纱器磨损而失去约束,张力消失,或传动机构磨损,使开口不正常。绞边纱张力太小或太大,使已形成的绞边不牢固,或不能成绞。

13. 油疵　造成油疵的主要原因如下。

(1)糙面橡胶卷取辊上油污。

(2)综框摩擦造成经丝污染。

(3)加油不慎,油滴落在经纱或布面上。

(4)喷气织机压缩空气中含油过多。

(5)上轴、落布、挡车、修机、保养时不慎把油滴沾污在经纱或布面上。

(6)片梭织机上,润滑片梭的油毡吸油量太多;导梭齿松动、弯曲或安装位置不正;投梭杆、投梭滑块和投梭连杆位置不正;引纬箱上部机件润滑不善。输梭链不清洁;接梭箱机件不清洁;自动控制润滑装置故障。

14. 棉布长度和宽度不合格 国家标准对棉布的长度和宽度有严格要求,宽度变窄或长度不足,超过允许范围就要降等。造成该疵点的主要原因如下。

(1)经纱上机张力调节不当,如张力过大会造成长码窄幅。

(2)筘号用错。

(3)温湿度管理不当。

(4)边撑握持作用不良,布幅变窄。

三、开关车稀密路的成因与防止措施

稀密路疵点绝大多数是织机关车后再开车造成的。根本原因是停车后在张力下经纱和织物存在蠕变,且两者的蠕变量不相等,使织口的位置发生变动。若织口前移,则开车后形成稀疵点;若织口后移,则开车后形成密路疵点。停台时间越长,织口位移量越大,越容易形成稀密路。另外,在惯性力打纬的织机上,开、关车时容易产生稀路疵点,造成原因一是因打纬力与织机转速的平方成正比,而开、关车时转速低导致惯性打纬力不足;二是由于打纬机构的连杆连接处存在间隙,钢筘不能移动到最前位置。

稀密路是一种严重的织物疵点,严重影响织物质量,特别是在高密和低密织物上反映较多。随着织机技术的发展和机电一体化程度的提高,使开关车稀密路的疵点大幅降低,下面介绍有关的控制方法。

1. 织口位置调整 现代无梭织机可以根据不同的停车原因和停车时间,在开车时由电动卷取机构调整织口的位置,同时电动送径机构调整经纱张力,使之达到织机运转时的大小,从而有效防止了开车稀密路疵点的形成。有的织机加装反冲后梁,开车时后梁反冲,以提高经纱张力,同样起到补偿作用。

2. 定位开、关车 通过停车角的选择,使织机根据不同的停车原因,最终静止在便于处理停台的位置上。例如当经纱断头时,织机应停在综平位置;当纬纱故障时,织机应停在引入该根纬纱的梭口满开位置。通过启动角的选择,使织机在开车后,首先慢速转动到开车位置,然后再进入高速运转状态,这样使织机从起动到打纬有一定的加速时间,以便第一根纬纱获得足够大的打纬力,避免稀路疵点的产生。

3. 提高电动机的起动力矩 有的无梭织机采用超起动力矩的主电动机,该电动机的启动转矩为额定转矩的 12 倍,让织机启动后第一转内的转速即达到正常转速的 80% ~90%,确保第一纬就有充分的打纬力。也有的织机改变主电动机的接线方法,在启动时采用三角形接法,电动机的启动力矩大,织机转速增加迅速,有利于防止稀密路疵点的产生,当达到正常转速后再自动转换成星形接法。

4. 织口紧随 当织机因各种原因产生停车时,送经机构立刻送出过量的经纱,使经纱张力下降，同时卷取机构快速卷取织物，使织口的位置前移。较小的经纱和织物张力，有助于减小蠕变的产生，织口位置前移后，可防止慢速反转的钢筘接触织口，从而消除稀密路织疵的发生。当织机再次启动时，送经和卷取机构首先自动恢复所设定的经纱张力和正常的织口位置，再开始生产。

第三节　无梭织机的品种适应性与选择

一、无梭织机的品种适应性

（一）片梭织机的品种适应性

片梭引纬属于积极引纬方式，对纬纱具有良好的控制能力。片梭对纬纱的夹持和释放是两侧梭箱处于静态的条件下进行的，因此片梭引纬的故障少，引纬质量好。纬纱在引入梭口之后，其张力受到精确的调节。这些性质十分有利于高档产品的加工。

由于片梭对纬纱具有良好的夹持能力，因此片梭织机几乎适用于所有类型的纱线，包括各种天然纤维和化学纤维的纯纺纱或混纺短纤纱、天然纤维长丝、化学纤维长丝、玻璃纤维长丝、金属丝以及各种花式纱线。但是，片梭在启动时的加速度很大，为剑杆引纬的10～20倍，因此，对于弱捻纱、强度很低的纱线作为纬纱的织物加工来说，片梭引纬容易产生纬纱断头。

从织物组织来看，片梭织机适用于各种织物组织结构，可配备踏盘开口机构，多臂开口机构及提花机开口机构，能加工高附加值的装饰用织物和高档毛织物，如床上用品、床幔、高级家具织物、提花毛巾被、精纺薄花呢、提花毛毯等。

片梭引纬一般具有2～6色的任意换纬功能，可以进行固定混纬比1∶1的混纬和4～6色的选色。但换纬时，选色机构的动作和惯性比较大，在非相邻片梭更换时，这种缺点比较明显。

片梭织机适应的织物重量范围较广，其范围为40～1000g/m^2；幅宽范围为190～560cm，能织制单幅或同时织制多幅不同幅宽的织物。在单幅加工时，移动制梭箱的位置，可以方便地调整织物的加工幅宽。在多幅织造时，最窄的织物上机筘幅33cm，几乎能满足所有幅宽的织物加工要求。在上机筘幅540cm时，入纬率可达1620m/min，表现出低速高产的特点，对提高织物成品质量、减少织机磨损和机械故障有重要意义。加工特宽织物和筛网织物是片梭引纬的特色。

片梭引纬通常采用折入边，在无梭织机的各类布边中，是经纱、纬纱回丝最少的一种。在加工毛织物时，如加装边字提花装置，还可织制织物边字。折入边容易产生布边纬密过大、织物边部过厚的缺点，因此，布边的经纱密度和钢筘穿入数要适当减少，布边的织物组织也要精心设计。

（二）剑杆织机的品种适应性

新型剑杆织机的传剑机构设计合理，具有理想的运动规律，保证了剑头在拾取纬纱、引导纬纱和交接纬纱过程中纬纱所受的张力较小、较缓和，同时，织机采用模块化设计，自动化程度更高，这些改进使剑杆织机的速度和效率进一步提高，目前织机的最高转速可达700～800r/min

(190cm 筘幅),最大入纬率 1684 m/min(250 cm 筘幅)。

剑杆引纬以剑头夹持纬纱,纬纱完全处于受控状态,属于积极引纬方式。在强捻纬纱织造时(如长丝绉类织物、纯棉巴厘纱织物等),抑制了纬纱的退解和织物纬缩疵点的形成。

目前,大多数剑杆织机的剑头通用性很强,能适应不同原料、不同粗细、不同截面形状的纬纱,而无需调换剑头。因此,剑杆引纬十分适宜加工装饰织物中纬向采用粗特花式纱(如圈圈纱、结子纱、竹节纱等)或细特、粗特交替间隔形成粗、细条,也适宜配合经向提花而形成不同层次和凹凸风格的高档织物,这是其他无梭引纬难以实现或无法实现的。

由于良好的纬纱握持和低张力引纬,剑杆引纬被广泛用于天然纤维和再生纤维长丝织物以及毛圈织物的生产中。

剑杆引纬具有极强的纬纱选色功能,能十分方便地进行 8 色任意换纬,换纬最多可达 16 色,并且选纬运动对织机速度不产生任何影响。所以,剑杆引纬特别适合于多色纬织造,在装饰织物、毛织物和棉型色织物加工中得到了广泛使用,能适应小批量、多品种的生产特点。

双层剑杆织机适用于二重织物和双层织物的生产。织机采用双层梭口的开口方式,每次引纬同时引入上、下各一根(或两根)纬纱。在加工双层起绒织物的专用剑杆绒织机上,还配有割绒装置。双层剑杆织机不仅入纬率高,而且生产的绒织物的手感、外观良好,无毛背疵点,适宜加工长毛绒、棉绒、天然丝和再生丝的丝绒、地毯等织物。

在产业用纺织品的生产领域中,采用刚性剑杆引纬可以做到不接触经纱,对经纱不产生任何磨损作用。同时,剑头具有理想的引纬运动规律和对纬纱强有力的握持作用,因此在玻璃纤维、碳纤维等高性能纤维的特种工业用织物加工中,通常都采用刚性剑杆织机。

叉入式引纬具有每次引入双纬的特点,特别适宜于帆布和带类织物的生产,还可生产多层组织的特厚型阔幅运输带骨架织物。

(三)喷气织机的品种适应性

喷气引纬以惯性极小的空气作为引纬介质,织机车速高,入纬率高,实现了高速高产,同时织机的占地面积也小。目前织机的最高转速已超过 2000r/min,入纬率最高可达 3000m/min 以上。以主、辅喷嘴与异形筘相结合的引纬方式,使喷气织机的幅宽大幅度增加,最大幅宽可达 540cm。

喷气引纬十分适宜大批量单色织物的生产,经济效益较好。能进行 4 ~ 8 色、最多 12 色的纬纱任意变换。除了加工传统的棉、毛、丝、麻纱线外,还可用于化纤长丝、弹力纱、玻璃纤维等纱线的织造。

喷气引纬属于消极引纬方式,对某些纬纱(如粗重结子纱、花式线等)的控制能力差,容易产生引纬疵点。最新的喷气织机采用计算机控制气流压力,可按照纬纱线密度设定一个纬纱循环中的压力大小,能同时加工细特纱、粗特纱,甚至各种花式线,为生产各种高档时装面料提供了条件。

气流引纬对梭口清晰度要求严格,否则会因较多的纬停关车,影响织机效率。喷气织机高速度和高经纱张力特点(较高的经纱张力有利于梭口清晰),提高了对经纱的原纱质量和织前准备工程的半成品质量要求。

（四）喷水织机的品种适应性

喷水引纬以单向流动的水流作为引纬介质，有利于织机高速、适用于大批量、高速度、低成本的织物加工。喷水引纬通常用于疏水性纤维（涤纶、锦纶和玻璃纤维等）的织物加工，加工后的织物需经烘燥处理。

在喷水织机上，纬纱由喷嘴的一次性喷射射流牵引，射流流速按指数规律迅速衰减的特性阻碍了织机幅宽的扩展，多在2.3m以内，最宽的为3.5m。因此，喷水织机只能用于中、窄幅织物的加工。

喷水织机可以配备多臂开口装置，用于高经密原组织及小花纹组织织物的加工，如绉纹呢、紧密缎类织物、席纹布等。喷水织机的选纬功能较差，最多只能配用三只喷嘴，进行混纬或三色纬织造。使用两只喷嘴的织机常用于织制左、右捻纬纱轮流交替的合纤长丝绉类或乔其纱类织物。

喷水引纬属于消极引纬方式，梭口是否清晰是影响引纬质量的重要因素。喷水织机的废水会污染环境，需进行净化处理。在环保要求比较高的国家，喷水织机的应用领域在逐渐缩小，由喷气织机和剑杆织机取代。

（五）多梭口织机的品种适应性

M8300型多梭口织机是Sulzer Textil公司生产的经向多梭口织机，该机由织造、送经、卷布和引纬4个系统模块组成，多功能的电子装置取代了复杂的机械系统，并用计算机进行逻辑组合。织机采用气流引纬，每根纬纱的飞行速度并不高，仅23m/s，但4根纬纱同时引入，最大入纬率可达5400m/min，属低速高产。

但受开口机构影响，该织机可织造的织物组织品种范围不大，主要是平纹、$\frac{2}{2}$重平、$\frac{2}{1}$和$\frac{3}{1}$斜纹等，经纱密度在6～45根/cm，因此适合少品种大批量的织物生产。

二、无梭织机的选型

织机的选型，实际上就是用户在对产品品种、销售前景和发展情况进行调查研究基础上，结合前后工序的生产配套，对织机进行技术经济分析，确定最佳机型，使织机投入运行后获得较高的经济效益。织机选型主要包括以下几方面内容。

1. 经济性　经济性指影响单位产品织造成本的各项因素，如织机车速、入纬率、效率、备品备件耗用费额、回丝率、看台率等。

2. 技术性　技术性包括织机的通用性与坯布质量。通用性是指织机对产品品种的适应性，如纱线原材料及细度范围、织物重量范围、织物组织、色纬数、织物幅宽范围等。坯布质量指织机在产品质量方面的技术适应性。尽管影响坯布质量的因素有很多，但作为对织机技术性能的评价，主要考查纬纱张力的可控性、消除缺纬的可靠性以及布边的成形方式和质量。

3. 环保性　从织机对生态与环境的影响来评定织机性能的优劣，如生产单位产品的能耗、织机的振动与噪声等。织机的振动与噪声影响机器的使用寿命、操作者的工作环境和身体健康。噪声单位用分贝(dB)表示,无梭织机的噪声比有梭织机低。

4. 操作性 操作性主要考查织机的操作方式、加油方式、信号指示方式和停台自动处理程度等。织机的开、关车有按钮操作和手柄操作两种方式,按钮操作较为简便,劳动强度低。在用微机控制的织机上,可在键盘或触摸屏上方便地对有关上机工艺参数进行设定,尤其是具有电子开口、电子选纬、电动送经、电动卷取装置的织机,翻改品种十分快捷。自动加油不仅可减少用工人数,而且润滑质量好,减少油污疵布。在高档无梭织机上,除了采用一组信号灯指示停台原因外,还通过微机显示屏给予提示,并能指示一些机械故障的发生位置。自动找纬和自动处理断纬已普遍应用,自动处理断经应用还较少。

第四节 无梭织机的发展趋势

一、剑杆织机的发展趋势

1. 高速高产 当前剑杆织机的演示速度可达700~800r/min(190cm筘幅),最大入纬率1684m/min(250cm筘幅)。利用双纬或多纬同时引入的剑杆织机,更使入纬率成倍提高,例如采用一引双纬、一引三纬织造,入纬率可达2660m/min、2841m/min。

2. 自动化和智能化 剑杆织机普遍应用微处理机对设备的运行情况和各项工艺参数进行监测和显示,并可双向通信。绝大部分织机采用CAN—BUS现场总线技术,提高了通信功能和可靠性。织机主电机采用调速电机传动,并进行数字化控制。除引纬和打纬机构外,其他机构都能实现电气化,显著提高了织机的自动化程度,并随着电子技术的不断发展,这种趋势还将继续。

在智能织造系统中,存储着多种织物的经验性工艺参数。当技术人员输入新的织物时,系统会自动生成工艺参数以供参考,经修改后即可投入生产,还能把新参数存储起来以丰富该系统。这种技术方便了使用,提高了工作效率。高端无梭织机基本都具备网络功能,由以太网、CAN总线、光纤通信等组成局域网,可以实现剑杆织机的群控。管理人员能够方便地查询各种织造生产数据和织机的运行状态,织机之间可以互传工艺数据,对发生故障的织机进行远程诊断、处理,通过互联网(Internet)可以实现远程通信。

3. 织机模块化、通用化 织机结构复杂,各机构运动配合要求高,以往只能用复杂的机械传动来实现各机构运动的协调配合。现代织机广泛采用机电一体化装置,各工作机构模块化,由电动机单独传动,自动控制,实现配合联动,简化了机械结构。各模块大都可以通用组合安装,提高了精度,降低了成本,保证了织机性能。

4. 采用纬纱张力控制技术 剑杆织机在引纬时会产生纬纱张力峰值,以至高速运转时引起纬纱断头。在储纬器出纱端安装由步进电动机控制的纬纱张力制动器,以缓和引纬过程的张力变化,能明显降低纬纱张力峰值,适应高速织造的要求。

二、喷气织机的发展趋势

现代喷气织机以其高速度、高质量、高效率和高自动化监控水平的“四高”特点，成为无梭织机中发展最快的机型，其发展趋势表现在以下几个方面。

1. 高速度低振动 提高车速、增加幅宽，可以提高喷气织机的入纬率，现代喷气织机的最高车速可达2000r/min，幅宽已经超过4m。但织机的高速也使噪声和振动很大，为了降低织机的振动，研究开发了多种措施，如采用强韧的机架并在机架上安装平衡块、提高打纬轴的刚性、安装防振底座等，这些措施使织机的抗振性得到显著增强。

2. 智能化与自动化 喷气织机的智能化包括自我诊断、自动控制、自动监控、自动设定参数和自动润滑等技术。电动卷取、电动送经、电子选纬、电子绞边、电子多臂、电子提花、纬纱断头自动修补、储纬器自动切换、自动对织口和自动防开车档装置等技术，不仅大大提高了织机的可靠性和易操作性，而且明显降低了劳动强度和维修难度。自动落布、自动上落织轴、布卷和织轴的机械输送正在逐渐推广，随着经纱断头自动处理的实现，无人化的织造车间已非神话。

3. 网络化 网络技术在喷气织机上的应用，为管理带来了巨大便利。通过织机之间、织机与电脑之间、电脑和互联网之间的联接，可以方便地采集生产数据并制作成图表或报表，可在办公室监控织机、设定运行参数，可以方便地查询零部件并下订单，可以让织机制造商进行远程诊断或提供技术支持等。

4. 品种适应性扩大 现代喷气织机的品种适应性已有很大提高，除了传统的棉、毛、丝、麻纤维纱线外，还可使用化纤长丝、弹力纱、玻璃纤维等进行织造。织物的平方米质量可达800g/m^2 左右，织物的花色组织变化多端。现代喷气织机从简单的平纹到豪华图案的装饰布，甚至多层织物、异特织物、多色变纬密织物等都能织造。

5. 节能 喷气织机主、辅喷嘴用于引纬的耗气量约占总耗气量的90%，而辅喷嘴的耗气量约占总耗气量的75%左右。新一代喷气织机采用高效小型的电磁阀和锥型喷嘴，每个电磁阀控制的辅助喷嘴数量减少，辅助喷嘴电磁阀直接安装在储气罐上以缩短空气输送途径等，这些措施都能有效地降低耗气量，降低生产成本。

三、喷水织机的发展趋势

采用高刚性机架结构、短动程连杆打纬机构、打纬平衡设计，减少了织机振动，织机转速在1100r/min以上，入纬率达到2500m/min。引纬系统能够单独调节喷嘴的喷射压力，根据纬纱飞行状态自动调节电磁定位销和纬纱制动器的动作时间。采用了超启动主电动机、织口紧随装置、选择停车或启动角度、启动时自动调节送经量等措施，减少了开车横档疵布的发生。采用双喷和四喷嘴织机，配置上下双经轴（双电子送经）、电子多臂、大提花装置和自由选色装置，扩大可织造的织物品种范围，如制织衬里布、服装面料、装饰织物、羽绒布、遮光布、金属丝织物等。

☞思考题

1. 结合某一品种织物的加工,讨论织机主要机构运动时间的配合。

2. 织机的产量如何计算?

3. 简述常见织物的疵点及成因,开车档疵点是如何产生的,现代织机采取了哪些防止措施?

4. 简述织机的品种适应性和选型的依据。

5. 简述无梭织机的发展趋势。

第十一章　织物检验与整理

● 本章知识点 ●

1. 织物检验的方法。
2. 织物整理的内容。

卷绕在织机卷布辊上的织物达到规定长度后，将卷布辊从织机上落下，送到整理车间进行检验、修补、整理和打包。

下机的坯布由于生产过程中操作、工艺、机械、管理等方面的原因，织物上有各种疵点和杂质。为了改善织物外观，提高织物质量，必须逐匹地检查织物，对可修理疵点进行修整，并根据国家质量标准评定织物品等。并对织物疵点进行统计，以便有关工序及时发现生产中的问题。最后将织物折叠打包，方便储存和运输。

第一节　织物检验

织物检验的目的是检测织物的外观质量，分人工验布和自动验布两种。

一、人工验布

在验布机倾斜45°的验布台上，被检测的织物等速通过验布台，验布工依靠目测逐匹检查织物的外观，并根据疵点的类型在布边做上各种标记。

用目光检验运动着的织物上的疵点，不仅影响视力，效率低，准确性也不稳定。因此，出现了基于计算机图像处理技术的自动验布。

二、自动验布

图10－1是自动验布系统的工作原理示意图，从布卷1退绕下来的织物2，经过能给织物提供均匀照明的光源4。检测头5安装在光源的上方，它由高速高分辨率CCD相机组成，用来采集通过的织物图像，然后将织物图像送与计算机进行分析、处理。标记装置6对发现的各种织疵在织物上进行标记。接缝探测器3的作用是发现前后两幅织物的接缝位置，以避免接缝被判定为织物的疵点。

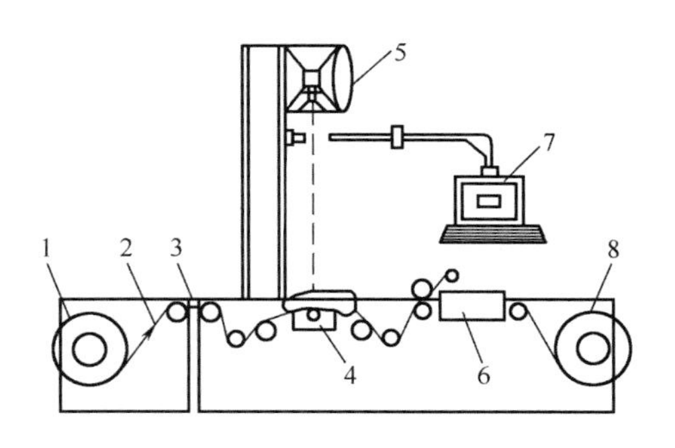

图 11－1　自动验布系统工作原理示意图

1—退绕布卷　2—织物　3—接缝探测器　4—光源　5—检测头
6—织疵标记装置　7—用户终端　8—卷绕布卷

自动验布机的评估单元采用神经网络工作原理，在首次应用或检测一新品种织物时，要先进行一个自动学习过程，以获得无疵点织物的外貌特征和疵点织物的外貌特征，并把其传输到内部的分析程序。此类特征需要用户来加以规定，整个学习过程大约需要 1min，同一个品种只需学习一次，以后，就根据同样的标准来检验相同品种的织物。

当正常验布时，系统会寻找与正常织物表面有差异的异常现象，求出局部特征与正常织物外观之间的偏差，对局部偏差进行分析，并根据分析的结果，对织物疵点进行分类、标记。

第二节　织物整理

一、刷布、烘布和折布

刷布是通过刷布机上砂轮和毛刷的磨刷作用，清除织物上的棉粒、破籽等杂质，使织物表面光洁平整。使用刷布机时，应调整好织物与砂轮及毛刷辊的包角。包角过小，除杂效果不好；但包角过大，则会损伤织物。

烘布的作用是让织物与高温烘筒接触，织物吸收热量水分蒸发，回潮率降低，从而防止织物发霉变质。并非所有织物都需烘布，直接供印染厂加工的坯布可不经烘布处理，一般市销布如果回潮率掌握适宜也可省去烘布。

折布是将验布机（或通过刷布、烘布工艺）下来的织物，以一定幅度（通常折幅为 1m）整齐地折叠成匹，并测量和计算织机的下机产量。

二、修补

对织物上的可修补疵点，如缺经、缺纬、跳花、异物织入、油渍等，要在整理车间清除掉。有的疵点在验布时便可修补，有的则需在验布后由专人修补。织物经过修补，可以提高质量的等级。

三、分等

织物经验布、修补后，有的布面上仍留有疵点。分等是依据织物上外观疵点的多少和程度，给予评分，分成一等品、二等品、三等品和等外品。

思考题

1. 试比较人工验布与自动验布的特点。
2. 简述织物整理的内容。

参考文献

[1]黄故．棉织原理[M]．北京:中国纺织出版社,1995.

[2]黄故．棉织设备[M]．北京:中国纺织出版社,1995.

[3]朱苏康,高卫东．机织学[M]．北京:中国纺织出版社,2008.

[4]郭兴峰．现代准备与织造工艺[M]．北京:中国纺织出版社,2007.

[5]周永元．纺织浆料学[M]．北京:中国纺织出版社,2004.

[6]严鹤群,戴继光[M]．喷气织机原理与使用[M]．北京:中国纺织出版社,1996.

[7]陈元甫,洪海沧．剑杆织机原理与使用[M].2 版．北京:中国纺织出版社,2005.

[8]陈元甫．机织工艺与设备(上、下册)[M]．北京:纺织工业出版社,1984.

[9]兰锦华．毛织学(下册)[M]．北京:纺织工业出版社,1987.

[10]高卫东、荣瑞萍、徐青山．现代织造工艺与设备[M]．北京:中国纺织出版社,1998.

[11]刘曾贤．片梭织机[M].2 版．北京:中国纺织出版社,1995.

[12]郭兴峰．现代织造技术[M]．北京:中国纺织出版社,2004.

[13]朱苏康,陈元甫．织造学(上、下册)[M]．北京:中国纺织出版社,1996.

[14]裘愉发,吕波．喷水织造实用技术[M]．北京:中国纺织出版社,2003.

[15]夏金国,李金海．织造机械[M]．北京:中国纺织出版社,1999.

[16]李志祥．电子提花技术与产品开发[M]．北京:中国纺织出版社,2000.

[17]过念薪．织疵分析[M].3 版．北京:中国纺织出版社,2008.

[18]江南大学,无锡市纺织工程学会,《棉织手册》(第三版)编委会．棉织手册[M].3 版．北京:中国纺织出版社,2006.

[19]刘森．机织技术[M]．北京:中国纺织出版社,2006.

[20]马芹．织造工艺与质量控制[M]．北京:中国纺织出版社,2008.

[21]王鸿博,邓炳耀,高卫东．剑杆织机实用技术[M]．北京:中国纺织出版社,2003.

[22]薛士鑫．机制地毯[M]．北京:化学工业出版社,2004.

[23]萧汉斌．新型浆纱设备与工艺[M]．北京:中国纺织出版社,2006.

[24]张平国．喷气织机引纬原理与工艺[M]．北京:中国纺织出版社,2005.

[25]郭嫣．织造质量控制．北京:中国纺织出版社,2005.

[26]张振,过念薪．织物检验与整理[M]．北京:中国纺织出版社,2004.

[27]Sabit Adanur. Handbook of weaving[M]. Lancaster, Pennsylvania, USA: Technomic Publishing Company, Inc. 2001.